C语言程序设计教程（第3版）
习题解答与上机指导

易云飞　主编

万励　唐鹏　唐凤仙　副主编

清华大学出版社
北 京

内 容 简 介

本书是《C语言程序设计教程》(第3版)(ISBN 978-7-302-70180-4)的配套习题解答与上机实验指导,主要内容包括两大部分。第一部分是习题与解答,第二部分是实验与上机指导;这两部分的内容与《C语言程序设计教程》(第3版)的前12章一一对应,包括C语言程序设计概述、数据类型、运算符和表达式、顺序结构、选择结构、循环结构、数组、函数、指针、复合数据类型、文件、位操作、编译预处理。每章中除了包含典型习题和教材中练习题的答案外,还包含补充练习题及参考答案、实验题综合解析。本书的附录是课程设计。书中所有程序都在 Visual C++ 6.0 环境下调试通过。本书自成一体,可以单独使用。

图书在版编目(CIP)数据

C语言程序设计教程(第3版)习题解答与上机指导 / 易云飞主编. -- 北京:清华大学出版社,2025.9.
ISBN 978-7-302-70170-5

Ⅰ. TP312.8

中国国家版本馆 CIP 数据核字第 20254CQ677 号

责任编辑:汪汉友
封面设计:何凤霞
责任校对:郝美丽
责任印制:沈 露

出版发行:清华大学出版社
   网   址:https://www.tup.com.cn,https://www.wqxuetang.com
   地   址:北京清华大学学研大厦 A 座   邮   编:100084
   社 总 机:010-83470000   邮   购:010-62786544
   投稿与读者服务:010-62776969,c-service@tup.tsinghua.edu.cn
   质量反馈:010-62772015,zhiliang@tup.tsinghua.edu.cn
   课件下载:https://www.tup.com.cn,010-83470236
印 装 者:三河市人民印务有限公司
经 销:全国新华书店
开 本:185mm×260mm   印 张:22   字 数:534千字
版 次:2025 年 9 月第 1 版   印 次:2025 年 9 月第 1 次印刷
定 价:69.00 元

产品编号:112880-01

前　　言

本书是《C语言程序设计教程》(第3版)(下称主教材)的配套习题解答和上机实验指导。

全书包括两部分,第一部分是习题与解答,共包括12章:第1章为C语言程序设计概述;第2章为数据类型、运算符和表达式;第3章为顺序结构;第4章为选择结构;第5章为循环控制;第6章为数组;第7章为函数;第8章为指针;第9章为复合数据类型;第10章为文件;第11章为位操作;第12章为编译预处理。第二部分是实验与上机指导,给出了12个实验,配合主教材的12章内容学习使用。本书附录为课程设计,主要讲解了用户登录系统,通讯录管理系统和字符串处理系统3个实例。

本书可作为高等学校C语言程序设计课程的习题解答与上机指导,也可作为计算机等级考试的辅导资料。本书以ANSI标准C语言为背景,有关内容不依赖任何具体的C系统。本书所有的程序实例都在Visual C++ 6.0中调试过,读者也可自由选用其他符合ANSI标准的C系统编程环境作为学习工具。

本书由易云飞担任主编,万励、唐鹏和唐凤仙任副主编。全书由易云飞筹划、确定框架结构并统稿。本书第1章和第7章以及实验Ⅰ和实验Ⅶ由唐凤仙编写,第2章、实验Ⅱ和课程设计部分由姜林编写,第3章、第9章、实验Ⅲ和实验Ⅸ由黄华编写,第4章、第12章、实验Ⅳ和实验Ⅻ由万励和龚平共同编写,第5章、第6章、实验Ⅴ和实验Ⅵ由罗富贵和易云飞共同编写,第8章和实验Ⅷ由李海英编写,第10章、第11章、实验Ⅹ和实验Ⅺ由喻飞编写。林晓东对全书的实例进行了验证。林晓东、林叶川、梁国海、农光福、唐杰和吴勇兵完成了校正工作。另外,得到兄弟高校从事计算机教育的老师的关心和帮助,教研室的同仁也提出了许多宝贵意见,在此一并表示衷心的感谢。

限于作者水平,书中难免存在不当之处,恳请广大读者批评指正。

编　者

2025年8月

目 录

第一部分 习题与解答

第二部分 实验与上机指导

附　　录

第一部分　习题与解答

第1章　C语言程序设计概述

1.1　主教材习题1及解答

一、选择题

1. 一个 C 程序的执行是从（　　）。

　A. 本程序的 main() 函数开始，到 main() 函数结束

　B. 本程序文件的第一个函数开始，到本程序文件的最后一个函数结束

　C. 本程序文件的第一个函数开始，到本程序 main() 函数结束

　D. 本程序的 main() 函数开始，到本程序文件的最后一个函数结束

答案：A.

2. 在 C 程序中，main()（　　）。

　A. 必须作为第一个函数　　　　　　　B. 必须作为最后一个函数

　C. 位置可以任意　　　　　　　　　　D. 必须放在它所调用的函数之后

答案：C.

3. 以下叙述不正确的是（　　）。

　A. 一个 C 源程序必须包含一个 main() 函数

　B. 一个 C 源程序可由一个或多个函数组成

　C. C 程序的基本组成单位是函数

　D. 在 C 程序中，注释说明只能位于一条语句的后面

答案：D.

4. 以下叙述正确的是（　　）。

　A. 在对一个 C 程序进行编译的过程中，可发现注释中的拼写错误

　B. 在 C 程序中，main() 函数必须位于程序的最前面

　C. C 语言本身没有输入输出语句

　D. C 程序的每行中只能写一条语句

答案：C.

5. 一个 C 语言程序是由（　　）。

　A. 一个主程序和若干个子程序组成　　B. 函数组成

　C. 若干过程组成　　　　　　　　　　D. 若干子程序组成

答案：B.

二、填空题

1. C 语言源程序的语句分隔符是_____。

答案：分号

2. C 语言开发工具直接输入的程序代码是_____文件，后缀名是_____。经过编

译后生成的是_____文件,后缀名是_____。经过连接后生成的是_____文件,后缀名是_____。

答案:源;.C;目标;.obj;可执行文件;.exe

三、简答题

1. C语言有哪些主要特点?

答案:略

2. C语言开发的4个步骤是什么?

答案:编辑源程序→对源程序进行编译→与库函数连接→运行目标程序。

3. 简述C编译和运行的基本方法。

答案:略

4. 常用的集成开发工具有哪些?各有什么特点?

答案:略

四、编程题

1. 编写一个程序,在屏幕上输出以下内容:

```
****************************
*   You  are welcome!    *
****************************
```

代码如下:

```
#include<stdio.h>
int main()
{
    printf("****************************\n");
    printf("*   You  are welcome!  *\n");
    printf("****************************\n");
    return 0;
}
```

2. 编写一个C程序,输入a、b、c 3个值,输出其中最小者。

代码如下:

```
#include<stdio.h>
int main()                      /* 主函数 */
{
    float min(float x,float y);  /* 对被调用函数 max() 的声明 */
    float a,b,c,d,result;        /* 声明实型变量 a、b、c */
    printf("a,b,c=");            /* 输出提示信息 a、b、c=   */
    scanf("% f% f% f",&a,&b,&c); /* 输入变量 a、b、c 的值 */
    d=min(a,b);                  /* 调用 max() 函数,将得到的返回值赋给 d */
    result=min(c,d);             /* 调用 max() 函数,将得到的返回值赋给 result */
    printf("max=% f\n",result);  /* 输出 result 的值 */
}
float min(float x,float y)       /* 定义 max() 函数,函数值为实型,形式参数 x、y 为实型 */
```

```
{
    float z;                /* max()函数中的声明部分,声明本函数中用到的变量 z 为实型 */
    if (x>y)
        z=y;                /* 如果 x>y,则将 x 值赋给 z */
    else
        z=x;                /* 否则将 y 值赋给 z   */
    return (z);             /* 将 z 的值返回给主调用函数 */
}
```

1.2 补 充 习 题

1. 以下叙述正确的是(   )。

  A. C 语言的源程序不必通过编译就可以直接运行

  B. C 语言中的每条可执行语句最终都将被转换成二进制的机器指令

  C. C 源程序经编译形成的二进制代码可以直接运行

  D. C 语言中的函数不可以单独进行编译

2. C 语言是一种(   )。

  A.机器语言   B. 汇编语言   C. 高级语言   D. 低级语言

3. 下列各项中,不是 C 语言的特点是(   )。

  A. 语言简洁、紧凑,使用方便   B. 数据类型丰富,可移植性好

  C. 能实现汇编语言的大部分功能   D. 有较强的网络操作功能

4. 下列叙述不正确的是(   )。

  A. C 程序中的每条语句都用一个分号作为结束符

  B. C 程序中的每条命令都用一个分号作为结束符

  C. C 程序中的变量必须先定义,后使用

  D. C 语言以小写字母作为基本书写形式,并且 C 语言要区分字母的大小写

5. 要把高级语言编写的源程序转换为目标程序,需要使用(   )。

  A. 编辑程序   B. 驱动程序   C.诊断程序   D. 编译程序

6. 以下叙述中正确的是(   )。

  A. 用 C 程序实现的算法必须要有输入和输出操作

  B. 用 C 程序实现的算法可以没有输出但必须要有输入

  C. 用 C 程序实现的算法可以没有输入但必须要有输出

  D. 用 C 程序实现的算法可以既没有输入也没有输出

7. 以下叙述中正确的是(   )。

  A. C 语言比其他语言高级

  B. C 语言可以不用编译就能被计算机识别执行

  C. C 语言以接近英语国家的自然语言和数学语言作为语言的表达形式

  D. C 语言出现得最晚,具有其他语言的一切优点

1.3 补充习题解答

1. B. 解析：C 语言是通过编译后计算机才能执行的,因为计算机执行的是二进制码,而 C 语言是高级语言。因此 A 是错的,B 是对的。C 是错的。源程序被编译之后,二进制代码不包括任何库文件,所以不能执行,还需要连接库的二进制代码文件,因此 C 是错的。C 语言的函数可以单独进行编译,因此 D 是错的。

2. C. 解析：计算机语言分为低级语言、汇编语言和高级语言,C 语言属于高级语言,但并不是说 C 语言比其他语言都高级。所以 C 是对的。

3. D. 解析：本题考查 C 语言的特点部分,关于 C 语言特点,D 是错的。C 语言的主要特点如下。

① C 语言简洁,使用灵活,便于学习和应用。

② 运算符丰富。

③ 数据类型丰富。

④ C 语言是结构化语言。

⑤ 可直接与机器硬件打交道,直接访问内存地址。

⑥ 运行程序质量高,程序执行效率高。

⑦ C 语言适用范围广,可移植性好。

4. B. 解析：C 程序在书写上,表现形式比较自由,一行内可以写几个语句,一个语句可以分写在几行上。每个语句和数据定义的最后必须有一个";"。只能 B 是错的,其他选择都是对的。

5. D. 解析：用高级语言编写的程序称为源程序,源程序不能在计算机上直接运行,运行源程序有两种方式：一种是通过解释程序,对源程序逐句解释执行；另一种是先让编译程序将源程序一次翻译产生目标程序(目标程序是计算机可直接执行的机器语言程序,它是一种二进制代码程序),然后执行目标程序。正确选项是 D。

6. C. 解析：该题涉及算法,算法是指为解决某个特定的问题而采取的确定且有限的步骤,一个算法应当具有以下几个特性：有穷性、确定性、可行性、有零个或多个输入和有一个或多个输出。正确选项是 C。

7. C. 解析：C 语言属于高级语言,但并不是说 C 语言比其他语言高级,选项 A 错误；C 作为高级语言,必须编译成能被计算机识别的二进制数才能执行,选项 B 错误；C 语言出现于 1972—1973 年,并不是出现最晚的语言,选项 D 错误。正确选项为 C。

第2章 数据类型、运算符和表达式

2.1 主教材习题2及解答

一、选择题

1. 以下选项中属于 C 语言的数据类型是（　　）。

   A. 复数型　　　　　B. 逻辑型　　　　　C. 双精度型　　　　　D. 集合型

答案：C.

解析：本题用于考查 C 语言的数据类型，选项中只有双精度型才是 C 语言的数据类型。

2. 下面 4 个选项中，均是合法整型常量的选项是（　　）。

A.	B.	C.	D.
160	−0xcdf	−01	−0x48a
−0xffff	01a	986,012	2e5
11	0xe	0668	0x

答案：A.

解析：整型常量有十进制、八进制、十六进制 3 种进制表示方法，选项 B 中 01a 表示有误，八进制表示以数字 0 开头，其他由数字 0～7 构成；选项 C 中 0668 有误，八进制的其他位不能超过 8，故 986,012 也有误，在 C 语言中十进制表示不允许出现"，"；选项 D 中 0x 后面必须要有十六进制的数字。

3. 下列标识符中，合法的标识符是（　　）。

   A. −abc1　　　B. 1abc　　　C. _abc1　　　D. for

答案：C.

解析：合法的标识符必须是数字、字母、下画线组成，且第一个字符必须是字母或下画线，关键字不能作标识符。选项 A 中第一个字符 '−' 有误；选项 B 中第一个字符为 '1' 不对；选项 D 为关键字。

4. 以下选项中合法的实型常数是（　　）。

   A. 5E2.0　　　B. E−3　　　C. .2E0　　　D. 1.3E

答案：C.

解析：实型常量有小数和指数两个表示形式。选项 A 中 E 后面必须是整数；选项 B 中 E 前面必须要有数字（整数或小数），即尾数前面不可省略；选项 D 中 E 后面也必须要有整数。

5. 已知大写字母 A 的 ASCII 码值是 65，小写字母 a 的 ASCII 码值是 97，则用八进制表示的字符常量'\101'是（　　）。

   A. 字符 A　　　B. 字符 a　　　C. 字符 e　　　D. 非法的常量

答案：A.

解析：字符常量可采用'\ddd'的形式表示，即八进制。字符常量'\101'即八进制 101 的值为 65，该值为字符常量所对应的 ASCII 码值，对应的字符为'A'。

6. 设有如下定义：

```
int a=1,b=2,c=3,d=4,m=2,n=2;
```

则执行表达式(m＝a＞b)&&(n＝c＞d)后，n 的值为（　　　）。

  A. 1   B. 2   C. 3   D. 0

答案：B.

解析：(m＝a＞b)&&(n＝c＞d)表达式首先计算前面 m＝a＞b 的值为 0，而整个表达式是由逻辑与运算符 && 组成，根据逻辑运算符中的"短路特性"，当前面表达式的值能确定整个表达式的值时，后面表达式不用计算。因此 && 运算符后面的 n＝c＞d 不用计算，n 的值还是原来的值 2。

7. 有以下程序

```
int main()
{
    int m=3,n=4,x;
    x=-m++;
    x=x+8/++n;
    printf("% d\n",x);
    return 0;
}
```

程序运行后的输出结果是（　　　）。

  A. 3   B. 5   C. －1   D. －2

答案：D.

解析：注意自增自减运算的前缀和后缀表示，前缀表示是先计算后取值，后缀表示是先取值后计算。x＝ －m++计算后 x 为－3，而 x+8/++n 应该是－3＋8/(4＋1)，即－3＋1，因此选 D。

8. 若有定义

```
int a=8,b=5,c;
```

则执行语句

```
c=a/b+0.4;
```

后，c 的值为（　　　）。

  A. 1.4   B. 1   C. 2.0   D. 2

答案：B.

解析：除法(/)在计算中，若两边为整数，则结果为整数。a/b+0.4＝8/5＋0.4＝1＋0.4＝1.4，但 c 为整型，因此 1.4 赋值为 c 时只取整数 1。

9. 若 a 为 int 类型，且值为 3，则执行完表达式 a＋＝a－＝a＊a 后，a 的值是（　　　）。

  A. －3   B. 9   C. －12   D. 6

答案:C.

解析:a+=a-=a*a 等价于 a=a+(a=a-a*a),由于赋值运算符是右结合的,因此先计算 a=a-a*a 得 a=3-3*3=-6,再计算 a=a+a=-12。

10. 若已定义 x 和 y 为 double 类型,则表达式 x=1,y=x+3/2 的值是(   )。

    A. 1   B. 2   C. 2.0   D. 2.5

答案:C.

解析:表达式 x=1,y=x+3/2 为逗号表达式,表达式的值取逗号表达式中最后一个表达式的值,此处 y=x+3/2=1+1=2,但 y 为 double 类型,因此取 2.0。

11. 以下程序运行后的输出结果是(   )。

```
int main()
{
    int p=30;
    printf("%d\n",(p/3>0?p/10:p%3));
    return 0;
}
```

    A. 1   B. 2   C. 3   D. 0

答案:C.

解析:条件运算符的优先级低于算法运算符和关系运算符,因此表达式 p/3>0? p/10:p%3 等价于(p/3>0)? (p/10):(p%3),此处 p/3>0 的值为 1,条件表达式的值取? 后的表达式的值,即 p/10=3。

12. 以下变量 x、y、z 均为 double 类型且已正确赋值,不能正确表示数学式子 $\dfrac{x}{yz}$ 的 C 语言表达式是(   )。

    A. x/y*z   B. x*(1/(y*z))   C. x/y*1/z   D. x/y/z

答案:A.

解析:C 语言中在表示数学式时,需要注意乘法、除法的表示以及算法运算符的优先关系,选项 A 中正确的表达应该是 x/(y*z)。

13. 在 C 语言中,不同类型数据混合运算时,要先转换成同一类型后进行运算。若表达式中包含 int、long、unsigned、char 类型的变量和数据,则表达式最后的运算结果是(①   )类型的数据。这 4 种类型数据的转换规律是(②   )。

    ①A. int   B. char   C. unsigned   D. long

    ②A. int->unsigned->long->char

       B. char->int->long->unsigned

       C. char->int->unsigned->long

       D. char->unsigned->long->int

答案:①D. ②C.

解析:关于不同类型数据混合运算时的类型转换问题,可见主教材 2.4.9 节。

二、填空题

1. 若所有变量均为整型,则表达式(a=2,b=5,b++,a+b)的值是_____。

答案：8

解析：逗号表达式的值取最后一个表达式的值，但计算中必须从第一个表达式计算到最后一个表达式。本题中计算 b++后，b 的值为 6，则最后一个表达式 a+b 为 8。

2. 若 x 是 int 型变量，则执行表达式 x=(a=4,6*2)后，x 的值为_____。

答案：12

解析：略。

3. 若 a=3，b=2，c=1，则表达式 f=a>b>c 的值是_____。

答案：0

解析：f=a>b>c 等价于 f=((a>b)>c)，因此 f=(2>1)>1=1>1=0。

4. 若 a=6，b=4，c=3，则表达式 a&&b||b-c 的值是_____。

答案：1

解析：a&&b||b-c 等价为(a&&b)||(b-c)，则值为 1。

三、简答题

1. 若 a=1，b=4，c=3，求下列表达式的值。

① !(a<b)||!c&&1

② (a&&b)==(a||b)

③ a<b? a:b+1

④ !(a+b)+c-1&&b+c/2

答案：①0　②1　③1　④1

解析：在求表达式中，注意运算符的优先级、结合方向等。

① !(a<b)||!c&&1 等价于(!(a<b))||((!c)&&1)，即(!(1<4))||((!3)&&1)，!(1<4)即为!1=0，!3 的值为 0，因此整个表达式变为 0||(0&&1)=0。

② (a&&b)==(a||b) 等价为(1&&4)==(1||4)，即 1==1，最终为 1。

③ a<b? a:b+1 等价于(a<b)? (a):(b+1)，即(1<4)? (1) :(4+1)，最终为 1。

④ !(a+b)+c-1&&b+c/2 等价于((!(a+b))+c-1)&&(b+c/2)即((!(1+4))+3-1)&&(4+3/2)，最终为 1。

2. 设 a 的初值为 15，写出经过下列运算后变量 a 的值。

① a+=a；② a-=2；

③ a*=2+3；④ a/=a+a；

⑤ a%=(a%=2)⑥ a+=a-=a*=a

答案：①30　②13　③75　④0　⑤0　⑥0

解析：复合赋值运算需要注意其结合方向为右结合性，从右边向左边进行运算，在计算中变量的值可能会改变，在计算左边时需要注意当前变量的值。

① a+=a 等价于 a=a+a，其值为 30。

② a-=2 等价于 a=a-2，其值为 13。

③ a*=2+3 等价于 a=a*(2+3)，其值为 75。

④ a/=a+a 等价于 a=a/(a+a)，其值为 15/(15+15)=0。

⑤ a%=(a%=2)等价于 a=a%(a=a%2)，先计算后面 a=a%2，得 a=1，再计算 a%a，得 1%1=0，最终 a=0。

⑥ a+=a−=a*=a 等价于 a=a+(a=a−(a=a*a))，从右向左计算，最终于 0。

3. 字符常量与字符串常量有什么区别？

答案：字符型常量是由一对单引号括起来的单个字符，在内存中占用 1 字节，用双引号括起来的字符序列称为字符串常量也称字符串，占用的字节数是字符个数加 1。

4. 什么是表达式？什么是变量？变量名和变量值有什么本质区别？

答案：表达式是由运算符、常量、变量、函数、括号等按一定的规则组成的式子。每个表达式也都具有一定的值。变量是程序在运行中可以改变的量。

一个变量必须有一个名字（即标识符），在内存中占据一定的存储单元。在该存储单元中存放变量的值。变量名实际上是一个符号地址，在对程序编译连接时由系统给每一个变量名分配一个内存地址。在程序中从变量中取值，实际上是通过变量名找到相应的内存地址，从其存储单元中读取数据。变量名与变量值的概念相当于教室编号与教室内的桌椅，教室编号相当于变量名，教室内的桌椅相当于变量的值。

5. C 语言有哪些基本数据类型？简述各类型所占的字节数。

答案：C 语言中包括整型、实型、字符型 3 种基本的数据类型。各类型所占字节数如表 2-1 所示。

表 2-1　各类型所占字节数

关　键　字	Visual C++ 6.0 环境		Turbo C 2.0 环境	
	占用字节	取 值 范 围	占用字节	取 值 范 围
char	1	$-127\sim127$	1	$-127\sim127$
signed char	1	$-127\sim127$	1	$-127\sim127$
unsigned char	1	$0\sim255$	1	$0\sim255$
int	4	$-2\,147\,483\,648\sim2\,147\,483\,647$	2	$-32\,768\sim32\,767$
unsigned [int]	4	$0\sim4\,294\,967\,295$	2	$0\sim65\,535$
short [int]	2	$-32\,768\sim32\,767$	2	$-32\,768\sim32\,767$
signed[int]	4	$-2\,147\,483\,648\sim2\,147\,483\,647$	2	$-32\,768\sim32\,767$
unsigned short [int]	2	$0\sim65\,535$	2	$0\sim65\,535$
signed short [int]	2	$-32\,768\sim32\,767$	2	$-32\,768\sim32\,767$
long [int]	4	$-2\,147\,483\,648\sim2\,147\,483\,647$	4	$-2\,147\,483\,648\sim2\,147\,483\,647$
unsigned long [int]	4	$0\sim4\,294\,967\,295$	4	$0\sim4\,294\,967\,295$
float	4	$-3.4\times10^{-38}\sim+3.4\times10^{38}$	4	$-3.4\times10^{-38}\sim+3.4\times10^{38}$
double	8	$-1.7\times10^{-308}\sim+3.4\times10^{308}$	8	$-1.7\times10^{-308}\sim+3.4\times10^{308}$
long double	16	$-1.2\times10^{-4932}\sim+3.4\times10^{4932}$	16	$-1.2\times10^{-4932}\sim+1.2\times10^{4932}$

2.2 补 充 习 题

一、选择题

1. 下列 4 组选项中，均不是 C 语言关键字的选项是（　　　）。

A.	B.	C.	D.
Define	gect	include	while
IF	char	scanf	go
type	printf	case	pow

2. 下面 4 个选项中，均是合法整型常量的选项是（　　　）。

A.	B.	C.	D.
160	−0xcdf	−01	−0x48a
−0xffff	01a	986,012	2e5
011	0xe	0668	0x

3. 下面 4 个选项中，均是不合法的转义符的选项是（　　　）。

A.	B.	C.	D.
'\"'	'\1011'	'\011'	'\abc'
'\\'	'\'	'\f'	'\101'
'xf'	'\A'	'\}'	'x1f'

4. 下列标识符组中，合法的用户标识符为（　　　）。

    A. _0123 与 ssiped   B. del-word 与 signed

    C. list 与 *jer   D. keep% 与 wind

5. 逻辑运算符两侧运算对象的数据类型是（　　　）。

    A. 只是 0 或 1   B. 只能是 0 或非 0 正数

    C. 只能是整型或字符型数据   D. 可以是任何合法的类型数据

6. 若有以下定义：

```
int k=7, x=12;
```

则能使值为 3 的表达式是（　　　）。

    A. x%=(k%=5)   B. x%=(k−k%5)

    C. x%=k−k%5   D. (x%=k)−(k%=5)

7. 判断 char 型变量 c1 是否为小写字母的正确表达式为（　　　）。

    A. 'a'<=c1<='z'   B. (c1>=A)&&(c1<='z')

    C. ('a'>=c1)||('z'<=c1)   D. (c1>='a')&&(c1<='z')

8. 以下叙述中正确的是（　　　）。

    A. a 是实型变量，C 语言允许进行以下赋值 a＝10，因此可以这样说：实型变量中允许存放整型值

    B. 在赋值表达式中，赋值号右边即可以是变量也可以是任意表达式

    C. 执行表达式 a＝b 后，在内存中 a 和 b 存储单元中的原有值都将被改变，a 的值已

由原值改变为 b 的值,b 的值由原值变为 0

    D. 已有 a＝3,b＝5 当执行了表达式 a＝b,b＝a 之后,已使 a 中的值为 5,b 中的值为 3

9. 若希望当 A 的值为奇数时,表达式的值为真,A 的值为偶数时,表达式的值为假,则以下不能满足要求的表达式是(　　)。

    A. A％2＝＝1　　　　B. !(A％2＝＝0)　　　　C. !(A％2)　　　　D. A％2

10. 以下叙述中正确的是(　　)。

    A. 在 C 程序中无论是整数还是实数,只要在允许的范围内都能准确无误地表示

    B. 若在定义语句 double a,b;之后,因为变量 a,b 已正确定义,因此立刻执行这样的表达式:a＝b＋9.381 是正确的

    C. 在 C 程序中,常量、变量、函数调用,都是表达式的一种

    D. 在 main()函数中,变量一经定义,系统将自动赋予初始值

11. 设有逗号表达式(a＝3 * 5,a * 4),a＋15,a,该表达式的值为(　　)。

    A. 60　　　　　　　B. 30　　　　　　　C. 15　　　　　　　D. 90

12. 执行 x＝5＞1＋2＆＆2||2 * 4＜4－!0 后,x 的值为(　　)。

    A. －1　　　　　　　B. 0　　　　　　　C. 1　　　　　　　D. 5

13. 已知

```
int  x,y,z;
```

执行语句

```
x=(y=(z=10)+5)-5;
```

后 x、y、z 的值是(　　)。

A.	B.	C.	D.
x＝10	x＝10	x＝10	x＝10
y＝15	y＝10	y＝10	y＝5
z＝10	z＝10	z＝15	z＝10

14. 若有定义

```
int a=7;
float x=2.5,y=4.7;
```

则

```
x+a%3 * (int)(x+y)%2/4
```

的值是(　　)。

    A. 2.500000　　　　B. 2.750000　　　　C. 3.500000　　　　D. 0.000000

15. 下列运算符中优先级最高的是(　　)。

    A. ＜　　　　　　　B. ＋　　　　　　　C. ＆＆　　　　　　　D. !＝

16. 以下符合 C 语言语法的,赋值表达式是(　　)。

    A. d＝9＋e＋f＝d＋9　　　　　　　　　B. d＝9＋e,f＝d＋9

C. d＝9＋e,e＋＋,d＋9   D. d＝9＋e＋＋＝d＋7

17. 以下使 i 的运算结果为 4 的表达式是（   ）。

A.
```
int i＝0,j＝0；
(i＝3,(j＋＋)＋i)；
```
B.
```
int i＝1,j＝0；
j＝i＝((i＝3)＊2)；
```
C.
```
int i＝0,j＝1；
(j＝＝1)? (i＝1):(i＝3)；
```
D.
```
int i＝1,j＝1；
i＋＝j＋＝2；
```

二、填空题

1. 设 x＝3,y＝－4,z＝5,则表达式!(x＞y)＋(y!＝z)||(x＋y)＆＆(y＝z) 的值是_____。

2. 当 a＝5,b＝4,c＝2 时,表达式 a＞b!＝c 的值是_____。

3. 若 k 为 int 整型变量且赋值 7,x 为 double 型变量且赋值 8.4,赋值表达式 x＝k 的运算结果是_____。

4. 以下程序的运行结果是_____。

```
int main()
{
    int i＝5;
    printf("%d,%d\n",＋＋i,i＋＋);
    return 0;
}
```

2.3 补充习题解答

一、选择题

1. A. 解析：选项 B 中 char 是关键字,表示字符类型;选项 C 中 include 文件包含处理命令,case 是 switch 语句中关键字;选项 D 中 while 是循环语句关键字,go 是跳转关键字。选项 A 中 Define 由于第一个字符是大写,与 define 是不同的,因此只有选项 A 中都不是关键字。

2. A. 解析：常量有十进制、八进制、十六进制 3 种表示形式。选项 B 中 01a 中八进制的表示只能是 0～7 的数字,而 a 并不是;选项 C 中 0668 与 B 同样问题;选项 D 中 0x 后面必须要跟数字。

3. B. 解析：选项 A 中 '\"','\\'是合法的转义符;选项 B 中都不是;选项 C 中 '\011'是合法的转义符;选项 D 中 '\101'和'x1f'是合法的转义符。

4. A. 解析：选项 B 中 del-word 有 '-'字符,而 signed 是关键字;选项 C 中 ＊jer 有 '＊'字符;选项 D 中 keep% 有 '%'字符。

5. D. 解析：逻辑运算符两侧运算对象可以是任意合法的类型数据,遵循"非 0 即 1"的原则。

6. D. 解析：选项 A、B、C 的值分别为 0、2、2。

7. D. 解析：判断小写字符即让字符变量 c1 介于 'a' 和 'z' 之间,用数学式表示即为 'a'<=c1<='z',但在 C 语言表达式中不能连续写,必须分开写,中间用逻辑与运算符连接,即 'a'<=c1&&c1<='z'。

8. B. 解析：选项 A 中,可将整型常量赋值给实型变量,但并不能说实型变量可以存放整型值,实际上当整型常量赋值给实型变量时是作了强制转换的;选项 C 中,表达式 a=b 后,a 的值被改变,但 b 的值并不变;选项 D 中,a=b 后,a 的值为 5,再做 b=a,则 b 的值为 5。

9. C. 解析：选项 C 中,!(A%2),若 A 为奇数,则 A%2 的值为 1,但!(A%2)为 0,即为假,同理 A 为偶数时,表达式的值为真。

10. B. 解析：选项 A 中,C 语言中的数据是有范围的,并不能全部表示;选项 C 中,C 语言表达式必须有值,常量、变量都是表达式中的一种,但函数调用并不一定,若函数调用有返回值则可作为表达式,若函数调用没有返回值则不能作为表达式;选项 D 中,变量定义后若没有初始化,则并没有值,该变量内存中只有随机数。

11. A. 解析：逗号表达式(a=3*5,a*4),a+15,a 由 3 个表达式构成,依次计算每个表达式,整个逗号表达式取第三个表达式的值,第一个表达式(a=3*5,a*4),等价于(a=(3*5,a*4)),则 a=60,第二个表达式 a+15=60+15=75,第三个表达式为 a,则整个表达式的值取 a 的值,即 60。

12. C. 解析：各个运算符的优先级关系为,算术运算符>关系运算符>逻辑运算符>赋值运算符,但是"!"运算符的优先级高于算法运算符。表达式 x=5>1+2&&2||2*4<4-!0 等价于((5>(1+2)) && 2) || ((2*4)<4-!0)。

13. A. 解析：x=(y=(z=10)+5)-5 中,先计算(y=(z=10)+5)得 15,再计算 x=15-5=10。因此选择 A。

14. A. 解析：x+a%3*(int)(x+y)%2/4,按优先级顺序可知,加号后面的优先级相同,自左向右运算,先算加号后面的 a%3*(int)(x+y)%2/4=0,因此表达式的值为 x+0=2.5。

15. B. 解析：各个运算符的优先级关系为,算术运算符>关系运算符>逻辑运算符>赋值运算符。

16. C. 解析：赋值表达式中赋值号左边只能是变量,不能是其他任何表达式,而赋值号右边可以是任意类型表达式。

17. D. 解析：答案为 D,i+=j+=2 等价于 i=i+(j=j+2),则 i=1+(j=1+2),最终 i 值为 4。

二、填空题

1. 1 解析：先计算!(x>y)+(y!=z)得 0+1=1,再计算(x+y)&&(y=z)得 -1&&5=1,最终于 1。

2. 1 解析：a>b!=c 即先计算 a>b 得 1,1!=c 即 1!=2 得 1。

3. 7.000000 解析：x=k,即将 7 赋值给 x,由于 x 是 double 型,因此赋值表达式 x=k 的值为 7.0。

4. 6,5 解析：在 printf()函数中,后面变量的计算顺序是自右向左的,因此结果为 6,5。

第3章 顺序结构

3.1 主教材习题3及解答

1. 写出下列程序段的运行结果。

（1）

```c
int main()
{
    char c='a';
    int i=97;
    printf("%d,%c\n",c,c);
    printf("%d,%c\n",i,i);
    return 0;
}
```

答案：

```
97,a
97,a
```

（2）

```c
int main()
{
    printf("%3s,%7.2s,%.4s,%-5.3s\n","china","china","china","china");
    return 0;
}
```

答案：

```
china,     ch,chin,chi
```

（3）

```c
int main()
{
    float x,y;
    x=111111.111;
    y=222222.222;
    printf("%f\n",x+y);
    return 0;
}
```

答案：

333333.328125

(4)

```c
int main()
{
    int i=8;
    printf("%d\n%d\n%d\n%d\n%d\n%d\n",++i,--i,i++,i--,-i++,-i--);
    return 0;
}
```

答案：

```
 8
 7
 8
 8
-8
-8
```

(5)

```c
int main()
{
    int i=8;
    printf("%d\n",++i);
    printf("%d\n",--i);
    printf("%d\n",i++);
    printf("%d\n",i--);
    printf("%d\n",-i++);
    printf("%d\n",-i--);
    return 0;
}
```

答案：

```
 9
 8
 8
 9
-8
-9
```

(6)

```c
int main()
{
    int x=12;
    double y=3.141593;
    printf("%d%8.6f\n",x,y);
```

```
        return 0;
}
```

答案：

123.141593

2. 在屏幕上输出自己名字的拼音。

提示：中文名字为"张三"，对应的拼音为"Zhang San"，输出用 printf()函数。

代码如下：

```
#include<stdio.h>
int main()
{
    printf("My Chinese name is %s,English name is %s","张三","Zhang San");
    return 0;
}
```

3. 输入圆的半径，求圆的周长，并将结果保留两位小数输出到屏幕上。

提示：定义圆的半径 r，圆的周长 $C=2\pi r$，输出结果保留 2 位小数可以用%0.2f。

代码如下：

```
#include<stdio.h>
int main()
{
    float r,c;
    printf("input the circle radius:");
    scanf("%f",&r);
    s=2*3.14*r;
    printf("\nThe circle's perimeter is %.2f",s);
}
```

4. 从键盘输入几个字符，再输出这些字符和它们对应的 ASCII 码值。

代码如下：

```
#include<stdio.h>
int main()
{
    char ch;
    ch=getchar();
    printf("字符:%c,值:%d\n",ch,ch);
    return 0;
}
```

5. 输入两个整数，将其值交换后输出。

代码如下：

```
#include<stdio.h>
int main()
```

```
{
    int a,b,c;
    scanf("%d%d",&a,&b);
    c=a;
    a=b;
    b=c;
    printf("%d %d\n",a,b);
    return 0;
}
```

6. 输入 3 个整数,输出其中的最小者。

提示:

```
min(min(a,b),c);
```

代码如下:

```
#include<stdio.h>
int min(int x,int y)
{
    return x>y?y:x;
}
int main()
{
    int a,b,c;
    printf("input three integer numbers a,b.c:");
    scanf("%d,%d,%d",&a,&b,&c);
    printf("\nThe min number of %d,%d,%d is %d",a,b,c,min(min(a,b),c));
    return 0;
}
```

7. 把十六进制数 12a 以十进制形式输出。

代码如下:

```
#include<stdio.h>
int main()
{
    int num=0x12A;
    printf("%d\n",num);
    return 0;
}
```

8. 输入一个整型成绩 x,如果分数大于或等于 60,则输出"pass",否则输出"fail"。

提示:

```
printf("%s",x>60?"pass":"fail");
```

代码如下:

```
#include<stdio.h>
int main()
{
    int x;
    printf("input a integer score:");
    scanf("%d",&x);
    printf("%s",x>60?"pass":"fail");
    return 0;
}
```

9. 输入一个年份 y，如果是闰年，输出"y is a leap year"，否则输出"y is not a leap year."。

提示：

```
printf("%d is %s\n",y,(y%4==0&&y%100!=0||y%400==0)?"a leap year.":"not a leap
    year.");
```

代码如下：

```
#include<stdio.h>
int main()
{
    int y;
    printf("input a year:");
    scanf("%d",&y);
    printf("%d is %s",y,y%4==0&&y%100!=0||y%400==0?"a leap year.":"not a leap
        year.");
    return 0;
}
```

10. 输入 3 条边 a、b、c，如果它们能构成一个三角形，则输出"Yes"，否则输出"No"。

提示：

```
printf("%s\n",a+b>c&&a+c>b&&b+c>a?"Yes":"No");
```

代码如下：

```
#include<stdio.h>
int main()
{
    int a,b,c;
    printf("input three edges a,b,c:");
    scanf("%d,%d,%d",&a,&b,&c);
    printf("%s",a+b>c&&a+c>b&&b+c>a?"Yes":"No");
    return 0;
}
```

11. 输入 3 个数 x、y、z，按从小到大的顺序输出。

提示：分别用 max0、min0 代表最大、最小值，mid0 表示中间值。

```
min0=(x<y?x:y)<z?(x<y?x:y):z;
max0=(x>y?x:y)>z?(x>y?x:y):z;
mid0=x+y+z-max0-min0;
```

代码如下：

```
#include<stdio.h>
int main()
{
    int x,y,z,max0,min0,mid0;
    printf("input three number,x,y,z:");
    scanf("%d,%d,%d",&x,&y,&z);
    max0=(x>y?x:y)>z?(x>y?x:y):z;
    min0=(x<y?x:y)<z?(x<y?x:y):z;
    mid0=x+y+z-max0-min0;
    printf("The ascending order is: %d,%d,%d",min0,mid0,max0);
    return 0;
}
```

12. 输入一个平面上的点坐标，判断它是否落在圆心(0,0)，半径为 1 的圆内，如果在圆内，则输出"Yes"，否则输出"No"。

提示：分别用 x、y 代表平面上一个点的横、纵坐标值。

```
printf("%s",x*x+y*y<=1?"Yes":"No");
```

代码如下：

```
#include<stdio.h>
int main()
{
    int x,y;
    printf("input the point's x,y:");
    scanf("%d,%d",&x,&y);
    printf("%s",x*x+y*y<=1?"Yes":"No");
    return 0;
}
```

3.2 补充习题

一、选择题

1. 若变量已正确说明为 float 型，要通过语句

```
scanf("%f%f%f",&a,&b,&c);
```

给 a 赋予 10.0，b 赋予 22.0，c 赋予 33.0，下列不正确的输入形式是（　　　）。

　　A. 10<回车>22<回车>33<回车>　　　　B. 10.0,22.0,33.0<回车>

　　C. 10.0<回车>22.0 33.0<回车>　　　　D. 10　　22<回车>33<回车>

2. 若执行下述程序时,若从键盘输入 6 和 8 时,结果为(   )。

```
int main()
{
    int a,b,s;
    scanf("%d%d",&a,&b);
    s=a;
    if (a<b)
        s=b;
    s*=s;
    printf("%d",s);
}
```

A. 36   B. 64   C. 48   D. 以上都不对

3. 下列程序段的输出结果是(   )。

```
int a=1234;
float b=123.456;
double c=12345.54321;
printf("%2d,%2.1f,%2.1f",a,b,c);
```

A. 无输出   B. 12,123.5,12345.5
C. 1234,123.5,12345.5   D. 1234,123.4,1234.5

4. 以下不正确的叙述是(   )。
   A. 在 C 程序中,逗号运算符的优先级最低
   B. 在 C 程序中,APH 和 aph 是两个不同的变量
   C. 若 a 和 b 类型相同,在计算了赋值表达式 a=b 后 b 中的值将放入 a 中,而 b 中的
      值不变
   D. 当从键盘输入数据时,对于整型变量只能输入整型数值,对于实型变量只能输入
      实型数值

5. 下列程序的输出结果是(   )。

```
int main()
{
    double d=3.2; int x,y;
    x=1.2; y=(x+3.8)/5.0;
    printf("%d\n", d*y);
    return 0;
}
```

A. 3   B. 3.2   C. 0   D. 3.07

6. 以下程序段的输出结果是(   )。

```
int a=1234;
printf("%2d\n",a);
```

A. 12   B. 34   C. 1234   D. 提示出错、无结果

7. 已有定义

```
int a=-2;
```

和输出语句

```
printf("%8lx",a);
```

以下正确的叙述是(　　)。

　　A. 整型变量的输出形式只有%d 一种

　　B. %x 是格式符的一种,它可以适用于任何一种类型的数据

　　C. %x 是格式符的一种,其变量的值按十六进制输出,但%8lx 是错误的

　　D. %8lx 不是错误的格式符,其中数字 8 规定了输出字段的宽度

8. 以下程序的输出结果是(　　)。

```
int main()
{
    int a=21,b=11;
    printf("%d\n",--a+b,--b+a);
    return 0;
}
```

　　A. 30　　　　　　　B. 31　　　　　　　C. 32　　　　　　　D. 33

9. 若变量已正确说明为 int 类型,要通过语句

```
scanf("%d %d %d ",&a,&b,&c);
```

给 a 赋值 3,b 赋值 5,c 赋值 8,不正确的输入形式是(　　)。

　　A.　　　　　　　　B.　　　　　　　　C.　　　　　　　　D.

　　　3<回车>　　　3,5,8<回车>　　　3<回车>　　　3 5<回车>

　　　5<回车>　　　　　　　　　　　5 8<回车>　　　8<回车>

　　　8<回车>

10. x、y、z 被定义为 int 型变量,若从键盘给 x、y、z 输入数据,正确的输入语句是
(　　)。

　　A. INPUT x、y、z;

　　B. scanf("%d%d%d",&x,&y,&z);

　　C. scanf("%d%d%d",x,y,z);

　　D. read("%d%d%d",&x,&y,&z);

11. 设 x、y 均为整型变量,且 x=10、y=3,则以下语句的输出结果是(　　)。

```
printf("%d,%d\n",x--,--y);
```

　　A. 10,3　　　　　　B. 9,3　　　　　　　C. 9,2　　　　　　　D. 10,2

12. 下面程序的输出结果为(　　)。

```
int main()
{
```

```
    int a,b;
    b=(a=3 * 5,a * 4,a * 5);
    printf("%d",b);
    return 0;
}
```

    A. 60   B. 75   C. 65   D. 无确定值

13. C 语言中,系统的标准输入文件是指(　　)。

    A. 键盘   B. 显示器   C. 软盘   D. 硬盘

14. 已知 i、j、k 为 int 型变量,若从键盘输入:

1,2,3↙

使 i 的值为 1,j 的值为 2,k 的值为 3,以下选项中正确的输入语句是(　　)。

    A. scanf("%2d,%2d,%2d", i, j, k);

    B. scanf("%d %d %d",&i,&j,&k);

    C. scanf("%d,%d,%d",&i,&j,&k);

    D. scanf("i=%d,j=%d,k=%d",&i,&j,&k);

15. 下列程序运行的结果是(　　)。

```
int main()
{
    float x;
    int i;
    x=3.6;
    i=(int)x;
    printf("x=%f,i=%d ",x,i);
    return 0;
}
```

    A. x=3.600000,i=3   B. x=3.6,i=3

    C. x=3,i=3   D. x=3.600000,i=3.000000

16. 已知

```
int k=10,m=3,n;
```

则下列语句输出结果是(　　)。

```
printf("%d\n",n=(k%m,k/m));
```

    A. 2   B. 3   C. 4   D. 5

17. 已知

```
int a;float b;
```

所用的 scanf() 函数调用语句格式为

```
scanf("a=%d,b=%f",&a, &b);
```

为了将数据 3 和 25.08 分别赋给 a 和 b,正确的输入应当是(　　)。

    A. 3,25.08＜Enter＞

    B. a＝3,b＝25.08＜Enter＞

    C. a//3,b＝25.08＜Enter＞

    D. a//3＜Enter＞b＝25.08＜Enter＞

二、填空题

1. 以下程序的输出结果是_____。

```
int a=1234;
printf("%2d\n",a);
```

2. 以下程序的输出结果是_____。

```
int main()
{
    int a=0;
    a+=(a=8);
    printf("%d\n",a);
    return 0;
}
```

3.3　补充习题解答

一、选择题

1. B. 解析:在 C 语言中,当一次输入多个数据时,数据之间要用间隔符,合法的间隔符可以是空格、制表符和回车符。逗号不是合法的间隔符。

2. B. 解析:本题中 a 的值为 6,b 的值为 8,最后 s 的值为 8,s＊＝s 等价于 s＝s＊s。

3. C. 解析:①printf()函数的浮点数默认输出格式:在 printf()函数的输出中,若无输出宽度限制,每种数据都有一个默认的输出宽度,一般浮点数的小数位数则是 6 位,不管输出格式是%f 或%lf 皆如此。②printf()函数的浮点数宽度限制输出:以%mf 或%mlf 格式输出浮点时,如果指定的宽度大于实际数据宽度,按指定宽度输出,且多余数补以空格;如果指定的宽度小于实际数据宽度,浮点数的整数部分将以实际数据(位数)输出。小数部分按指定数输出,且对数据做四舍五入处理。③printf()的整数限宽输出:没有宽度制的整数原数输出。在宽度限制于数的实际位数时,宽度说明无效,按数的实际位数输出。

4. D. 解析:在 C 语言所有的运算符中,逗号运算符的优先级最低。C 语中区分大小,所以 APH 和 aph 是两个不同的变量。赋值表达式 a＝b 表示将 b 的值付给 a,而 b 本身的值保持不变;通过键盘可以向计算机输入允许的任何类型的数据。选项 D 中当从键盘输入数据时,对于整型变量可以输入整型数值和字符,对于实型变量可以输入实型数和整型数值等。

5. C. 解析:本题中,程序先执行语句

```
x=1.2;
```

根据赋值运算的类型转换规则,先将 double 型的常量 1.2 转换为 int 型,即取整为 1,然后将 1 赋值给变量 x。接下来执行语句

    y=(x+3.8)/5.0;

根据运算符的优先级,先计算括号内,再计算除法,最后执行赋值运算。括号内的运算过程:先将整型变量 x 的值 1 转换为 double 型 1.0,然后与 3.8 进行加法运算,得到中间结果 4.8。接着进行除法运算 4.8/5.0,其结果小于 1.0,这里没有必要计算出精确值,因为接着进行赋值运算,赋值号左边的变量 y 的类型为整型,于是对这个小于 1.0 的中间结果进行取整,结果为 0,于是变量 y 的值为 0,d*y 的值也为 0。

6. C. 解析:在 C 语言中,对于不同类型的数据用不同的格式字符,其中,%d 是按整型数据的实际长度输出,%md 中,m 为指定的输出字段的宽度,如果数据的位数小于 m,则左端补以空格,若大于 m,则按实际位数输出。

7. D. 解析:整型变量的输出形式有:%d、%o、%x、%u 等,%x 是以十六进制无符号形式输出整数。十六进制数同样也可以像%md 一样按%mlx 输出指定宽度的长整型数。

8. A. 解析:该题考查的是 C 语言中自减运算符和逗号表达式的应用。自减运算符位于变量之前时,先使变量的值减 1,再进行赋值运算。逗号表达式的一般形式为:表达式 1,表达式 2,其求解过程是:先求解表达式 1,再求解表达式 2,整个逗号表达式的值是表达式 2 的值。

9. B. 解析:本题中,%d %d %d 表示按整型数形式输入数据,输入数据时,在两个数据之间以一个或多个空格间隔,也可以用回车键或 Tab 键。选项 B 中不应该使用逗号。

10. B. 解析:scanf()函数的一般格式如下:

    scanf(格式控制,地址表列)

该格式中,地址表列中应是变量地址,而不是变量名。

11. D. 解析:在 C 语言中,自增 1 运算符记为“++”,其功能是使变量的值自增 1。自减 1 运算符记为“－－”,其功能是使变量值自减 1。自增 1,自减 1 运算符均为单目运算,都具有右结合性。可有以下几种形式。

++i:i 自增 1 后再参与其他运算。

－－i:i 自减 1 后再参与其他运算。

i++:i 参与运算后,i 的值再自增 1。

i－－:i 参与运算后,i 的值再自减 1。

在理解和使用上容易出错的是 i++和 i－－。特别是当它们出现在较复杂的表达式或语句中时,常常难于弄清,因此应仔细解析。

12. B. 解析:对于逗号表达式中的第一个表达式等价为 a=15;第二个表达式的值为 15×4=60,此时变量 a 的值仍未改变还是 15,第三个表达式的值为 b 的值。

13. A. 解析:此题考查有关标准设备的知识。在多数 C 语言版本中,stdio.h 文件至少定义了 4 种标准设备文件,可以直接引用不必含有打开操作,具体如下。

① 准输入文件指针 stdin 默认为键盘。

② 标准输出文件指针 stdout 默认为显示器。

③ 标准错误输出文件指针 stderr 默认为显示器。

④ 标准打印输出文件指针 stdprn 指打印机。

此外,还可能包括如辅助设备等标准文件指针,且多数文件指针可以被重新定向到其他设备。

14. C. 解析:在使用 scanf()函数时,必须要注意以下问题。

(1) 在用 scanf()函数给普通变量输入数据时,在变量名前没有写地址运算符 &。如

```
scanf("%d%d", x, y);
```

是错误的。正确的应为

```
scanf("%d%d", &x, &y);
```

(2) 在 scanf()函数调用语句中,企图规定输入实型数据的小数位。如执行语句:

```
scanf("%6.2f", &a);
```

C 语言规定是不允许指定输入数据的宽度的。

(3) 是错误不允许输入数字宽度。用 scanf()函数输入数据时,必须注意要与 scanf()函数中的对应形式匹配。例如:

```
scanf("%d,%d",&x, &y);
```

若按以下形式输入数据:2 4 是不合法。数据 2 和 4 之间应当有“,”。本题选项 A 中后面省略了“&”,其他选项也有省略“,”的错误,只要明白了以上解析,可以说,scanf()函数的重要用法已经在掌握之中了。

15. A. 解析:本题中,x 原指定为 float 型,进行强制类型运算后得到一个 int 型的中间变量,它的值等于 x 的整数部分,而 x 的类型不变,仍为 float 型。

16. B. 解析:本题的命题目的是考查格式化输出函数的掌握情况。解题时,表达式 n=(k%m,k/m)实际上是将 k/m 的结果赋值给了 n。本题中逗号表达式中最后一个表达式的值是该逗号表达式的值,所以输出结果为 k/m。

17. C. 解析:本题的命题目的是考查格式化输入函数的掌握情况。解题时,若在 scanf()函数的格式控制串中插入了其他字符,则在输入时要求按一一对应的位置原样输入这些字符。本题由于 scanf()函数的格式控制串中插入了"a\\"、逗号和"b="等字符,所以输入时应该一一对应地在对应位置上输入这些字符。本题的考点是格式化输出也是在对应的位置上输出对应的插入的其他字符。

二、填空题

1. 1234 解析:在“%”与格式符之间插入一个整型数来指代输出宽度,并不影响数据的完整性,当插入的宽度小于实际的宽度时,则实际的宽度输出。

2. 16 解析:赋值表达式的值就是所赋值变量的值,本题中 a+=8 相当于 a=a+8,对表达式逐步进行求解。

运行 a+=(a=8)时,a 的值赋值为 8,而不是 0。即 a+=8→a=a+8→a=16。

第4章 选择结构

4.1 主教材习题4及解答

1. 写出下列程序段的运行结果。

(1)

```
int x=3,y=0,z=5;
if (x<y)
    if (y<0)
        z=0;
    else z-=1;
printf("%d\n",z);
```

分析：这是 if 语句嵌套问题。本题 else 是与第二个 if 语句(if (y＜0))配对的。

运行结果：

4

(2)

```
int x,a=1,b=3,c=5,d=4;
if (a<b)
    if (c<d)
        x=1;
    else if (a<c)
        if (b<d)
            x=2;
        else x=3;
    else x=4;
else x=5;
printf("%d\n",x);
```

分析：这是 if 语句嵌套问题,关键是要清楚各个 if 与 else 的配对关系。本题的 if 与 else 的配对关系如下：

```
if (a<b)
    if (c<d)
        x=1;
    else
        if (a<c)
            if (b<d)
                x=2;
            else x=3;
        else x=4;
else x=5;
```

```
printf("%d",x);
```

运行结果：

2

（3）

```
int a=3;
switch(a+1)
{
    case 4: a+=4;
    case 3: a+=3;break;
    case 5:
    default:a-=8;
}
printf("%d\n",a);
```

分析：先计算 a+1 的值（值是 4），再执行

```
case 4:
```

后的语句，直到遇到 break 语句才结束 switch 语句，即执行了

```
a+=4;
```

还要继续执行

```
a+=3;
```

才结束 switch 语句。另外要注意的是，在计算表达式 a+1 的值时，a 的值是不变的，即执行语句 case 4:a+=4 前，a 的值是 3 而不是 4。

运行结果：

10

（4）

```
int x=1,y=0,a=0,b=0;
switch(x)
{
    case 1: switch(y)
    {
        case 0: a++;break;
        case 1: b++;break;
    }
    case 2: a++;b++;break;
    case 3: a++;b++;
}
printf("a=%d,b=%d\n",a,b);
```

分析：先执行"case 1:"后的语句，结束 switch(y)时，a=1,b=0。由于 switch(y)后没

有遇到 break 语句,则继续执行"case 2:"后的语句,遇到 break 语句后,结束 switch(x)语句。

运行结果:

a=2,b=1

2.试将下列语句改写成 switch 语句。

```
if ((s>0)&&(s<=10))
    if ((s>=3)&&(s<=6))
        x=10;
    else if ((s>1)&&(s>8))
            x=3;
    else
        x=1;
else
    x=0;
```

分析:将各语句按缩进的格式排列,if 与 else 的配对关系如下:

```
if ((s>0)&&(s<=10))
    if ((s>=3)&&(s<=6))
        x=10;
    else if ((s>1)&&(s>8))
        x=3;
    else x=1;
else x=0;
```

此时 s 各段数值的 x 取值如下:

1、2:x=1;

3～6:x=10;

7、8:x=1;

9、10:x=3;

其他:x=0。

代码如下:

```
switch(s)
{
    case 1:
    case 2:x=1;break;
    case 3:
    case 4:
    case 5:
    case 6:x=10;break;
    case 7:
    case 8:x=1;break;
    case 9:
```

```
    case 10:x=3;break;
    default:x=0;
}
```

3. 编写程序,求分段函数的值:

$$y=\begin{cases} x^2-1, & x<0 \\ x^2, & 0\leqslant x<1 \\ x^2+1 & x\geqslant 1 \end{cases}$$

分析:先判断 x 是否小于 0,若是则直接计算 x^2-1,否则(即 x 大于或等于 0)再判断 x 是否小于 1,是则计算 x^2,不是则说明 $x\geqslant 1$,计算 x^2+1。

代码如下:

```
#include<stdio.h>
int main()
{
    float x,y;
    scanf("%f",&x);
    if (x<0)
        y=x*x-1;
    else if (x<1)
        y=x*x;
    else
        y=x*x+1;
    printf("\n x=%6.2f  y=%6.2f ",x,y);
    return 0;
}
```

运行结果:

4 ↙
x= 4.00   y= 17.00

4. 判断一个整数是否既是 5 的倍数,也是 9 的倍数。

分析:如果整数 x 除 5 的余数为 0(x%5==0),x 就是 5 的倍数,如果 x 除 9 的余数为 0(x%9==0),x 就是 9 的倍数。一个整数既是 5 的倍数,也是 9 的倍数,其判断条件为

(x%5==0)&&(x%9==0)

代码如下:

```
#include<stdio.h>
int main()
{
    int x;
    scanf("%d",&x);
    if ((x%5==0)&&(x%9==0))
```

```
        printf(" Yes!");
    else
        printf(" No!");
    return 0;
}
```

运行结果：

7✓

No!

5. 判断一个正整数是否是一个能被 37 整除的三位数。

分析：先判断输入的数是不是一个三位的正整数，如果是，再判断其是否能被 37 整除。一个三位的正整数，其必须大于 0 并且小于 1000；一个数能被 37 整除，则此数除 37 后余数为 0。

代码如下：

```
#include<stdio.h>
int main( )
{
    int x;
    scanf("%d",&x);
    if ((x>0)&&(x<1000))
        if (x%37==0)
            printf(" Yes!");
        else
            printf(" No!");
    else
        printf(" No!");
}
```

运行结果：

513✓
No!
111✓
Yes!

6. 将任意 3 个整数按由小到大的顺序输出。

分析：最小的数存放在 x，先将 x 与 y 进行比较，如果 x＞y 则将 x 与 y 的值进行交换，然后再用 x 与 z 进行比较，如果 x＞z 则将 x 与 z 的值进行交换，这样能使 x 最小。两数交换时，需要用到一个临时变量 t。

代码如下：

```
#include<stdio.h>
int main( )
{
    int x,y,z,t;
    scanf("%d%d%d",&x,&y,&z);
```

```
    if (x>y)
    {
        t=x;
        x=y;
        y=t; }              /* 交换 x,y 的值 */
    if (x>z)
    {
        t=z;
        z=x;
        x=t; }              /* 交换 x,z 的值 */
    if (y>z)
    {
        t=y;
        y=z;
        z=t; }              /* 交换 z,y 的值 */
    printf("small to big: %d %d %d\n",x,y,z);
    return 0;
}
```

运行结果：

12 30 7↙
small to big: 7 12 30

7. 编程实现：输入整数 a 和 b，若 $a^2+b^2>100$，则输出 a^2+b^2 百位以上的数字，否则输出两数之和。

分析：将 a^2+b^2 存于变量 s，s 百位以上的数字可通过 $s/100$ 得到。

代码如下：

```
#include<stdio.h>
int main()
{
    long a,b,s;
    scanf("%ld%ld",&a,&b);
    s=a*a+b*b;
    if (s<=100)
        printf("%ld",s);
    else
        printf("%ld",s/100);
    return 0;
}
```

运行结果：

12 3↙
1

8. 给出一个 5 位数，判断它是不是回文数。回文数是指一个数从左往右读和从右往左读的数字序列是相同的,例如:12321 是回文数。

代码如下:

```c
#include<stdio.h>
    int main()
    {
        int ge,shi,qian,wan,x;
        scanf("%ld",&x);
        wan=x/10000;                    /*万位*/
        qian=x%10000/1000;              /*千位*/
        shi=x%100/10;                   /*十位*/
        ge=x%10;                        /*个位*/
        if (ge==wan&&shi==qian)         /*个位等于万位并且十位等于千位*/
            printf("Yes! \n");
        else
            printf("No! \n");
    }
```

解析:学会分解出每一位数。万位数字可通过将此数整除 10000 得到;将此数除 10000 后,得到的余数再整除 1000,则可得到千位数字;将此数除 100 后的得到的余数再整除 10,则可得到十位数字;将此数除 10 后的得到的余数就是个位数字。求出万位、千位、十位、个位数后,如果个位等于万位并且十位等于千位,则此数就是回文。

9. 某企业发放的奖金是根据利润提成。利润≤10 万元时,奖金可提 10%;10 万元<利润≤20 万元时,低于 10 万元的部分按 10%提成,高于 10 万元的部分,可提成 7.5%;20 万元<利润≤40 万元时,高于 20 万元的部分,可提成 5%;40 万元<利润≤60 万元时,高于 40 万元的部分,可提成 3%;60 万元<利润≤100 万元时,高于 60 万元的部分,可提成 1.5%,利润≥100 万元时,超过 100 万元的部分按 1%提成。要求:输入当月利润,输出应发放奖金数额。

分析:由于利润数值较大,定义时需把利润定义为长整型。先计算 10 万元、20 万元、40 万元、60 万元、100 万元利润的奖金提成 bonus1、bonus2、bonus4、bonus6、bonus10,然后根据实际利润 i 所处的数值段计算奖金。

代码如下:

```c
#include<stdio.h>
int main()
{
    long int i;
    int bonus1,bonus2,bonus4,bonus6,bonus10,bonus;
    scanf("%ld",&i);
    bonus1=100000 * 0.1;
    bonus2=bonus1+100000 * 0.075;
    bonus4=bonus2+200000 * 0.05;
    bonus6=bonus4+200000 * 0.03;
    bonus10=bonus6+400000 * 0.015;
```

```
    if (i<=100000)
        bonus=i * 0.1;
    else if (i<=200000)
        bonus=bonus1+(i-100000) * 0.075;
    else if (i<=400000)
        bonus=bonus2+(i-200000) * 0.05;
    else if (i<=600000)
        bonus=bonus4+(i-400000) * 0.03;
    else if (i<=1000000)
        bonus=bonus6+(i-600000) * 0.015;
    else
        bonus=bonus10+(i-1000000) * 0.01;
    printf("bonus=%d ",bonus);
    return 0;
}
```

运行结果：

136↙
```
bonus=13
```

4.2 补 充 习 题

一、选择题

1. 以下程序片段：

```
int main()
{
    int x=0,y=0,z=0;
    if (x=y+z)
        printf("***");
    else
        printf("###");
    return 0;
}
```

程序的运行结果是( )。

　　A. 有语法错误,不能通过编译　　　　　　B. 输出：***

　　C. 可以编译,但不能通过连接,所以不能运行　　D. 输出：＃＃＃

2. 有下列公式：

$$y = \begin{cases} \sqrt{x}, & x \geqslant 0 \\ \sqrt{-x}, & x < 0 \end{cases}$$

若程序前面已在命令行中包含 math.h 文件,不能够正确计算上述公式的程序段是( )。

A.
```
if (x>=0) y=sqrt(x);
   else y=sqrt(-x);
```

B.
```
y=sqrt(x);
if (x<0)
     y=sqrt(-x);
```

C.
```
if (x>=0)
y=sqrt(x);
if (x<0)
y=sqrt(-x);
```

D.
```
y=sqrt(x>=0? x:-x);
```

3. 设变量 a、b、c、d、y 都已正确定义并赋值。若有下列 if 语句

```
if (a<b)
   if (c==d)
        y=0;
   else y=1;
```

该语句所表示的含义是（   ）。

A. $y = \begin{cases} 0, & a<b \text{ 且 } c=d \\ 1, & a \geqslant b \end{cases}$

B. $y = \begin{cases} 0, & a<b \text{ 且 } c=d \\ 1, & a \geqslant b \text{ 且 } c \neq d \end{cases}$

C. $y = \begin{cases} 0, & a<b \text{ 且 } c=d \\ 1, & a<b \text{ 且 } c \neq d \end{cases}$

D. $y = \begin{cases} 0, & a<b \text{ 且 } c=d \\ 1, & c \neq d \end{cases}$

4. 有下列程序：

```
int main()
{
    int a=0,b=0,c=0,d=0;
    if (a=1) b=1;c=2;
    else d=3;
    printf("%d,%d,%d,%d\n",a,b,c,d);
    return 0;
}
```

程序输出（   ）。

A. 0,1,2,0

B. 0,0,0,3

C. 1,1,2,0

D. 编译有错

5. 下列叙述中正确的是（   ）。

A. break 语句只能用于 switch 语句

B. 在 switch 语句中必须使用 default

C. break 语句必须与 switch 语句中的 case 配对使用

D. 在 switch 语句中，不一定使用 break 语句

6. 设变量 x 和 y 均已正确定义并赋值。下列 if 语句中，在编译时将产生错误信息的是（   ）。

A.
```
    if (x++);
```
C.
```
    if (x>0)x--
    else y++;
```
B.
```
    if (x>y&&y!=0);
```
D.
```
    if (y<0){;}
    else x++;
```

7. 有以下程序：

```
#include<stdio.h>
int main()
{
    int x=1,y=0,a=0,b=0;
    switch(x)
    {
        case 1:
            switch(y)
            {
                case 0: a++;break;
                case 1: b++;break;
            }
        case 2: a++;b++;break;
        case 3: a++;b++;
    }
    printf("a=%d,b=%d\n",a,b);
    return 0;
}
```

程序的运行结果是（　　）。
 A. a＝1，b＝0
 C. a＝1，b＝1

B. a＝2，b＝2
D. a＝2，b＝1

8. 有以下程序：

```
int a, b, c;
a=10; b=50; c=30;
if (a>b)
    a=b, b=c; c=a;
printf("a=%d b=%d c=%d\n", a, b, c);
```

程序的输出结果是（　　）。
 A. a＝10 b＝50 c＝10
 C. a＝10 b＝30 c＝10

B. a＝10 b＝50 c＝30
D. a＝50 b＝30 c＝50

9. 有以下程序：

```
#include<stdio.h>
int main()
{
    int x=1, y=2, z=3;
```

```
        if (x>=y)
            if (y<z)
                printf("%d",++z);
            else
                printf("%d",++y);
        printf("%d\n", x++);
        return 0;
    }
```

程序的运行结果是( )。

    A. 331   B. 41   C. 2   D. 1

10. 有以下程序：

```
#include<stdio.h>
int main()
{
    int a=1,b=2,c=3,d=0;
    if (a==1 &&b++==2)
        if (b!=2 || c--!=3)
            printf("%d,%d,%d\n",a,b,c);
        else printf("%d,%d,%d\n",a,b,c);
    else printf("%d,%d,%d\n",a,b,c);
    return 0;
}
```

程序运行后的输出结果是( )。

    A. 1,2,3   B. 1,3,2   C. 1,3,3   D. 3,2,1

11. 为了避免嵌套的 if…else 语句的二义性,C 规定 else 总是与( )配对。

    A. 缩排位置相同的 if   B. 其之前未配对的最近的 if

    C. 其之前未配对的 if   D. 同一行的 if

12. 若 a=1、b=3、c=5、d=4,则下列程序执行后 x 的值是( )。

```
if (a<b)
    if (c<d)
        x=1;
    else
        if (a<c)
            if (b<d)
                x=2;
            else x=3;
        else x=6;
else x=7;
```

    A. 7   B. 2   C. 3   D. 6

13. 两次运行下面的程序,如果分别输入 5 和 7,则输出结果是( )。

```
int main()
{
```

```
int a;
scanf("%d",&a);
if (a++>6)
    printf("%d",a);
else printf("%d",a);
return 0;
}
```

  A. 6、7   B. 5、7   C. 6、8   D. 5、8

14. 若 a＝5,b＝4,c＝3,d＝2,执行下列程序后的结果是( )。

```
if (a>b>c)
    printf("%d\n",d);
else if ((c-1>=d)==1)
    printf("%d\n",d+1);
else
    printf("%d\n",d+2);
```

  A. 2   B. 3   C. 4   D. 5

15. 若 a、b、c 均为整型变量,以下 if 语句合法的是( )。

  A.   B.   C.   D.

  if (a＝b) ; if (a＝<b) if (a<>b) if (a＝>b)

  c＝a＋b   c＝a－b;   c＝a＊b;   c＝a/b;

二、填空题

1. 下列程序若先后输入 4 和 5,程序运行后的输出结果是_____。

```
int main()
{
    int a,b,s;
    scanf("%d%d",&a,&b);
    s=a;
    if (a<b)
        s=b;
    s*=s;
    printf("%d\n",s);
    return 0;
}
```

2. 下列程序运行后的输出结果是_____。

```
int main()
{
    int a=1,b=2,c=3;
    if (c=a)
        printf("c=%d\n",c);
    else printf("b=%d\n",b);
    return 0;
}
```

3. 下列程序的运行结果是_____。

```c
int main()
{
    int a=2,b=7,c=5;
    switch(a>0)
    {
        case 1:switch(b<0)
        {
            case 1:printf("@");break;
            case 2:printf("!");break;
        }
        case 0: switch(c==5)
        {
            case 0: printf("*"); break;
            case 1: printf("#"); break;
            case 2: printf("$"); break;
        }
        default: printf("&");
    }
    printf("\n");
    return 0;
}
```

4. 下列程序的运行结果是_____。

```c
int main()
{
    int a=100;
    if (a>100)
        printf("%d\n", a>100);
    else printf("%d\n", a<=100);
}
```

5. 当 a＝1、b＝2、c＝3 时，以下 if 语句执行后，a、b、c 中的值分别为 _____、_____、_____。

```c
if (a>c)
    b=a; a=c; c=b;
```

6. 阅读下面程序，程序执行后的输出结果是_____。

```c
#include<stdio.h>
int main()
{
    int x,y,z;
    x=1; y=2; z=3;
    if (x>y)
```

```
        if (x>z)
            printf("%d",x);
        else printf("%d",y);
    printf("%d\n",z);
    return 0;
}
```

7. 以下程序的执行结果是_____。

```
int main()
{
    int k=9;
    switch(k)
    {
      case 9: k+=1;
      case 10: k+=1;
      case 11: k+=1; break;
      default: k+=1;
    }
    printf("%d\n",k);
}
```

8. 若变量已正确定义,以下语句段的输出结果是_____。

```
x=0; y=2; z=3;
switch(x)
{
    case 0:  switch( y==2)
    {
        case 1: printf(" * ");
            break;
        case 2: printf("%");
            break;
    }
    case 1:  switch( z )
    {
        case 1: printf("$");
        case 2: printf(" * ");
        break;
        default: printf("#");
    }
}
```

9. 以下程序的输出结果是_____。

```
int main()
{
    int x=100, a=10, b=20, ok1=5, ok2=0;
```

```
    if (a<b)
        if (b!=15)
            if (!ok1)
                x=1;
            else if (ok2)
                x=10;
            else x=-1;
    printf("%d\n", x);
    return 0;
}
```

10. 若从键盘输入 45,则以下程序输出的结果是_____。

```
int main( )
{
    int a;
    scanf("%d",&a);
    if (a>50)
        printf("%d",a);
    if (a>40)
        printf("%d",a);
    if (a>30)
        printf("%d",a);
    return 0;
}
```

11. 下列程序运行后的输出结果是_____。

```
int main( )
{
    int a=3,b=4,c=5,t=99;
    if (b<a&&a<c)
        t=a;a=c;c=t;
    if (a<c&&b<c)
        t=b,b=a,a=t;
    printf("a=%d b=%d c=%d\n",a,b,c);
    return 0;
}
```

12. 下列程序的输出结果是_____。

```
int main()
{
    int a,b,c,d,x
    a=c=0;
    b=1;
    d=20;
    if (a)
```

```
        d=d-10;
    else if (!b)
        if (!c)
            x=15;
        else
            x=25;
    printf("d=%d\n",d);
    return 0;
}
```

13. 执行下列程序后的结果是_____。

```
int main()
{
    int a=2,b=5,c=9;
    if (c=a+b)
        printf("OK\n");
    else
        printf("Right\n");
    return 0;
}
```

4.3 补充习题解答

一、选择题

1. D. 解析：题目所给的程序片段没有错误。if 语句部分的 x＝y＋z,先对 x 进行赋值，结果为 0,因此执行 else 部分,输出 ♯♯♯。

2. B. 解析：B 选项中没有对 x 的值进行判断就直接执行了

```
y=sqrt(x);
```

其余选项均符合公式要求。

3. C. 解析：在没有括号划分的情况下,else 与最近的 if 进行配对。因此本题中的 else 与 if(c==d)配对,表示 c≠d 的情况。

4. D. 解析：在 if…else 语句中,if 与 else 是紧紧相连的,也就是说 if 部分之后应该立刻执行 else 部分。此题所给的程序恰恰违背了这一原则,if 部分为

```
if(a=1) b=1;
```

else 部分为

```
else d=3;
```

它们之间还有一条语句

```
c=2;
```

这条语句隔断了 if…else,造成编译时出错。

5. D. 解析：break 是一个起退出作用的关键字。既可以用于循环中,起退出整体循环的作用,也可以用于 switch 语句中,起退出当前 switch 语句的作用。default 表示已列出的 case 以外的情况,如果 case 列出了全部的可能,就无须 default 了。有时对已列出的 case 以外的情况不感兴趣,也可以不写 default,就像没有 else 的 if 语句一样。在 swicth 语句中有这样的情况：多个 case 下,所要执行的语句是一样的。此时前面的 case 语句可以不带执行部分和 break 语句。

6. C. 解析：C 选项中的 x－－没有用";"结束,因此是表达式而非语句。此处造成编译时出错。其他选项中都出现了直接的";",这是一个不执行任何操作的语句,符合语法规则。

7. D. 解析：外层 switch 语句的条件表达式：x,值为 1,执行 case 1 部分,接着根据 y 的值执行 case 0 部分,a＋＋后 a 值变为 1。因为外层 case 1 不带 break 语句,接着执行外层的 case 2 部分,a＋＋后 a 值变为 2,b＋＋后 b 值变为 1。遇 break 退出外层 swicth 语句。

8. A. 解析：表达式 a＞b 结果为 0,if 所管辖的

a=b, b=c;

语句不执行。顺序执行后续语句。所以输出结果是 a＝10 b＝50 c＝10。

9. D. 解析：else 与最近的 if 语句配对,即与 if(y＜z)配对,都属于 if(x＞y)管辖。表达式 x＞y 结果为 0,管辖部分不执行。顺序执行后续语句。x＋＋是后缀自加,先执行输出操作,再执行 x 加 1 的操作,所以输出 1。

10. C. 解析：表达式 a＝＝1＆＆b＋＋＝＝2 结果为 1,且该语句执行后 b 的值变为 3,表达式 b！＝2 结果 1,对于逻辑或来说,不再执行"‖"右侧的表达式,整个表达式 b！＝2 ‖ c－－！＝3 的结果为 1,输出为 1,3,3。

11. B. 解析：C 语言规定,else 总是与其之前未配对的最近的 if 配对。

12. B. 解析：根据 a、b、c、d 的值,执行语句的顺序是：if (a＜b)→if (c＜d)→else→if(a＜c)→if(b＜d)→x=2;。

13. C. 解析：a＋＋＞6,相当于先判断 a＞6,a 再＋1。输入 5 时：5＜6(然后计算 a＋＋,a＝6)执行 else 语句,先输出 6,a 再减 1。输入 7 时：7＞6(然后计算 a＋＋,a＝8)执行 if 语句,输出 8。

14. B. 解析："＞"运算符是从左至右结合,先执行 a＞b,值为 1,再执行 1＞c,值为 0,执行 else if 语句。对于(c－1＞＝d)＝＝1 表达式,算术运算符优先级高于关系运算符,先计算 c－1,值为 2;再执行 2＞＝2,值为 1;最后执行 1＝＝1,值是 1,故将 d＋1 输出。

15. A. 解析：C 语言中,大于或等于、小于或等于、不等于分别用＞＝、＜＝、！＝表示。选项 B、C、D 不正确。

二、填空题

1. 25　解析：这个程序首先求 a、b 中的最大值,并赋给 s,再求 s 的平方,结果赋给 s。

2. c＝1　解析：注意 if 语句的条件判断是 c＝a,而不是 c＝＝a。if(c＝a),首先对 c 进行赋值,然后判断条件是否满足,显然 c＝1,满足执行条件,接着被执行的是

printf("%d\n",c);

输出结果为 1。假如是 if(c＝＝a),则为判断 c 是否等于 a,结果为假,执行的是 else 后的语句。

3. ♯&　解析：首先，表达式 a>0 结果是 1，进入 case 1 部分，因为 b<0 结果为 0，后边的 case 1、case 2 都不符合。注意：外层的 case 1 不带 break 语句。接着执行外层的 case 0 部分，因为 c==5 结果为 1，输出"♯"，同样，外层的 case 0 也不带 break 语句，接着执行 default 部分，输出"&"。

4. 1　解析：if 部分条件表达式 a>100 的结果为 0，执行 else 部分，输出表达式 a<=100 的结果为 1。

5. 3　解析：if 语句的执行条件 a>c 不成立，因此 if 所管辖的语句是

```
b=a;
```

不能执行，而是执行 if 后续的语句。因此，

```
a=c;
```

执行后 a 值为 3。

```
c=b;
```

执行后 c 值为 2。b 值不变。

6. 3　解析：因此 if 语句的条件表达式 x>y 结果为 0，所以程序执行 if 外的语句

```
printf("%d\n",z);
```

输出 3。

7. 12　解析：k 初值为 9，首先执行

```
case 9: k+=1;
```

k 值变为 10，因为该 case 语句没有与之对应的 break 语句，所以不会跳出这个 switch 语句，而是继续执行

```
case 10: k+=1;
```

k 值变成 11，同样的继续执行

```
case 11: k+=1; break;
```

此时 k 值变为 12，break 起作用跳出这个 switch 语句，输出 k 值为 12。

8. *♯　解析：x 值为 0，执行外层 switch 语句的 case 0 部分，接着判断 y==2，结果是 1，因此输出 *，并回到外层 case 0 部分，因为这里没有 break 语句，所以继续执行 case 1 部分，z 值为 3，输出♯。

9. −1　解析：首先判断 a<b，结果为 1，再判断 b!=15 结果为 1，!ok1 结果为 0，转而执行 else if 部分，因为 ok2 结果为 0，所以执行 else 部分，x 值变为−1。

10. 4545　解析：此题因为 if 语句的条件有包含关系，所以输入 45 时，满足后边的两个 if 语句执行条件。

11. a=4　b=5　c=99　解析：第一个 if 语句，判断 b<a&&a<c，从 a、b、c 的初值来看，结果显然是假，所以后边的

```
t=a;
```

不执行。问题是

    a=c;c=t;

是否执行呢？当然执行！因为它们不属于前面 if 语句的管辖范围。至此，a 值为 5，c 值为 99。第二个 if 语句，判断 a<c&&b<c，条件成立，执行后边的语句

    t=b,b=a,a=t;

注意这里是用","隔开的，到";"结束，是一条语句。所以，t 值为 4，b 值为 5，a 值为 4，c 值为 99。

12.20　解析：由于 a＝0，不执行 d＝d－10，转去执行 else if (!b)语句。此时 b＝1，则!b＝0，故 else if 的语句不执行，直接转到执行最后的 printf()函数，此过程 d 的值一直没有改变。

13. OK　解析：c＝a＋b 是赋值语句，c 的值是 9，if (c＝a＋b)语句中关系表达式的值为 1，故输出 OK。

第 5 章 循 环 控 制

5.1 主教材习题 5 及解答

1. 写出下列程序的运行结果。

(1)

```
int i=0,j=2;
while (i<=3)
{
    i++;
    j*=2;
}
printf("i=%d,j=%d\n",i,j);
```

答案:

i=4,j=32

(2)

```
int k=4,n=0;
for (;n<k;)
{
    n++;
    if (n%2==0)
        continue;
    k--;
}
printf("k=%d,n=%d\n",k,n);
```

答案:

k=2,n=3

2. 下面程序的功能是,输出 100 以内能被 3 整除且个位数为 6 的所有整数,试填空。

```
int main()
{
    int i,j;
    for (i=0;____(1)____;i++)
    {
        j=i*10+6;
        if (____(2)____)
            continue;
        printf("%d ",j);
```

```
            }
    }
```
答案：(1)i<10,(2)j%3!=0。

3. 编写程序：计算 sum=1+2+3+…+i,求 i 等于多少时,sum 的值大于 5000。

代码如下：

```
#include<stdio.h>
  int main()
{
    int i,s;
    sum=0;
    for (i=1;;i++)
    {
        sum=sum+i;
        if (s>5000)
            break;
    }
    printf("i=%d",i);
    return 0;
}
```

4. 编写程序,求 200 以内的素数。

代码如下：

```
#include<stdio.h>
#include<math.h>
int main()
{
    int n,k,i,m=0;
    for (n=1;n<=200;n=n+2)
    {
        k=sqrt(n);
        for (i=2;i<=k;i++)
            if (n%i==0) break;
            if (i>=k+1)
            {
                printf("%d\t",n);
                m=m+1;
            }
            if (m%10==0)printf("\n");
    }
    printf("\n");
    return 0;
}
```

5. 编写程序,求 1-2/3+3/5-4/7+5/9-6/11+…的前 n 项和(n 从键盘输入)。

代码如下：

```
#include <stdio.h>
int main()
{
    int i,n;
    double sum=0.0;                     // 存储总和
    double denominator=1.0;             // 分母,初始为1(第1项的分母)
    int sign=1;                         // 符号,初始为+1(正)
    scanf("%d", &n);
    for (i=1; i<=n; i++)
    {
        sum+=sign * i/denominator;      // 计算当前项并累加
        denominator+=2;                 // 分母每次增加2(1,3,5,7,...)
        sign=-sign;                     // 符号取反
    }
    printf("%.3lf\n",sum);
    return 0;
}
```

6. 编写程序,打印所有的"水仙花数"。所谓"水仙花数"是指一个3位数,其各位数字的立方和等于该数本身。例如153是一个"水仙花数",因为 $153=1^3+5^3+3^3$。

代码如下:

```
#include<stdio.h>
int main()
{
    int i,j,k,l,m;
    for (i=100;i<1000;i++)
    {
        j=i/100;                        /* 百位数的值 */
        k=(i-j * 100)/10;               /* 十位数的值 */
        l=(i-j * 100)%10;               /* 个位数的值 */
        m=j * j * j+k * k * k+l * l * l;
        if (i==m)
            printf("%d=%d * %d * %d+%d * %d * %d+%d * %d * %d\n",i,j,j,j,k,k,k,l,l,l);
    }
    return 0;
}
```

7. 编写程序,读入10名学生的C语言成绩,计算平均成绩,并统计成绩为60~85分的学生总人数。

```
#include<stdio.h>
#define N 10
int main()
{
    int i,n=0;
    float a;
    printf("请输入10名学生C语言成绩:\n");
```

```
for (i=1;i<=N;i++)
{
    scanf("%f",&a);
    if (a>=60.0&&a<=85.0)
        n++;
}
return 0;
printf("成绩在 60 到 85 之间有%d\n",n);
}
```

8. 编写程序,输出九九乘法表。

$1×1=1$

$1×2=2$ $2×2=4$

$1×3=3$ $2×3=6$ $3×3=9$

...

代码如下:

```
#include<stdio.h>
int main()
{
    int i,j;
    for (i=1;i<=9;i++)
    {
        for (j=1;j<=i;j++)
            printf("%d * %d=%d ",j,i,i * j);
        printf("\n");
    }
    return 0;
}
```

9. 求 $1!+2!+3!+\cdots+n!$ 的值,n 的值由键盘输入。

代码如下:

```
#include <stdio.h>
int main(void)
{
    float s=0,t=1;
    int i,n;
    printf("请输入 n 的值:");
    scanf("%d",&n);
    for (i=1;i<=n;i++)
    {
        t=t * i;
        s=s+t;
    }
    printf("1!+2!+…+n!=%e\n",s);
    return 0;
```

```
}
```

10. 把 100 元人民币换成 1 元、2 元、5 元的零钱,有多少种换法

(1) 考虑所有钱币都存在。代码如下:

```
#include <stdio.h>
int main()
{
    int one, tow, five, count =0;
    for (five=1; five<=20; five++)
        for (tow=1; tow<=50; tow++)
            for (one=1; one<=100; one++)
                if (5 * five+2 * tow+one==100)
                    count++;
    printf("一共有%d种方案兑换", count);
    return 0;
}
```

(2) 不考虑所有钱币都存在。代码如下:

```
#include <stdio.h>
int main()
{
    int one, tow, five, count =0;
    for (five=0; five<=20; five++)
        for (tow=0; tow<=50; tow++)
            for (one=0; one<=100; one++)
                if (5 * five+2 * tow+one ==100)
                    count++;
    printf("一共有%d种方案兑换", count);
    return 0;
}
```

11. 求 $s = a + aa + aaa + \cdots + \overbrace{aaa \cdots a}^{n}$,其中,最后一个数中 a 的个数为 n,a 和 n 的值由键盘输入。

代码如下:

```
#include <stdio.h>
int main(void)
{
    int a, n, i=1, sn=0, tn=0;
    printf("a,n=");
    scanf("%d,%d", &a, &n);
    while (i<=n)
    {
        tn=tn+a;
        sn=sn+tn;
        a=a * 10;
```

```
        ++i;
    }
    printf("a+aa+aaa+…=%d\n",sn);
    return 0;
}
```

12. 现有一根 393cm 的长杆,要求将它截成 81cm、41cm、29cm 的短杆若干根,并在 81cm 和 41cm 两种规格各截一根的前提下,编程求解该如何截才能使得剩下的余料最短,最后输出最短的余料和 3 种规格各截得的根数。

代码如下:

```
#include<stdio.h>
int main()
{
    int i,j,k,l,m,n,a,b=393;
    for (i=1;i<5;i++)
        for (j=1;j<10;j++)
            for (k=0;k<14;k++)
            {
                a=393-81*i-41*j-29*k;
                if (a>=0&&a<29)     /*当余料小于 29cm 时,完成一次截取*/
                {
                    if (a<b)         /*余料比上一次短时,记录下来*/
                    {
                        b=a;
                        l=i;
                        m=j;
                        n=k;
                    }
                    break;           /*完成截取,重新循环*/
                }
            }
    printf("81cm: %d,41cm: %d,29cm: %d,剩余: %d\n",l,m,n,b);
    return 0;
}
```

13. 编写程序,求 3000 以内的所有亲密数。整数 A 和 B 称为亲密数的条件为,如果整数 A 的全部因子(包括 1,不包括 A)之和等于 B,且整数 B 的全部因子(包括 1,不包括 B)之和等于 A。

代码如下:

```
#include<stdio.h>
int main()
{
    int a,i,b,n;
    printf("以下是 3000 以内的亲密数对: \n");
```

```
    for (a=1;a<3000;a++)                /*穷举1000以内的全部整数*/
    {
        for (b=0,i=1;i<=a/2;i++)        /*计算数a的各因子,各因子之和存放于b*/
            if (!(a%i))
                b+=i;
        for (n=0,i=1;i<=b/2;i++)        /*计算b的各因子,各因子之和存于n*/
            if (!(b%i))
                n+=i;
        if (n==a&&a<b)
            printf("%4d-%4d   ",a,b);   /*若n=a,则a和b是一对亲密数,输出*/
    }
    printf("\n");
    return 0;
}
```

14. 编写程序,对5000以内的整数验证哥德巴赫猜想：对任何大于4的偶数都可以分解为两个素数之和。

代码如下：

```
#include<stdio.h>
#include<math.h>
int main()
{
    int i,n,j,k,m;
    for (i=4;i<=5000;i+=2)
    {
        for (n=2;n<i;n++)
        {
            for (j=2,k=1;j<=(int)sqrt(n);j++)   /*判断n是否素数*/
            {
                if (n%j==0)
                    k=0;
            }
            if (k)                              /*n是素数继续判断i-n是否素数*/
            for (j=2,m=1;j<=(int)sqrt(i-n);j++)  /*判断i-n是否素数*/
                if ((i-n)%j==0)
                    m=0;
            if (m)
            {
                printf("%d=%d+%d\n",i,n,i-n);
                break;
            }
        }
        if (n==i)                               /*n等于i,i不遵循哥德巴赫猜想*/
            printf("error %d\n",i);  break;
    }
```

```
        return 0;
    }
```

15. 一辆汽车违反交通规则,撞人以后逃离现场。现场有 3 人目击,但都没有记住车牌号码,只记下车牌号码的一些特征:A 记得牌照的前两位数字是相同的,B 记得牌照的后两位数字相同,C 记得 4 位的车牌号刚好是一个整数的平方。编程求得该 4 位的车牌号并输出。

代码如下:

```
#include<stdio.h>
int main()
{
    int i,j,k,l,m,n;
    for (i=0;i<100;i++)
    {
        j=i*i;                          /* i 的平方 */
        k=j/1000;                       /* 千位数的值 */
        l=(j-k*1000)/100;               /* 百位数的值 */
        m=(j-k*1000-k*100)/10;          /* 十位数的值 */
        n=(j-k*1000-k*100)%10;          /* 个位数的值 */
        if ((k==l)&&(m==n))
            printf("%d\n",j);
    }
    return 0;
}
```

5.2 补 充 习 题

1. 有如下程序:

```
int main()
{
    int n=9;
    while (n>6)
    {
        n--;
        printf("%d",n);
    }
    return 0;
}
```

该程序的输出结果是(   )。

   A. 987   B. 876   C. 8765   D. 9876

2. 有以下程序段:

```
int k=0;
```

```
while (k=1)
    k++;
```

while 循环执行的次数是(　　　)。

 A. 无限次   B. 有语法错,不能执行

 C. 一次也不执行   D. 执行一次

3. 以下程序中,while 循环的循环次数是(　　　)。

```
int main()
{
    int i=0;
    while (i<10)
    {
        if (i<1)
            continue;
        if (i==5)
            break;
        i++;
    }
    ...
    return 0;
}
```

 A. 1   B. 10

 C. 6   D. 死循环,不能确定次数

4. 以下程序:

```
int main()
{
    int x=1,y=1;
    while (y<=5)
    {
        if (x>=10)
            break;
        if (x%2==0)
        {
            x+=5;
            continue;
        }
        x-=3;
        y++;
        return 0;
    }
    printf("%d,%d",x,y);
}
```

执行后的输出结果是(　　　)。

A. 6,6   B. 7,6   C. 10,3   D. 7,3

5. while 语句中循环结束的条件是 while 后面表达式的值是(　　　)。

    A. 0   B. 1   C. -1 D. 非 0

6. while(!x) 中的表达式(!x) 等价于(　　　)。

    A. x==0   B. x!=0   C. x==1   D. x!=1

7. 下面程序的输出结果是(　　　)。

```c
int main()
{
    int x=3,y=6,a=0;
    while (x++!=(y-=1))
    {
        a+=1;
        if (y<x)
            break;
    }
    printf("x=%d,y=%d,a=%d\n",x,y,a);
    return 0;
}
```

    A. x=4,y=4,a=1   B. x=5,y=5,a=1

    C. x=5,y=4,a=3   D. x=5,y=4,a=1

8. 下列程序运行的情况是(　　　)。

```c
int main()
{
    int i=1,sum=0;
    while (i<10)
        sum=sum+1;
    printf("i=%d,sum=%d",i,sum);
    return 0;
}
```

    A. i=10,sum=9   B. i=9,sum=9

    C. i=2,sum=1   D. 运行出现错误

9. 有以下程序:

```c
#include<stdio.h>
int main()
{
    int a=1,b=2;
    while (a<6)
    {
        b+=a;
        a+=2;
        b%=10;
```

```
    }
    printf("%d,%d\n",a,b);
    return 0;
}
```

程序运行后的输出结果是( )。

  A. 5,11   B. 7,1   C. 7,11   D. 6,1

10. 在执行以下程序时,如果从键盘上输入:ABCdef,则输出结果为( )。

```
#include<stdio.h>
int main()
{
    char ch;
    while ((ch=getchar())!='\n')
    {
        if (ch>='A'&&ch<='Z')
            ch=ch+32;
        else if (ch>='a'&&ch<='z')
            ch=ch-32;
        printf("%c",ch);
    }
    printf("\n");
    return 0;
}
```

  A. ABCdef   B. abcDEF   C. abc   D. DEF

11. 有以下程序:

```
int main()
{
    int k=5,n=0;
    while (k>0)
    {
        switch(k)
        {
            default:break;
            case 1:n+=k;
            case 2:
            case 3:n+=k;
        }
        k--;
    }
    printf("%d\n",n);
    return 0;
}
```

程序运行后的输出结果是( )。

A. 0　　　　　　　B. 4　　　　　　　C. 6　　　　　　　D. 7

12. 下列程序的运行结果是(　　　)。

```
int main()
{
    int y=10;
    do {
        y--;
    } while (--y);
    printf("%d\n",y--);
    return 0;
}
```

A. -1　　　　　　　B. 1　　　　　　　C. 8　　　　　　　D. 0

13. 下列程序段的输出结果是(　　　)。

```
int x=3;
do {
    printf("%3d",x-=2);
}while (!(--x));
```

A. 1　　　　　　　B. 3 0　　　　　　　C. 1 -2　　　　　　　D. 死循环

14. 有以下程序：

```
int n=0,p;
do {
    scanf("%d",&p);
    n++;
} while (p!=12345&&n<3);
```

此处 do…while 循环的结束条件是(　　　)。

　　A. p 的值不等于 12345 并且 n 的值大于 3

　　B. p 的值等于 12345 并且 n 的值大于或等于 3

　　C. p 的值不等于 12345 或者 n 的值小于 3

　　D. p 的值等于 12345 或 n 的值大于或等于 3

15. 以下叙述正确的是(　　　)。

　　A. do…while 语句构成的循环不能用其他语句构成的循环来代替

　　B. do…while 语句构成的循环只能用 break 语句退出

　　C. 用 do…while 语句构成的循环,在 while 后的表达式为非零时结束循环

　　D. 用 do…while 语句构成的循环,在 while 后的表达式为零时结束循环

16. 以下程序的执行结果是(　　　)。

```
int main()
{
    int a,y;
    a=10; y=0;
```

```
do {
    a+=2;
    y+=a;
    printf("a=%d  y=%d\n",a,y);
    if(y>20) break;
}while(a=14);
return 0;
}
```

A.
```
a=12  y=12
a=14  y=16
a=16  y=20
a=18  y=24
```

B.
```
a=12  y=12
a=16  y=28
```

C.
```
a=12  y=12
```

D.
```
a=12  y=12
a=14  y=26
a=14  y=44
```

17. 语句

```
while (x%3) a++;
```

中的表达式 x％3 等价于(   )。

    A. x％3!＝0   B. x％3＝＝0   C. x％3＝＝1   D. x％3＝＝2

18. 有以下程序：

```
int main()
{
    int x,n=0;
    for (x=0;x<=60;x++)
    if (x%2==0)
        if (x%3==0)
            if (x%5==0) n++;
    printf("%d\n",n);
    return 0;
}
```

程序执行后的输出结果是(   )。

    A. 3   B. 2   C. 0   D. 61

19. 有以下程序：

```
int main()
{
    int i,n=0;
    for (i=2;i<5;i++)
    {
```

```
        do {
            if (i%3) continue;
            n++;
        } while (!i);
        n++;
    }
    printf("n=%d\n",n);
    return 0;
}
```

程序执行后的输出结果是( )。

　　A. n＝5　　　　　　B. n＝2　　　　　　C. n＝3　　　　　　D. n＝4

20. 以下程序的运行结果为( )。

```
#include<stdio.h>
int main()
{
    int y=2,a=1;
    while (y--!=-1)
    {
        do { a*=y;a++;
        }while (y--);
    }
    printf("%d,%d\n",a,y);
    return 0;
}
```

　　A. 1,－2　　　　　　B. 2,1　　　　　　C. 1,0　　　　　　D. 2,－1

21. 当执行以下程序时( )。

```
x=-1;
do {x=x*x;}
while (!x);
```

　　A. 循环体将执行一次　　　　　　　　　B. 循环体将执行两次

　　C. 循环体将执行无数多次　　　　　　　D. 系统将提示有语法错误

22. 以下程序的输出结果是( )。

```
int main()
{
    int i=3;
    for (;i<=18;)
    {
        i++;
        if (i%6==1)
            printf("%d ",i);
        else continue;
```

```
    }
    return 0;
}
```

    A. 12 18   B. 7 13 19   C. 7 13   D. 6 12 18

23. 执行循环语句

```
for(i=1;i++<10;) a++;
```

后,变量 i 的值是(　　)。

    A. 9   B. 10   C. 11   D. 不确定

24. 以下程序执行后输出结果是(　　)。

```
int main()
{
    int i=0,s=0;
    do {
        if(i%2){i++;continue;}
        i++;s+=i;
    }while(i<7);
    printf("%d\n",s);
    return 0;
}
```

    A. 16   B. 12   C. 28   D. 21

25. 以下程序段中的语句

```
printf("i=%d,j=%d\n",i,j);
```

的执行次数是(　　)。

```
int main()
{
    int i,j;
    for (i=3;i;i--)
        for(j=1;j<5;j++)
            printf("i=%d,j=%d\n",i,j);
    return 0;
}
```

    A. 12   B. 20   C. 15   D. 24

26. 若 x 是 int 型变量,且有下面的程序片段:

```
for (x=5;x<8;x++)
    printf((x%2)?("* * %d"):("##%d\n"),x);
```

该程序片段的输出结果是(　　)。

    A.   B.

     **5####6   ####5

     **7

C.   D.

    ##5**6##7   **5##6**7 **7 **6##7

27. 有以下程序,其中 x、y 为整型变量:

```
for (x=0,y=0;(x<=1)&&(y=1);x++,y--);
    printf("x=%d,y=%d",x,y);
```

该程序的输出结果是(   )。

    A. x＝2,y＝0   B. x＝1,y＝0   C. x＝1,y＝1   D. x＝0,y＝0

28. 以下循环体的执行次数是(   )。

```
int main()
{
    int i,j;
    for (i=0,j=1;i<=j+1;i+=2,j--)
        printf("%d \n",i);
    return 0;
}
```

    A. 3   B. 2   C. 1   D. 0

29. 有以下程序:

```
#include<stdio.h>
int main()
{
    int a=123,b;
    while (a)
    {
        b=a%10;
        printf("%d",b);
        a=a/10;
    }
    return 0;
}
```

程序运行后输出结果是(   )。

    A. 3 2 1   B. 1 2 3   C. 3 2   D. 2 3

30. 以下程序执行后 sum 的值是(   )。

```
int main()
{
    int i,sum;
    for (i=1;i<6;i++)
        sum+=i;
    printf("%d\n",sum);
    return 0;
}
```

A. 15   B. 14   C. 不确定   D. 0

31. 下列语句中,能正确输出 26 个英文字母的是(   )。

    A. for (a='a';a<='z';printf("%c",++a));

    B. for (a='a';a<='z';) printf("%c",a);

    C. for (a='a';a<='z';printf("%c",a++));

    D. for (a='a';a<='z';printf("%c",a));

32. 对于下面的 for 循环语句,可以断定它(   )。

```
for (x=0,y=0;(y!=67)&&(x<5);x++)
    printf("----");
```

    A. 是无限循环(死循环)   B. 的循环次数不定

    C. 共执行 5 次循环   D. 共执行 4 次循环

33. 若 i 为整型变量,则以下循环执行的次数是(   )。

```
for (i=0;i<=5;i++)
    printf("%d",i++);
```

    A. 5 次   B. 2 次   C. 3 次   D. 6 次

34. 有以下语句:

```
i=1;
for (;i<=100;i++)
    sum+=i;
```

与以上语句序列不等价的有(   )。

    A. for (i=1;;i++) {sum+=i;if (i==100) break;}

    B. for (i=1;i<=100;){sum+=i;i++;}

    C. i=1;for (;i<=100;)sum+=i;

    D. i=1;for (;;){sum+=i;if (i==100) break;i++;}

35. 设变量已正确定义,则以下能正确计算 $f=n!$ 的程序段是(   )。

A.
```
f=0;
for (i=1;i<=n;i++)
    f*=i;
```
B.
```
f=1;
for (i=1;i<n;i++)
    f*=i;
```
C.
```
f=1;
for (i=n;i>1;i++)
    f*=i;
```
D.
```
f=1;
for (i=n;i>=2;i--)
    f*=i;
```

36. 下面程序的运行结果为(   )。

```
int main()
{
    int n;
```

```
    for (n=1;n<=10;n++)
    {
        if (n%3==0)
        continue;
        printf("%d",n);
    }
    return 0;
}
```

A. 12457810   B. 369   C. 12   D. 12345678910

37. 以下程序执行后输出结果是(　　)。

```
int main()
{
    int i;
    for (i=0;i<3;i++)
        switch(i)
        {
            case 1: printf("%d",i);
            case 2: printf("%d",i);
            default: printf("%d",i);
        }
    return 0;
}
```

A. 011122   B. 012   C. 012020   D. 120

38. 标有"/＊　＊/"的语句的执行次数是(　　)。

```
int y,i;
for (i=0;i<20;i++)
{
    if (i%2==0)
        continue;
    y+=i;                    /* */
}
```

A. 20   B. 19   C. 10   D. 9

39. 下列程序的运行结果是(　　)。

```
#include<stdio.h>
int main()
{
    int i;
    for (i=1;i<=5;i++)
    {
        if (i%2)
            printf(" * ");
```

```
        else
            continue;
        printf("#");
    }
    printf("$\n");
    return 0;
}
```

A. *#*#$ B. #*#*#*$ C. *#*#*#$ D. ***# $

40. 在下述程序中,if (i>j)语句共执行的次数是( )。

```
int main()
{
    int i=0,j=10,k=2,s=0;
    for (;;)
    {
        i+=k;
        if (i>j)
        {
            printf("%d",s);
            break;
        }
        s+=i;
    }
    return 0;
}
```

A. 4   B. 7   C. 5   D. 6

41. 以下程序的输出结果是( )。

```
int main()
{
    int a=0,i;
    for (i=1;i<5;i++)
    {
        switch(i)
        {
            case 0:
            case 3: a+=2;
            case 1:
            case 2: a+=3;
            default:a+=5;
        }
    }
    printf("%d\n",a);
    return 0;
}
```

A. 31   B. 13   C. 10   D. 20

42. 以下程序的输出结果是(   )。

```
int main()
{
    int i=0,a=0;
    while (i<20)
    {
        for (;;)
            if ((i%10)==0)
                break;
            else
                i--;
        i+=11;
        a+=i;
    }
    printf("%d\n",a);
    return 0;
}
```

A. 21   B. 32   C. 33   D. 11

43. 以下关于循环的程序的输出结果是(   )。

```
#include<stdio.h>
int main()
{
    int k=4,n=0;
    for (;n<k;)
    {
        n++;
        if (n%3!=0)
            continue;
        k--;
    }
    printf("%d %d",k,n);
    return 0;
}
```

A. 1 1   B. 2 2   C. 3 3   D. 4 4

44. 有以下程序：

```
int main()
{
    int a=1,b;
    for (b=1;b<=10;b++)
    {
        if (a>=8)
```

```
        break;
      if (a%2==1)
      {   a+=5;
          continue;
      }
      a-=3;
    }
    printf("%d\n",b);
    return 0;
}
```

程序运行后的输出结果是(　　)。

　　A. 3　　　　　　　　　B. 4　　　　　　　　C. 5　　　　　　　　D. 6

45. 以下程序执行后输出结果是(　　)。

```
int main()
{
    int number=0;
    while (number++<=1)
        printf(" * %d",number);
    printf("**%d\n",number);
    return 0;
}
```

　　A. ＊1**2　　　　B. ＊1＊2＊＊3　　C. ＊A＊2　　　　D. ＊0＊1＊2

46. 有以下程序:

```
#include<stdio.h>
int main()
{
    int a=1,b=2;
    for (;a<8;a++)
    {
        b+=a;
        a+=2;
    }
    printf("%d,%d\n",a,b);
    return 0;
}
```

程序运行后的输出结果是(　　)。

　　A. 9,18　　　　　　B. 8,11　　　　　　　C. 7,11　　　　　　　D. 10,14

47. 以下程序的功能是:按顺序读入 10 名学生和 4 门课程的成绩,计算出每位学生的平均分进行输出,但运行结果不正确。

```
int main()
{
```

```
    int n,k;float score,ave;
    ave=0.0;
    for (n=1;n<=10;n++)
    {
        for( k=1;k<=4;k++)
        {
            scanf("%f",&score);
            ave+=score/4;
        }
        printf("NO%d: %f\n",n,ave);
        return 0;
    }
}
```

造成程序计算结果错误的语句行是(　　)。

A. ave＝0.0;

B. for (n=1;n<=10;n++)

C. ave＋＝score/4;

D. printf("NO%d：%f\n",n,ave);

48. 下列程序的输出结果是(　　)。

```
int main()
{
    int i,j,m=0,n=0;
    for (i=0;i<2;i++)
        for (j=0;j<2;j++)
            if (j>=i)
                m=1;
    n++;
    printf("%d \n",n);
    return 0;
}
```

　　A. 4　　　　　　　　B. 2　　　　　　　　C. 1　　　　　　　　D. 0

49. 有以下程序：

```
#include<stdio.h>
int main()
{
    int i,j,a=0;
    for (i=1;i<=10;i++)
    {
        if (a>=10)
            break;
        if (a%3==1)
            a=a+2;
        else
            a=a+i;
```

```
    }
    printf("%d\n",i);
    return 0;
}
```

程序运行后的输出结果是(　　)。

    A. 5　　　　　　　　B. 7　　　　　　　　C. 3　　　　　　　　D. 12

50.下列程序的输出为(　　)。

```
#include<stdio.h>
int main()
{
    int i,j,k=0,m=0;
    for (i=0;i<2;i++)
    {
        for (j=0;j<3;j++)
        k++;
        k-=j;
    }
    m=i+j;
    printf("k=%d,m=%d\n",k,m);
    return 0;
}
```

    A. k=0,m=3　　　B. k=0,m=5　　　C. k=1,m=3　　　D. k=1,m=5

5.3　补充习题解答

1. B. 解析：①变量 n 的初值为 9,9>6,执行循环体的语句,n 的值变为 8；②8>6 继续执行循环体的语句,n 的值变为 7；③7>6 继续执行循环体的语句,n 的值变为 6；④6>6 不成立,结束循环,最后输出的结果为 876。

2. A. 解析：while 语句括号表达式的值为假时结束循环,k=1 是赋值表达式,值永远为真,所以一直执行循环。

3. D. 解析：i 初值为 0, i<10 表达式值为真,执行循环体内的语句：if (i<1) continue;跳出本次循环,返回 while(i<10),再继续执行循环体的语句,因此,程序陷入死循环。

4. A. 解析：continue 语句的作用是结束本次循环,跳转回循环头去判断是否继续循环,所以每当 x 为偶数时 x 加 5,然后转到循环头去,如果是奇数 x 就减 3,然后 y 加 1,最后,一直到不满足循环条件然后跳出循环。

5. A. 解析：在 while 语句中的表达式为判断条件的真假,条件为真则执行后面的语句。条件为真即为非 0。

6. A. 解析：!x 表示非 0 等价于 x==0。

7. D. 解析：第一次循环：x=4,y=5,a=1;第二次循环：x++=4,y=4,退出循环。

8. A. 解析：在语句{while (i<10) sum=sum+1;}中没有对循环变量 i 自增,陷入死

循环,运行出错。

9. B. 解析：第 1 次循环：b＝3,a＝3,b＝3;第 2 次循环：b＝6,a＝5,b＝6;第 3 次循环：b＝11,a＝7,b＝1。

10. B. 解析：程序的功能是将输入的字符中大写字母转换成小写字母,小写字母转换成大写字母。在 ASCⅡ码中大小写字母的值相差 32。

11. D. 解析：当 k＝5 时,在 case 后的各常量表达式中的值没有与之相等,所以跳出 switch 循环,执行 k－－,k＝4,同样,在 case 后的各常量表达式中的值没有与之相等,最后当 k＝3 时,执行 case 3 语句,这时 n＝3,然后 k－－,k＝2,继续进入 switch 循环,这时执行 case 2 语句,然后执行 case 3 语句,这时 n＝5,然后 k－－,k＝1,继续进入 switch 循环,这时执行 case1、case 2、case 3 语句,最后 n＝7,k＝0,跳出 while 循环,输出结果。

12. D. 解析：程序先执行 do｛ y－－;｝直到 y 的值为 0。

13. C. 解析：程序先执行

```
do {printf("%3d",x-=2);}
```

得到 x＝1,再执行

```
while(!(--x));
```

此时 x＝0,表达式 !(－－x)值为 1,即为真,跳回 do｛printf("%3d",x－＝2);｝,则得到 x＝－2,再执行 while(!(－－x));表达式 !(－－x)值为 0,即为假,结束循环。

14. D. 解析：do…while 循环语句,while 语句括号内的语句为假时循环结束,当表达式(p!＝12345＆＆n<3)中 p＝12345 或 n 值大于 3,表达式的值为 0,即为假。

15. D. 解析：do…while 循环语句,while 语句括号内的语句为假时循环结束。

16. B. 解析：首先执行

```
do { a+=2; y+=a;printf("a=%d  y=%d\n",a,y);
```

得到 a＝12,y＝12,if 语句的表达式不成立,执行

```
while(a=14);
```

表达式是赋值表达式,值永远为真,返回执行

```
do { a+=2; y+=a;printf("a=%d  y=%d\n",a,y);
```

得到 a＝16,y＝28,if 语句的表达式成立,用 break 跳出循环。

17. A. 解析：换题 while(表达式)语句中的表达式用于判断条件的真假,条件为真执行语句 a++,否则退出循环语句。在四个选项中只有 A 答案符合题意。

18. A. 解析：求大于 0 小于 60 的数中能同时被 2、3、5 整除的数。

19. D. 解析：当 i 不是 3 的倍数时,直接跳出 do…while 循环,执行下面的 n++,当 i 是 3 的倍数时,先执行 do…while 循环里面的 n++,然后执行下面的 n++,所以,当 i＝2、4 时,执行一次 n++,当 i＝3 时,执行两次 n++,所以 n＝4。

20. A. 解析：进入 while 循环后,y 的值变为 1,进入 do…while 循环后,执行

```
a*=y;
```

后,a 的值为 1;执行

```
a++;
```

后,a 的值为 2;y－－的值为 1,继续执行 do…while 循环,而 y 的值变为 0;执行

```
a*=y;
```

后 a＝0;执行

```
a++ ;
```

后,a＝1;之后执行两次的 y－－,y＝－2。

21. A. 解析:首先执行

```
do {x=x*x;}
```

得到 x＝1,然后执行

```
while (!x);
```

表达式(!x)值为 0,即为假,结束循环,因此循环体只执行一次。

22. B. 解析:注意 for 循环中的 i 与 i＋＋之间的关系。

23. C. 解析:考查前缀自增的使用,i＋＋先赋值后自增。

24. A. 解析:阅读程序后会发现,当 i 为奇数时与 s 相加,直到不再符合循环条件,所以 s＝1＋3＋5＋7＝16。

25. A. 解析:考查 for 语句的使用,i 执行 3 次,j 执行 4 次,共执行 12 次。

26. A. 解析:①当 x＝5 时,x％2＝1,值为真,执行

```
printf("**%d",x);
```

得到＊＊5;②当 x＝6 时,x％2＝0,值为假,执行

```
printf("##%d\n",x);
```

得到♯♯6,换行;③当 x＝7 时,x％2＝1,值为真,执行

```
printf("**%d",x);
```

得到＊＊7;④当 x＝8 时,表达式(8＜8)不成立,结束循环。

27. A. 解析:语句:(x＜＝1)＆＆(y＝1),首先判断 x＜＝1 是正确了,然后再把 1 赋值给 y,所以当 x＝2 时,y＝0,然后 x 不再小于等于 1,则(x＜＝1)为假,不再为 y 赋值,最后,x＝2,y＝0。

28. C. 解析:当 i＝0,j＝1 时,表达式 i＜＝j＋1 成立,执行 i＋＝2,j－－,得到 i＝2;当 i＝2,j＝1 时,表达式 i＜＝j＋1 不成立,循环结束,因此循环体只执行一次。

29. A. 解析:当＝123 时,while 括号内条件表达式为真,执行循环体的语句,得到 b＝3,a＝12;再返回 while 判断条件表达式的值,值为真,继续执行循环体内的语句,得到 b＝2,a＝1;继续返回 while 判断条件表达式的值,值为真,再继续执行循环体内的语句,得到 b＝1,a＝0;继续返回 while 判断条件表达式的值,值为 0,则结束循环。

30. C. 解析:累加变量 sum 没有赋初值。

31. C. 解析：for 循环一般形式为

for (<参数初始化表达式>;<条件表达式>;<更新循环变量表达式>)

如果省略增量,则不对循环控制变量进行操作,这时可在语句体中加入修改循环控制变量的语句,实现循环。选项 A 中的 ++a,使变量 a 先自增 1 再参与运算,故只能输出 b～z 这 25 个英文字母;选项 B 和 C 不含 a 的增量,无法实现循环操作,只能输出字母 a。

32. C. 解析：根据条件表达式(y!=67)&&(x<5)判断循环执行次数。该条件表达式为两个表达式的与运算,任意一个表达式为假便结束循环。y=0,y!=67 恒为真;x=0,当 x 增加到 5 时,5<5 不成立,结束循环。故共执行 5 次循环。

33. C. 解析：for 循环执行过程如下：i=0 时,0<5 满足条件,执行循环体 printf 语句,i 先参与运算再自增 1,即先输出 1,再自增 1,此时 i=1,再执行 for 循环中的 i++,则 i=2;如此执行完 3 次循环时 i=6>5 结束循环,故共执行 3 次循环。

34. C. 解析：题目当中的语句,在执行过循环体的语句

sum+=i;

后循环变量 i 仍要自增 1,而选项 C 只执行赋值语句,没实现循环变量 i 的自增。

35. D. 解析：选项 A 中 f 初始值为 0,执行完 for 循环,f 仍等于 0,得不到正确的计算结果;选项 B 中 i 增加到 n 时不满足循环执行条件,结束循环,循环少执行 1 次,计算的结果是 f=(n-1)!;选项 C 中计算的是 f=n*(n+1)*(n+2)……,不是 n!。

36. A. 解析：continue 语句的作用是结束本次循环,当满足 n%3==0 时执行 continue 语句,即跳出本次循环不执行输出语句,故该程序的功能是输出 1～10 的数中不能被 3 整除的整数,运行结果为 1 2 4 5 7 8 10。

37. A. 解析：因为 switch 语句中没有 break 语句,所以程序会一直执行下去,直到 switch 结束,因此,当 i=0 时,执行 default 语句,而当 i=1 时,执行 case 1、case 2、default 语句,i=2 时,执行 case 2、default 语句,所以结果是 0 1 1 1 2 2。

38. C. 解析：对于 if 条件语句,当满足 i%2==0 时,即 i 为偶数跳出本次循环,换言之,只有当 i 为奇数时才执行标有/ * */的语句,1～19 的数中有 10 个奇数,故标有/ * */的语句执行次数是 10 次。

39. C. 解析：for 循环体内通过 if else 语句来控制输出的内容,当 i 为奇数时,i%2 不等于 0,为真,执行 if 后的 2 条语句,即输出 * #;当 i 为偶数时,i%2 等于 0,为假,执行 else 后的 continue 语句,即跳出本次循环;结束循环后在输出 $。i=1,3,5 时分别输出 * #。故程序的运行结果是 * # * # * # $。

40. D. 解析：for(;;)语句将 3 个表达式都省略,等价于 while(1) 语句,即不设初值,不判断条件,循环变量不增值,无终止地执行循环体。该程序中由 if 条件语句来控制循环的结束,当 i>j 时,执行 printf 语句和 break 语句,即输出 s 的值并跳出 for 循环;i+=k 实现变量的增加,每执行一次 i+=k 语句,都会执行 if 语句。故当 i 为 2、4、6、8、10、12 时,都会执行 if 语句,共执行 6 次。

41. A. 解析：因为 switch 语句中没有 break 语句,所以程序会一直执行下去,直到 switch 结束,所以,当 i=1 时,从 case 1 语句开始执行下去,a=8,i=2,从 case 2 语句开始,a=16,当 i=3,从 case 3 开始执行,a=26,i=4 时,只执行 default 语句,所以 a=31。

42. B. 解析：for (i＝0;i＜2;i＋＋)的循环体为{ for (j＝0;j＜3;j＋＋)k＋＋;k－＝j;}，而内嵌循环 for (j＝0;j＜3;j＋＋)的循环体为 k＋＋;故内嵌循环执行结束后 j＝3,k＝3,再执行 k－＝j 语句,即 k＝0. for(i＝0;i＜2;i＋＋)结束后 i＝2. 故程序输出结果为 k＝0,m＝5。

43. C. 解析：for 循环执行过程如下：① n＝0,执行 n＋＋后 n＝1,n％3!＝0,跳出本次循环；②n＝1,执行 n＋＋后 n＝2,n％3!＝0,跳出本次循环；③n＝2,执行 n＋＋后 n＝3,n％3＝＝0,执行 k－－,k＝3;此时,n＝k 不满足循环条件 n＜k,结束 for 循环。故程序输出结果为：33。

44. B. 解析：for 循环执行过程如下：①b＝1 时,a＝1＜8 且 a％2＝＝1,故执行语句

```
a+=5;
```

和

```
continue;
```

语句,跳出本次循环,此时,a＝6；②b＝2 时,a＝6＜8 且 a％2＝＝0!＝1,故不执行 if 语句,执行 a－＝3,此时,a＝3；③b＝3 时,a＝3＜8 且 a％2＝＝1,执行

```
a+=5;
```

和

```
continue;
```

语句,跳出本次循环,此时,a＝8；④b＝4 时,a＝8＞＝8,执行

```
break;
```

语句,结束 for 循环。故程序最终输出结果 b 的值是 4。

45. B. 解析：注意中程序 number＋＋先赋值后自增。number 初值为 0,while 后面表达式(number＋＋＜＝1)值为真,number＋＋之后,number 值为 1,执行语句

```
printf("*%d",number);
```

输出＊1；继续返回 while 循环,继续判断表达式的值,即 1＝1,值为真,number＋＋之后,number 值为 2,执行语句

```
printf("*%d",number);
```

输出＊2；再返回 while 循环,继续判断表达式的值,此时 number＋＋值为 2,表达式不成立,循环结束,但是此时 number＋＋自增,值为 3,执行语句

```
printf("**%d\n",number);
```

输出＊＊3。

46. A. 解析：程序执行过程如下：①初始值 a＝1,b＝2;a＜8,执行循环体,结果为 a＝3,b＝3；②a＝3,b＝3;a＜8,执行循环体,结果为 a＝5,b＝6；③a＝5,b＝6;a＜8,执行循环体,结果为 a＝7,b＝11；④a＝7,b＝11;a＜8,执行循环体,结果为 a＝9,b＝18；⑤a＝9,b＝18;a＞8,故结束循环。此时,a＝9,b＝18,输出结构为 9,18。

47. A. 解析：因为,每计算一个同学的平均分,然后输出数据之后要将 ave 赋值为 0。

48. C. 解析：n++不属于 for 循环,当 for 循环执行完后再执行,故 n++只执行一次,n=1。故输出结果为 1。

49. A. 解析：①当 i=1 时,执行语句：a=a+i;得到 a=1；②i=2 时,执行语句：

a=a+2;

得到 a=3；③当 i=3 时,执行语句：

a=a+i;

得到 a=6；④当 i=4 时,执行语句：

a=a+2;

得到 a=10；⑤当 i=5 时,if 语句的表达式(a>=10)的值为真,break 语句跳出循环,最后输出 i 的值为 5。

解析：当 i=0 时,执行第二个 for 循环,循环结束后发现 k 还是为 0,当 i=1 时,k 也是为 0,当执行 m=i+j 时,i=2,j=3,所以 m=2+3=5。

50. B.

第6章 数　　组

6.1　主教材习题6及解答

1. 写出下列程序的运行结果。

（1）

```c
int main()
{
    int a[2],i,j;
    for (i=0;i<2;i++)
        a[i]=1;
    for (i=0;i<2;i++)
        for (j=0;j<2;j++)
            a[i]+=a[j];
    for (i=0;i<2;i++)
        printf("%d\n",a[i]);
    return 0;
}
```

答案：

1
2

（2）

```c
int main()
{
    int i,j,temp;
    int a[6]={2,5,4,3,15,7};
    for (i=0,j=5;i<j;i++,j--)
    {
        temp=a[i];
        a[i]=a[j];
        a[j]=temp;
    }
    for (i=0;i<6;i++)
        printf("%5d\n",a[i]);
    return 0;
}
```

答案：

```
7
15
3
4
5
2
```

（3）

```
double s[6]={1,3,5,7,9};
double x;
int i;
scanf("%lf", &x);
for (i=4;i>=0;i--)
{
    if (s[i]>x)
        s[i+1]=s[i];
    else
        break;
}
printf("%d\n", i+1);
```

分别输入 4、5,则输出结果分别是_____、_____。

答案：2、3

2. 编写程序,用冒泡法对 10 个整数进行排序。

代码如下：

```
#include<stdio.h>
#define N 10
int main()
{
    int i,j,s,temp;
    int a[N];
    printf("请输入 10 个整数: ");
    for (i=0;i<N;i++)
        scanf("%d",&a[i]);
    for (i=0;i<N;i++)
    {
        s=1;
        for (j=0;j<N-1-i;j++)
            if (a[j]>a[j+1])
            {
                s=0;
                temp=a[j];
                a[j]=a[j+1];
```

```
                    a[j+1]=temp;
                }
            if (s==1) break;          /*无反序则跳出*/
        }
    for (i=0;i<N;i++)
        printf("%d ",a[i]);
    printf("\n");
    return 0;
}
```

3.编写程序,在一个值非递减序列中插入一个数,要求插入该数以后,数列仍然有序。若插入数和原数列中有相同的数,则把该数插在原数列相同数的后面。

代码如下:

```
#include<stdio.h>
#define N 10
int main()
{
    int i,j,num;
    int a[N+1]={1,4,6,9,13,16,19,28,40,100};
    printf("原序列: ");
    for (i=0;i<N;i++)
        printf("%5d",a[i]);
    printf("\n");
    printf("输入待插入数: ");
    scanf("%d",&num);
    if (num>a[N-1])
        a[N]=num;
    else
    {
        for (i=0;i<N;i++)
            if (a[i]>num)
            {
                for (j=N-1;j>=i;j--)
                    a[j+1]=a[j];
                a[i]=num;
                break;
            }
    }
    printf("插入后的序列: ");
    for (i=0;i<=N;i++)
        printf("%5d",a[i]);
    printf("\n");
    return 0;
}
```

4. 编写程序，从键盘输入一批整数，删除这些数中的最大值。

代码如下：

```c
#include "stdio.h"
  int main(void)
{
    int N;
    printf("请输入一个%d个元素内的整数字符串: ",N);
    scanf("%d",&N);
    int row,max,i,a[N];
    for (i=0; i<N; i++)
        scanf("%d",&a[i]);
    max=a[0];
    for (i=0; i<N; i++)
        if (a[i]>max)
        {
            max=a[i];
            row=i;                          //定位到最大值的位置
        }
    for (int j=row+1;j<=N-1;j++)            // 将最大值的位置之后的元素前移
        a[j-1]=a[j];                        //直接覆盖前值
    for (i=0;i<N-1; i++)
        printf("%d ",a[i]);
    return 0;
}
```

5. 编写程序，将一个十进制数转换成和它对应的二进制数和十六进制数。

代码如下：

```c
#include<stdio.h>
int main()
{
    int a,x,y,b,i=0;
    int num[20];
    printf("输入十进制:");
    scanf("%d",&a);
    b=a;                                    /* 转换成二进制 */
    while ((x=a/2)!=0)
    {
        y=a%2;
        num[i++]=y;
        a=x;
    }
    num[i]=a;
    printf("转换为二进制: ");
    for (;i>=0;i--)
```

```
        printf("%d",num[i]);
    printf("\n");
    /*转换成十六进制*/
    i=0;
    while ((x=b/16)!=0)
    {
        y=b%16;
        num[i++]=y;
        b=x;
    }
    num[i]=b;
    printf("转换为十六进制：");
    for (;i>=0;i--)
        if (num[i]>=10)
            printf("%c",num[i]+55);
        else
            printf("%d",num[i]);
    printf("\n");
    return 0;
}
```

6. 编写程序，将整型数组中所有小于 0 的元素放在所有大于或等于 0 的元素的前面。
代码如下：

```
#include<stdio.h>
#define N 10
int main()
{
    int i=0,j=N-1,k,t;
    int a[N];
    for (k=0;k<N;k++)
        scanf("%d",&a[k]);
    while (i<j)
    {
        while ((a[i]<0)&&(i<j))
            i++;                        /*找到左边大于0的数*/
        while ((a[j]>=0)&&(i<j))
            j--;                        /*找到右边小于0的数*/
        if (i<j)                        /*交换*/
        {
            t=a[i];
            a[i]=a[j];
            a[j]=t;
        }
        i++;
        j--;
```

```
    }
    for (k=0;k<N;k++)
        printf("%d ",a[k]);
    printf("\n");
    return 0;
}
```

7. 编写程序,找出一个二维数组的鞍点,鞍点是指该位置上的元素在该行中最大,在该列中最小。(注意,有些二维数组可能没有鞍点)

代码如下:

```
#include<stdio.h>
#define N 4
#define M 5
int main()
{
    int i,j,k,a[N][M],max,maxj,flag;
    printf("请输入数组: ");
    for (i=0;i<N;i++)
        for (j=0;j<M;j++)
            scanf("%d",&a[i][j]);
    for (i=0;i<N;i++)
    {
        max=a[i][0];                /* 开始时假设 a[i][0]最大 */
        maxj=0;                     /* 将列号 0 赋给 maxj 保存 */
        for (j=0;j<M;j++)           /* 找出第 i 行的最大数 */
            if (a[i][j]>max)
            {
                max=a[i][j];        /* 将本行的最大数存放在 max 中 */
                maxj=j;             /* 将最大数所在的列号存放在 maxj 中 */
            }
        flag=1;                     /* 先假设是鞍点,以 flag 为 1 代表 */
        for (k=0;k<N;k++)
            if (max>a[k][maxj])     /* 将最大数和其同列元素相比 */
                {
                    flag=0;         /* 若 max 不是同列最小,表示不是鞍点,令 flag 为 0 */
                    continue;
                }
        if (flag)                   /* 若 flag 为 1 表示是鞍点 */
        {
            printf("a[%d][%d]=%d\n",i,maxj,max); /* 输出鞍点的值和所在的行、列号 */
            break;
        }
    }
    if (!flag)                      /* 若 flag 为 0 表示鞍点不存在 */
        printf("无鞍点!");
```

```c
        return 0;
}
```

8. 编写程序，"打印魔方阵"。魔方阵是指这样的一个方阵：它的每行、每列和对角线上元素的和都相等。例如，三阶魔方阵为

8 1 6

3 5 7

4 9 2

代码如下：

```c
#include<stdio.h>
int main()
{
    int i,j,k,p,n,a[16][16];
    p=1;
    while (p==1)                    /*要求阶数为 1~15 的奇数*/
    {
        printf("请输入 n 的大小(0<n<16)：");
        scanf("%d",&n);
        if ((n!=0)&&(n<=15)&&(n%2!=0))
            p=0;
    }
    /*初始化*/
    for (i=1;i<=n;i++)
        for (j=1;j<=n;j++)
            a[i][j]=0;
        /*建立表*/
    j=n/2+1;
    a[1][j]=1;
    for (k=2;k<=n*n;k++)
    {
        i=i-1;
        j=j+1;
        if ((i<1)&&(j>n))
        {
            i=i+2;
            j=j-1;
        }
        else
        {
            if (i<1)
                i=n;
            if (j>n)
                j=1;
        }
```

```
            if (a[i][j]==0)
                a[i][j]=k;
            else
            {
                i=i+2;
                j=j-1;
                a[i][j]=k;
            }
    }
    for (i=1;i<=n;i++)
    {
        for (j=1;j<=n;j++)
            printf("%5d",a[i][j]);
        printf("\n");
    }
    return 0;
}
```

9. 编写程序,在二维数组 num 中选出各行最大的元素,组成一个一维数组 a。
代码如下:

```
#include<stdio.h>
#include<string.h>
#define N 5
#define M 5
int main()
{
    int a[M],num[N][M];
    for (int i =0; i <N; i++)
        for (int j =0; j <M; j++)
            scanf("%d", &num[i][j]);
    printf("原二维数组:\n");
    for (int i =0; i <N; i++)
    {
        for (int j =0; j <M; j++)
            printf("%d\t", num[i][j]);
        printf("\n");
    }
    for (int j =0; j <N;j++)
    {
        a[j] =num[j][0];
        for (int i =0; i <M; i++)

            if (a[j]<num[j][i])
                a[j] =num[j][i];
    }
    printf("\n 新的一维数组:");
```

```
    for (int i =0; i <N; i++)
        printf("%d", a[i]);
    return 0;
}
```

10. 编写程序,输入两个字符串 str1 和 str2,若输入的字符串中没有重复出现的字符,求 str1 和 str2 的交集。若交集非空,则输出结果。

代码如下:

```
#include<stdio.h>
#include<string.h>
#define N 10
#define M 10
int main()
{
    char ch1[N],ch2[N],ch3[N]={0};
    int len1,len2,k=0,i,j;
    long n=1,num=0;
    printf("请输入一个%d个元素内的无重复字符的字符串: ",N);
    gets(ch1);
    printf("请再输入一个%d个元素内的无重复字符的字符串: ",M);
    gets(ch2);
    len1=strlen(ch1);                    /* 获得两字符串的长度 */
    len2=strlen(ch1);
    for (i=0;i<len1;i++)
        for (j=0;j<len2;j++)
            if (ch1[i]==ch2[j])          /* 有相等的元素则存入新数组中 */
            {
                ch3[k]=ch1[i];
                k++;
            }
    printf("两字符串的交集是: \n");
    puts(ch3);
    return 0;
}
```

11. 某选举活动有 4 位候选人。候选人编号为 1~4,投票工作是在选票上标记出某位候选人的编号。编写程序,读取选票并计算每位候选人的得票数。若所读取的数据编号不为 1~4,该选票被视作"废票"。编写程序,输出废票数量。

代码如下:

```
#include<stdio.h>
#define N 10
int main()
{
    int vote[N];
```

```
        int i,inva=0,num1=0,num2=0,num3=0,num4=0;
        printf("请输入%d选票票值: \n",N);
        for (i=0;i<N;i++)
            scanf("%d",&vote[i]);
        for (i=0;i<N;i++)
        {
            if (vote[i]<1||vote[i]>4)          /*选票值不在 1~4 之间,废票 inva 增 1*/
            {
                inva++;
                continue;
            }
            switch(vote[i])
            {
                case 1:
                    num1++;
                    break;
                case 2:
                    num2++;
                    break;
                case 3:
                    num3++;
                    break;
                case 4:
                    num4++;
                    break;
            }
        }
        printf("一号候选人的票数是%d\n",num1);
        printf("二号候选人的票数是%d\n",num2);
        printf("三号候选人的票数是%d\n",num3);
        printf("四号候选人的票数是%d\n",num4);
        printf("废票数是%d\n",inva);
        return 0;
    }
```

12. 编写程序,判断任意输入的字符串是否回文。回文是指顺读和倒读都一样的字符串。

代码如下:

```
#include<stdio.h>
#include<string.h>
int main()
{
    char p[20];
    int length,temp,i;
    gets(p);
```

```
    length=strlen(p);
    i=0;
    if (length%2==0)            /*用 temp 作循环计数器*/
        temp=length/2;          /*字符串为偶数时,循环次数为串长一半*/
    else
        temp=length/2+1;        /*字符串为奇数时,循环次数为串长一半的整数部分加一*/
    while (temp>=0)
    {
        if (p[i]!=p[length-1-i])    /*字符串对称字符不等*/
        {
            printf("字符串不是回文!\n");
            break;              /*不是回文,跳出循环*/
        }
        printf("字符串是回文!\n");
        break;                  /*是回文,跳出循环*/
        i++;                    /*下标变化,实现字符串的对应字符比较*/
        temp--;
    }
    return 0;
}
```

13. 编写程序,不用 strcat()函数,将任意两个字符串连接起来。

代码如下:

```
#include<stdio.h>
#include<string.h>
#define N 80
#define M 40
int main()
{
    char s1[N],s2[M];
    int i,m,n;
    printf("Please input string1(less than %d):\n",M);
    gets(s1);
    printf("Please input string2(less than %d):\n",M);
    gets(s2);
    n=strlen(s1);               /*获取 string1 的长度*/
    m=strlen(s2);               /*获取 string2 的长度*/
    if (m+n+1>N)                /*两字符串长度之和超过 s1[N]的长度,报错*/
        printf("ERROR\n");
    else
    {
        for (i=0;i<m;i++)       /*把 s2 中的各元素复制到 s1 中,'\0'也复制到 s1 中作为
                                  结束标记*/
            s1[n+i]=s2[i];
    }
```

```
        s1[m+n]='\0';
        printf("\nPlease output NEW string1:\n");
        puts(s1);
        return 0;
    }
```

14. 编写程序,输入任意一个字符串,将其中最大字符存放在该字符串的第一个字符位置,最小字符存放在倒数第一个字符位置。

代码如下:

```
#include<stdio.h>
#include<string.h>
#define N 80
int main()
{
    char s[N],c1;
    int i,m,n;
    printf("Please input string(less than %d):\n",N);
    gets(s);
    n=strlen(s);                 /* 获取 string1 的长度 */
    c1=s[0];                     /* 将串首字符保存 */
    for (i=1,m=0;i<=n;i++)       /* 将串首字符作为标记,与串中各字符比较,若小于则交换 */
        if (s[0]<s[i])
        {
            s[0]=s[i];
            m=i;                 /* 标记交换的字符下标 */
        }
    s[m]=c1;                     /* 最大字符与串首字符交换 */
    c1=s[n-1];                   /* 串尾字符保存 */
    for (i=n-2,m=n-1;i>0;i--)    /* 将串尾字符作为标记,与串中各字符比较,若大于则交换 */
        if (s[n-1]>s[i])
        {
            s[n-1]=s[i];
            m=i;                 /* 标记交换的字符下标 */
        }
    s[m]=c1;                     /* 最小字符与串尾字符交换 */
    printf("\nNEW string:\n");
    puts(s);
    return 0;
}
```

15. 编写程序,在有序数组 int $a[N]$ 中折半查找输入的整数 num。

代码如下:

```
#include<stdio.h>
#include<stdlib.h>
#define N 10
```

```c
int main()
{
    int a[N] = { 0, 11, 22, 33, 44, 55, 66, 77, 88, 99 };        //定义一个升序的数组
    int left = 0;
    int right = 10 - 1;
    int num = 0;
    int mid;
    printf("请输入要找的数 X!\n");
    scanf("%d", &num);
    while (left <= right)
    {
        mid = (left + right) / 2;
        if (num > a[mid])
            left = mid + 1;
        else if (num < a[mid])
            right = mid - 1;
        else
            break;
    }
    if (left <= right)
        printf("找到了%d!它对应的数组下标是 %d!\n", num, mid);
    else
        printf("没找到%d!\n", num);
        return 0;
}
```

16. 某计算机班有学生若干名,假设期末考试的时候考 5 门课,每个学生的成绩按学生的姓名(假设用英文字母标识)存入计算机,试编写程序实现如下功能。

(1) 求每个学生的总分和平均分。

(2) 给出按总分高低排出的名次(总分相同时,名次也相同)。

(3) 统计各门课程成绩在 85 分以上学生人数占所有学生人数的百分比。

(4) 输入一个学生的姓名后,显示该学生的总分和平均分。

代码如下:

```c
#include <stdio.h>
#include <string.h>
#include <ctype.h>
#define MAX_STUDENTS 50
#define COURSES 5
#define NAME_LENGTH 20

// 将字符串转换为小写(用于姓名查询不区分大小写)
void toLowercase(char * str)
{
    for (int i = 0; str[i]; i++)
```

```c
        str[i] =tolower(str[i]);
    }


int main()
{
    char names[MAX_STUDENTS][NAME_LENGTH];        // 学生姓名数组
    int scores[MAX_STUDENTS][COURSES];            // 学生成绩数组
    int totals[MAX_STUDENTS];                     // 总分数组
    float averages[MAX_STUDENTS];                 // 平均分数组
    int ranks[MAX_STUDENTS];                      // 名次数组
    int numStudents;                              // 学生人数
    int choice;                                   // 用户选择

    // 1. 输入学生数据
    printf("请输入学生人数：");
    scanf("%d", &numStudents);

    for (int i=0; i<numStudents; i++)
    {
        printf("\n 输入第%d 个学生的姓名：", i+1);
        scanf("%s", names[i]);
        printf("输入%s 的 5 门课程成绩 (用空格分隔)：", names[i]);
        for (int j =0; j <COURSES; j++)
            scanf("%d", &scores[i][j]);
    }


    // 2. 计算总分和平均分
    for (int i =0; i <numStudents; i++)
    {
        totals[i] =0;
        for (int j =0; j <COURSES; j++)
            totals[i]+=scores[i][j];
        averages[i] =(float)totals[i] / COURSES;
    }


    // 3. 按总分排序并计算名次
    // 使用冒泡排序按总分降序排列
    for (int i =0; i <numStudents-1; i++)
    {
        for (int j =0; j <numStudents-i-1; j++)
        {
            if (totals[j] <totals[j+1])
            {
                // 交换姓名
                char tempName[NAME_LENGTH];
```

```
            strcpy(tempName, names[j]);
            strcpy(names[j], names[j+1]);
            strcpy(names[j+1], tempName);

            // 交换成绩
            int tempScores[COURSES];
            memcpy(tempScores, scores[j], sizeof(tempScores));
            memcpy(scores[j], scores[j+1], sizeof(tempScores));
            memcpy(scores[j+1], tempScores, sizeof(tempScores));

            // 交换总分
            int tempTotal=totals[j];
            totals[j]=totals[j+1];
            totals[j+1]=tempTotal;

            // 交换平均分
            float tempAvg =averages[j];
            averages[j]=averages[j+1];
            averages[j+1]=tempAvg;
        }
    }
}

// 计算名次(处理并列情况)
ranks[0]=1;
for (int i=1; i<numStudents; i++)
{
    if (totals[i]==totals[i-1])
        ranks[i]=ranks[i-1];
    else
        ranks[i]=i+1;
}
do {
    printf("\n 学生成绩管理系统 \n");
    printf("1. 显示所有学生成绩及排名 \n");
    printf("2. 显示各课程 85 分以上学生百分比 \n");
    printf("3. 查询学生成绩 \n");
    printf("4. 退出 \n");
    printf("请选择操作: ");
    scanf("%d", &choice);

    switch(choice)
    {
        case 1:
        {
```

```c
        // 显示所有学生成绩
        printf("\n%-10s %-15s %-8s %-8s %s\n",
            "名次", "姓名", "总分", "平均分", "各科成绩");
        for (int i = 0; i < numStudents; i++)
        {
            printf("%-10d %-15s %-8d %-8.1f ",
                ranks[i], names[i], totals[i], averages[i]);
            for (int j = 0; j < COURSES; j++)
                printf("%d ", scores[i][j]);
            printf("\n");
        }
        break;
    }
    case 2:
    {
        // 统计各科 85 分以上百分比
        int highScorers[COURSES] = {0};
        for (int i = 0; i < numStudents; i++)
            for (int j = 0; j < COURSES; j++)
                if (scores[i][j] > 85)
                    highScorers[j]++;
        printf("\n 各课程 85 分以上学生百分比:\n");
        for (int j = 0; j < COURSES; j++)
        {
            float percentage = (float)highScorers[j]/numStudents * 100;
            printf("课程%d: %.1f%%\n", j+1, percentage);
        }
        break;
    }
    case 3:
    {
        // 查询学生成绩
        char searchName[NAME_LENGTH];
        printf("\n 请输入要查询的学生姓名: ");
        scanf("%s", searchName);
        toLowercase(searchName);

        int found = 0;
        for (int i=0; i<numStudents; i++)
        {
            char currentName[NAME_LENGTH];
            strcpy(currentName, names[i]);
            toLowercase(currentName);

            if (strcmp(currentName, searchName) == 0)
```

```
            {
                printf("\n%-15s %-8s %-8s %s\n",
                    "姓名", "总分", "平均分", "各科成绩");
                printf("%-15s %-8d %-8.1f ",
                    names[i], totals[i], averages[i]);
                for(int j = 0; j < COURSES; j++)
                    printf("%d ", scores[i][j]);
                printf("\n");
                found = 1;
                break;
            }
        }
        if (!found)
            printf("未找到名为 %s 的学生。\n", searchName);
        break;
    }
    case 4:
        printf("程序结束。\n");
        break;
    default:
        printf("无效选择,请重新输入。\n");
    }
} while (choice != 4);
return 0;
}
```

6.2 补充习题

1. 以下对一维整型数组 a 的正确定义(说明)的是(   )。

   A.

   　int a(10);

   B.

   　int n=10,a[n];

   C.

   　int n;

   　scanf("%d",&n);

   　int a[n];a

   D.

   　#define SIZE 10

   　int a[SIZE];

2. 若有说明：int a[10];则对 a 数组元素的正确引用是(   )。

   A. a[10]　　　　　　B. a[3.5]　　　　　　C. a(5)　　　　　　D. a[10−10]

3. 以下能对一维数组 a 进行正确初始化的语句是(   )。

   A. int a[10]=(0,0,0,0,0);　　　　　　B. int a[10]={ };

   C. int a[]={0};　　　　　　　　　　　D. int a[10]={10*1};

4. 以下关于数组的描述正确的是(   )。

A. 数组的大小是固定的,但可以有不同的类型的数组元素

B. 数组的大小是可变的,但所有数组元素的类型必须相同

C. 数组的大小是固定的,所有数组元素的类型必须相同

D. 数组的大小是可变的,可以有不同的类型的数组元素

5. 执行下面程序段后,变量 k 的值是(　　)。

```
int k=3,s[2];
s[0]=k;k=s[1] * 10;
```

　　A. 33　　　　　　　　B. 不定值　　　　　　　C. 30　　　　　　　D. 10

6. 下面程序中有错误的行是(　　)。

```
int main()
{
    int a[3];
    int i;
    scanf("%d",&a);
    for (i=1;i<10;i++)
        a[0]=a[0]+a[i];
    printf("a[0]=%d\n",a[0]);
    return 0;
}
```

　　A. 3　　　　　　　　B. 6　　　　　　　　C. 7　　　　　　　D. 4

7. 阅读下面程序,该程序段的功能是(　　)。

```
#include<stdio.h>
int main()
{
    int c[]={23,1,56,234,7,0,34},i,j,t;
    for (i=1;i<7;i++)
    {
        t=c[i];j=i-1;
        while (j>=0&&t>c[j])
        {
            c[j+1]=c[j];
            j--;
        }
        c[j+1]=t;
    }
    for (i=0;i<7;i++)
        printf("%d",c[i]);
    putchar('\n');
    return 0;
}
```

A. 对数组元素的升序排列　　　　B. 对数组元素的降序排列

C. 对数组元素的倒序排列　　　　D. 对数组元素的随机排列

8. 以下程序的输出结果是(　　)。

```c
int main()
{
    int i,k,a[10],p[3];
    k=5;
    for (i=0;i<10;i++)
        a[i]=i;
    for (i=0;i<3;i++)
        p[i]=a[i*(i+1)];
    for (i=0;i<3;i++)
        k+=p[i]*2;
    printf("%d\n",k);
    return 0;
}
```

A. 20　　　　　　　B. 21　　　　　　C. 22　　　　　　D. 23

9. 下列程序执行后的输出结果是(　　)。

```c
int main()
{
    int a,b[5];
    a=0; b[0]=3;
    printf("%d,%d\n",b[0],b[1]);
    return 0;
}
```

A. 3,0　　　　　　B. 3 0　　　　　C. 0,3　　　　　D. 3,不定值

10. 以下程序运行后,输出结果是(　　)。

```c
int main()
{
    int n[5]={0,0,0},i,k=2;
    for (i=0;i<k;i++)
        n[i]=n[i]+1;
    printf("%d\n",n[k]);
    return 0;
}
```

A. 不确定的值　　B. 2　　　　　　C. 1　　　　　　D. 0

11. 下面程序的输出结果是(　　)。

```c
int main()
{
    int a[]={1,8,2,8,3,8,4,8,5,8};
    printf("%d,%d\n",a[4]+3,a[4+3]);
```

```
    return 0;
}
```

    A. 6,6   B. 8,8   C. 6,8   D. 8,6

12. 以下程序运行后,输出结果是(　　)。

```
int main()
{
    int y=18,i=0,j,a[8];
    do {
        a[i]=y%2;
        i++; y=y/2;
    }while(y>=1);
    for (j=i-1;j>=0;j--)
        printf("%d",a[j]);
    printf("\n");
    return 0;
}
```

    A. 10000   B. 10010   C. 00110   D. 10100

13. 下列程序运行后的输出结果是(　　)。

```
#include<stdio.h>
#define MAX 10
int main()
{
    int i,sum,a[]={1,2,3,4,5,6,7,8,9,10};
    sum=1;
    for (i=0;i<MAX;i++)
        sum-=a[i];
    printf("sum=%d\n",sum);
    return 0;
}
```

    A. sum＝55   B. sum＝－54   C. sum＝－55   D. sum＝54

14. 设有如下程序段:

```
int main()
{
    int w[5]={1,2,4},i;
    scanf("%d",&w);
    for (i=3;i<5;i++)
        w[i]=2*i+1;
    printf("w[%d]=%d\n",4,w[4]);
    return 0;
}
```

则以下选项中存在错误的是(　　)。

    A. 第1行   B. 第2行   C. 第3行   D. 第4行

15. 有以下程序：

```
int main()
{
    int x[10]={77,34,85,74,12,21,64,90,101,9},i,m;
    m=0;
    for (i=1;i<10;i++)
        if(x[i]>x[m])m=i;
    return 0;
}
```

执行以上程序段后，变量 m 中的值是(　　)。

    A. 101   B. 9   C. 10   D. 8

16. 有以下程序：

```
int main()
{
    int a[10]={3,8,5,6,4,3,0,12,1,2};
    int i,j=0;
    for (i=0;i<10;i++)
        if (a[i]%2==0)
            a[j++]=a[i];
    for (i=0;i<j;i++)
        printf("%d,",a[i]);
    printf("\n");
    return 0;
}
```

以上程序的输出结果是(　　)。

    A. 8,6,4,0,12,2   B. 6,4,0,12,2

    C. 8,6,4,0,12   D. 6,4,0,12

17. 有以下程序：

```
#include<stdio.h>
int main()
{
    int a[5]={1,2,3,4,5},b[5]={0,2,1,3,0},i,s=0;
    for (i=0;i<5;i++)
        s=s+a[b[i]];
    printf("%d\n",s);
    return 0;
}
```

程序运行后的结果是(　　)。

    A. 6   B. 10   C. 11   D. 15

18. 以下对二维数组 a 的正确说明是(　　)。

A. int a[3][]; B. float a(3,4);

C. double a[1][4]; D. float a(3)(4);

19. 设有定义：int x[2][3];，则以下关于二维数组 x 叙述错误的是（   ）。

A. x[0]可看作是由 3 个整型元素组成的一维数组

B. x[0]和 x[1]是数组名，分别代表不同的地址常量

C. 数组 x 包含 6 个元素

D. 可以用语句 x[0]=0;为数组所有元素赋初值 0

20. 若有

```
int a[][3]={1,2,3,4,5,6,7};
```

则 a 数组第一维的大小是（   ）。

A. 2 B. 3 C. 4 D. 无确定值

21. 若有

```
int a[3][4]={0};
```

则下面正确的叙述是（   ）。

A. 只有元素 a[0][0]可得到初值 0

B. 此说明语句不正确

C. 数组 a 中各元素都可得到初值，但其值不一定为 0

D. 数组 a 中每个元素均可得到初值 0

22. 若二维数组定义为 a[m][n]，则在 a[i][j]之前的元素个数为（   ）。

A. j*n+i B. i*n+j C. i*n+j−1 D. j*n+i−1

23. 下列程序的输出结果是（   ）。

```
int main()
{
    int n[3][3],i,j;
    for (i=0;i<3;i++)
        for (j=0;j<3;j++)
            n[i][j]=i+j;
    for (i=0;i<2;i++)
        for (j=0;j<2;j++)
            n[i+1][j+1]+=n[i][j];
    printf("%d \n",n[i][j]);
    return 0;
}
```

A. 14 B. 0 C. 6 D. 值不确定

24. 下面程序的运行结果是（   ）。

```
int main()
{
    int a[6][6],i,j;
```

```
for (i=1;i<6;i++)
    for (j=1;j<6;j++)
        a[i][j]=(i/j) * (j/i);
for (i=1;i<6;i++)
{
    for (j=1;j<6;j++)
        printf("%2d",a[i][j]);
    printf("\n")"
}
return 0;
}
```

A.

  1 1 1 1 1

  1 1 1 1 1

  1 1 1 1 1

  1 1 1 1 1

  1 1 1 1 1

B.

  0 0 0 0 1

  0 0 0 1 0

  0 0 1 0 0

  0 1 0 0 0

  1 0 0 0 0

C.

  1 0 0 0 0

  0 1 0 0 0

  0 0 1 0 0

  0 0 0 1 0

  0 0 0 0 1

D.

  1 0 0 0 1

  0 1 0 1 0

  0 0 1 0 0

  0 1 0 1 0

  1 0 0 0 1

25. 定义如下变量和数组：

```
int k;
int a[3][3]={1,2,3,4,5,6,7,8,9};
```

则下面语句的输出结果是(　　)。

```
for (k=0;k<3;k++)
    printf("%d",a[k][2-k]);
```

A. 3 5 7　　　　　B. 3 6 9　　　　C. 1 5 9　　　　D. 1 4 7

26. 下列程序执行后的输出结果是(　　)。

```
int main()
{
    int i,j,a[3][3];
    for (i=0;i<3;i++)
        for (j=0;j<=i;j++)
            a[i][j]=i * j;
    printf("%d,%d\n",a[1][2],a[2][1]);
    return 0;
}
```

A. 2,2　　　　　　B. 不定值,2　　　　C. 2　　　　　　　D. 2,0

27. 有如下程序：

```
int main()
{
    int a[3][3]={{1,2},{3,4},{5,6}},i,j,s=0;
    for (i=1;i<3;i++)
        for (j=0;j<=i;j++)
            s+=a[i][j];
    printf("%d\n",s);
    return 0;
}
```

该程序的输出结果是（　　）。

　　A. 18　　　　　　B. 19　　　　　　C. 20　　　　　　D. 21

28. 有以下程序：

```
int main()
{
    int x[3][2]={0},i;
    for (i=0;i<3;i++)
        scanf("%d",x[i]);
    printf("3%d3%d3%d\n",x[0][0],x[0][1],x[1][0]);
    return 0;
}
```

若运行时输入：

2　4　6↙

则输出结果是（　　）。

　　A. 2　0　0　　　　B. 2　0　4　　　　C. 2　4　0　　　　D. 2　4　6

29. 有以下程序：

```
int main()
{
    int p[7]={11,13,14,15,16,17,18},i=0,k=0;
    while (i<2)
    {
        k=k+p[i];
        i++;
    }printf("%d\n",k);
    return;
    return 0;
}
```

执行后输出结果是（　　）。

　　A. 58　　　　　　B. 56　　　　　　C. 45　　　　　　D. 24

30. 有以下程序：

```
int main()
{
    char s[2][5],i,j,k=97;
    for (i=0;i<2;i++)
        for (j=0;j<5;j++)
            s[i][j]=k+i+j;
    printf("%c",s[1][1]);
    return 0;
}
```

程序运行后的输出结果是(　　　)。

  A. 97   B. 98   C. c   D. b

31. 下列描述中不正确的是(　　　)。

  A. 字符型数组中可能存放字符串

  B. 可以对字符型数组进行整体输入输出

  C. 可以对整型数组进行整体输入输出

  D. 不能在赋值语句中通过赋值运算符"="对字符型数组进行整体赋值

32. 下面是对 s 的初始化,其中不正确的是(　　　)。

  A. char s[5]={"abc"};   B. char s[5]={'a','b','c'};

  C. char s[5]="";   D. char s[5]="abcdef";

33. 有两个字符数组 a、b,则以下正确的输入格式是(　　　)。

  A. gets(a,b);   B. scanf("%s%s",a,b);

  C. scanf("%s%s",&a,&b);   D. gets("a");gets("b");

34. 有字符数组 a[80]和 b[80],则正确的输出形式是(　　　)。

  A. puts(a,b);   B. printf(""s,"s",a[],b[]);

  C. putchar(a,b);   D. puts(a);puts(b);

35. 下面程序段的运行结果是(　　　)。(其中_表示空格)

```
char c[5]={'a','b','\0','c','\0'};
printf("%s",c);
```

  A. 'a''b'   B. ab   C. ab_c   D. a_b

36. 下面程序段的运行结果是(　　　)。(其中_表示空格)

```
char a[7]="abcdef";
char b[4]="ABC";
strcpy(a,b);
printf("%c",a[5]);
```

  A. _   B. \0   C. e   D. f

37. 下面程序段是输出两个字符串中对应字符相等的字符,填空白处的选项是(　　　)。

```
char x[]="programmmg";
char y[]="Fortran";
int i=0;
```

```
while (x[i]!='\0'&&y[i]!='\0')
{
    if (x[i]==y[i])
        printf("%c",_____);
    else i++;
}
```

　　A. x[i++]　　　　　B. y[++i]　　　　　C. x[i]　　　　　D. y[i]

38. 有下面的程序段：

```
char a[3],b[]="China";
a=b;
printf("%s",a);
```

则(　　)。

　　A. 运行后将输出 China　　　　　　B. 运行后将输出 Ch

　　C. 运行后将输出 Chi　　　　　　　D. 编译出错

39. 判断字符串 a 和 b 是否相等,应当使用(　　)。

　　A. if (a==b)　　　　　　　　　B. if (a=b)

　　C. if (strcpy(a,b))　　　　　　D. if (strcmp(a,b))

40. 下面程序的运行结果是(　　)。

```
#include<stdio.h>
int main()
{
    char ch[7]={"12ab56"};
    int i,s=0;
    for (i=0;ch[i]>='0'&&ch[i]<='9';i+=2)
        s=10*s+ch[i]-'0';
    printf("%d\n",s);
    return 0;
}
```

　　A.　　　　　　　　B.　　　　　　　　C.　　　　　　　　D.

　　　1　　　　　　　1256　　　　　　12ab56　　　　　　1

　　　　　　　　　　　　　　　　　　　　　　　　　　　2

　　　　　　　　　　　　　　　　　　　　　　　　　　　5

　　　　　　　　　　　　　　　　　　　　　　　　　　　6

41. 下面程序的运行结果是(　　)。

```
#include<stdio.h>
#include<string.h>
int main()
{
    char a[80]="AB",b[80]="LMNP";
    int i=0;
```

```
        strcat(a,b);
        while (a[i++]!='\0')
            b[i]=a[i];
        puts(b);
        return 0;
    }
```

A. LB   B. ABLMNP   C. AB   D. LBLMNP

42. 下面程序的运行结果是（   ）。

```
#include<stdio.h>
int main()
{
    char a[]="morning",t;
    int i,j=0;
    for (i=1;i<7;i++) if (a[j]<a[i]) j=i;
    t=a[j]; a[j]=a[7];a[7]=a[j];
    puts(a);
    return 0;
}
```

A. mogninr   B. mo   C. morning   D. mornin

43. 若有以下说明，则数值为 4 的表达式是（   ）。

```
int a[12]={1,2,3,4,5,6,7,8,9,10,11,12};
char c='a',d,g;
```

A. a[g-c]   B. a[4]   C. a['d'-'c']   D. a['d'-c]

44. 设有数组定义：

```
char array[]="China";
```

则 strlen(array) 的值为（   ）。

A. 4   B. 5   C. 6   D. 7

45. 以下程序的输出结果是（   ）。

```
int main()
{
    char s[]={"12134211"}; int v[4]={0,0,0,0},k,i;
    for (k=0;s[k];k++)
    {
        switch(s[k])
        {
            case '1':i=0;
            case '2':i=1;
            case '3':i=2;
            case '4':i=3;
        }
```

```
            v[i]++;
        }
        for (k=0;k<4;k++)
            printf("%d  ",v[k]);
        return 0;
    }
```

A. 4 2 1 1   B. 0 0 0 8   C. 4 6 7 8   D. 8 8 8 8

46. 有以下程序：

```
#include<stdio.h>
int main()
{
    char str[]="tudent";
    int i;
    for (i=1;str[i]!='\0';i++)
    {
        switch(str[i])
        {
            case 't':putchar('#');
            case 'n': putchar('$');break;
            default:continue;
        }
        putchar('*');
    }
    return 0;
}
```

程序运行后的输出结果是(   )。

    A. $ * # $ *   B. $ # $
    C. # $ * $ * # $ *   D. # $ $ # $

47. 有以下程序：

```
int main()
{
    int i=0;char a[20]="1203",b[20]="abc",c[50];
    strcat(b,a);
    while (b[i]!='\0') c[i++]=b[i];
    c[i]='\0';
    puts(c);
    return 0;
}
```

程序运行后的输出结果是(   )。

    A. 1203abc   B. abc1203   C. abc12   D. 12abc

48. 有以下程序：

```
int main()
{
    char a[15]="good",b[10]="morning";
    printf("%d\n",strlen(strcat(a,b)));
    return 0;
}
```

程序运行后的输出结果是(　　)。

 A. 4   B. 7   C. 11   D. 12

49. 有以下程序：

```
int main()
{
    int x[]={2,4,6,8,10},t=1,i;
    for (i=1;i<x[1];i++)
        t=t*x[i];
    printf("%d\n",t);
    return 0;
}
```

程序运行后的输出结果是(　　)。

 A. 8   B. 384   C. 192   D. 1920

50. 有以下程序：

```
int main()
{
    char w[5]={'a','b','c','d','e'};
    int i;
    for (i=0;i<2;i++)
        w[i]=w[i+2]-32;
    w[i]=w[i]-30;
    w[i+1]=w[i+1]-30;
    for (i=0;i<5;i++)
        putchar(w[i]);
    return 0;
}
```

程序运行后的输出结果是(　　)。

 A. abcde   B. CDEFe   C. ABCAB   D. cdefg

6.3 补充习题解答

1. D. 解析：一维数组的声明，其形式为

数据类型　数组名[数组长度];

其中，"[]"中的数组长度是一个常量或者常量表达式，不能是变量。

2. D. 解析：一维数组的引用，其形式为

数组名[下标]

其中，一维数组下标可以是非负整数，整数变量或整型表达式，但不能是浮点数，浮点型变量或者浮点型表达式，同时 0≤下标值≤数组长度-1。

3. C. 解析：一维数组的初始化，其形式为

数据类型 数组名[下标]={初值列表}

4. C. 解析：数组的基本概念。

5. B. 解析：程序中没有为 s[1]赋值，所以最后求得的 k 的值是不确定的。

6. D. 解析：a 是数组名，不是变量，所以不能在数组名前加取地址符 &。

7. B. 解析：该程序的功能是用插入法对数组进行降序排序。

8. B. 解析：执行第一个 for 循环：a[0]=0,a[1]=1…a[8]=8,a[9]=9；执行第二个 for 循环：p[0]=a[0]=0,p[1]=a[2]=2,p[2]=a[6]=6；第三个 for 循环得：当 i=0 时，k=p[0]*2+5=5，当 i=1 时，k=9，当 i=2 时，k=21，所以最后 k 的值为 21。

9. D. 解析：根据题意，程序只给 b[0]赋初值为 3，没有给 b[1]赋值，b[1]的值不确定。

10. D. 解析：根据题意 n[k]即为 n[2]的值，由数组 n[5]={0,0,0}得知 a[2]=0，而在执行 for 循环语句中，只执行到 a[1]时就结束了，不影响 a[2]的值，所以 a[k]=0。

11. C. 解析：由题目的数组 a[]得知，a[4]=3,a[7]=8，所以 a[4]+3=6,a[3+4]=a[7]=8。

12. B. 解析：在 do…while 循环中，计算得到 a[0]=0,a[1]=1,a[2]=0,a[3]=0，a[4]=1,for 循环的作用是把 a[]数组逆序地输出，所以最后输出的为 10010。

13. B. 解析：该程序的功能是计算 1-(1+2+3+…+10)的值，最后结果为-54。

14. C. 解析：a 是数组名，不是变量，所以不能在数组名前加取地址符 &。

15. D. 解析：该程序的功能是求数组元素中最大值对应的下标位置。

16. A. 解析：该程序的功能是对数组 a 中的元素为偶数按顺序输出。

17. C. 解析：当 i=0 时,s=0+a[b[0]]=0+a[0]=1,以此类推，当 i=1 时, s=4，当 i=2 时, s=6，当 i=3 时, s=10，当 i=4 时, s=11，最后输出 s 的值为 11。

18. C. 解析：二维数组的声明，其形式为

数据类型 数组名[数组长度 1][数组长度 2]

对于二维数组进行初始化时，必须指定数组第二维的大小，第一维的大小可以不用指定。

19. D. 解析：在二维数组中，x[0]是一个数组名，代表的是一个地址常量，为它赋值时，所指定的是一个地址常量而不是数值。

20. B. 解析：对于二维数组的元素进行初始化，在行数省略的情况下，编译系统会根据数组的列数算出数组的行数。本题中，数组的列数为 3，则数组的一行中只有 3 个元素，因此，得到数组 a 第一维大小为 3。

21. D. 解析：二维数组的初始化，当初值数量小于数组长度时，数组后面没有初值的元素由系统自动赋值为 0。

22. B. 解析：注意：本题要求是计算 a[i][j]之前的元素个数，不包括 a[i][j]。根据题

意,二维数组包含有 m 列,每列中包含有 n 个元素,所以 a[i][j]之前的元素个数为 i*n+j。

23. C. 解析:前两个 for 循环是为 n[i][j]赋值,n[i][j]的值为 i+j;后两个 for 循环每次循环得到的结果是:n[1][1]=2,n[1][2]=4,n[2][1]=4,n[2][2]=6,而结束循环时 i=2,j=2;所以 n[i][j]=6。

24. C. 解析:第一个和第二个 for 循环是为 a[i][j]赋值,值为(i/j)*(j/i),当 i=j 时,a[i][j]=1,否则为 0。

25. A. 解析:二维数组按行连续初始化时,相当于 int a[3][3]={{1,2,3},{4,5,6},{7,8,9}},程序执行后输出的是 a[0][1],a[1][1],a[2][0]的值,分别为:3 5 7。

26. B. 解析:两个 for 循环给 a[i][j]=i*j,的赋值分别是:a[0][0]=0,a[0][1]=0,a[1][0]=0,a[1][1]=1,a[2][0]=0,a[2][1]=2,但 a[1][2]没有赋值。

27. A. 解析:由数组 a[3][3]={{1,2},{3,4},{5,6}}得,a[1][0]=3,a[1][1]=4,a[2][0]=5,a[2][1]=6,由两个 for 循环得知,s=a[1][0]+a[1][1]+a[2][0]+a[2][1]+a[2][2],但 a[2][2]的值是 0,所以 s 的值是 18。

28. B. 解析:x[3][2]全部元素的值都为 0,;当从键盘输入 x[0]=2,x[1]=4,x[2]=6,则对应的 x[0][0]=2,x[1][0]=4,x[2][0]=6,其他元素还是为 0,因此程序输出的结果为:2 0 4。

29. D. 解析:当 i=0 时,p[0]=11,符合条件 i<7&&p[i]%2,k=0+p[0]=11;当 i=1 时,p[1]=13,符合条件 i<7&&p[i]%2,k=11+p[1]=24;当 i=2 时,p[2]=14,不符合条件 i<7&&p[i]%2,结束循环,所以 k=24。

30. C. 解析:当 i=1,j=1 时,s[1][1]=97+1+1=99,数值 99 对应的字符是 c。

31. C. 解析:只有字符型数组才能进行整体输入、输出,分别是 puts()函数和 gets()函数。

32. D. 解析:字符数组的初始化,数组下标越界。

33. B. 解析:使用 scanf()函数时,字符数组 a、b 代表数组的首地址,所以不能在数组名前加取地址符 &。

34. D. 解析:puts()函数一次只能输出一个数组,而 putchar()函数每次只能输出一个字符。

35. B. 解析:字符串以字符串结束标志'\0'结束,所以当遇到'\0'时,输出结束,所以结果为 ab。

36. D. 解析:程序的功能是把字符串 b 赋值到字符串 a 中;字符串 a、b 的存储结构分别为

a	b	c	d	e	f	\0

A	B	C	\0

当把字符串 b 赋值到字符串 a 中后,数组 a 中的内容变为

A	B	C	\0	e	f	\0

所以输出的结果 a[5]为 f。

37. A. 解析:当判断两个字符串中对应字符相等时,输出该字符,然后下标加 1,再进行

下一组的比较,i++是先赋值再自增,而++i是先自增后赋值,所以应该在横线上填写 x[i++]或 y[++]。

38. D. 解析:字符数组的复制要用 strcpy()函数,不能这样直接用赋值操作符赋值,编译时出错。

39. D. 解析:strcmp()函数用于比较两个字符串是否相等。

40. A. 解析:for 循环是对下标为偶数的字符进行遍历,当=0 时,ch[0]='1',s=1;当 s=2 时,ch[2]='a',不符合条件:ch[i]>='0'&&ch[i]<='9',循环结束,最后输出的结果为 1。

41. D. 解析:strcat(a,b)的作用是把 b[80]="LMNP"连接到 a[80]="AB"的后面,数组 a[80]="ABLMNP";在 while(a[i++]!='\0') 中,i++后,i 的值为 1,i 从 1 开始把 b[i]=a[i],得到 b[80]=LBLMNP,然后输出 b[80]=LBLMNP。

42. B. 解析:从 for(i=1;i<7;i++) if(a[j]<a[i])j=i;得知当 j=0,i=1 时,a[0]= 'm',a[1]='o',a[0]<a[1]成立,所以 j=i=1,然后 i=2,a[1]<a[2]也成立,所以 j=i= 2,但当 i=3 一直到 i=6 的时候,a[j]<a[i]不成立,当 i=6 的时候退出 for 的循环,然后把 a[7]='\0'赋值给 a[2],字符串以字符串结束标志'\0'结束,所以当遇到'\0'时,输出结束 ab。

43. D. 解析:a 的 ASCII 的值是 97,d 的 ACSII 的值是 100,d-a 的 ASCII 的值是 3,所以 a['d'-c]=a[3]=4。

44. B. 解析:strlen()函数是求字符串的长度,不包括字符串结束标志'\0'。

45. B. 解析:该程序当 s[k]='\0'时,循环结束;由于每个 case 语句后面都没有 break 语句,因此每一次循环都会执行都到语句:case '4':i=3;最后只有 v[3]进行自增,所以 v[3]最后的结果是 8,其他元素值不变。

46. A. 解析:①当 i=1 时,str[1]='u',执行

```
default:continue;
```

②i=2 时,str[2]='d',执行

```
default:continue;
```

③当 i=3 时,str[3]='e',执行

```
default:continue;
```

④当 i=4 时,tr[4]='n',执行

```
case 'n': putchar('$');
break;
```

和

```
putchar('*');
```

此时输出 $ *;
⑤当 i=5 时,tr[4]='t',执行

```
case 't':putchar('#');
```

和

```
case 'n': putchar('$');break; putchar('*');
```

此时输出＃＄＊；

⑥当 i＝6 时,str[2]＝'\0',循环结束。

47. B. 解析:用 strcat()函数将将字符串数组 a 添加到字符串数组 b 末尾,然后赋给字符串数组 c,使用 puts 函数对字符串数组 c 输出。

48. C. 解析:用 strcat()函数将将字符串数组 b 添加到字符串数组 a 末尾,同时删除 b 的字符串结束符'\0',再用 strlen()函数求字符串的实际长度,不包括'\0'.

49. C. 解析:程序的功能是:求 x[1]～x[3]的乘积。

50. B. 当 i＝0 时,w[0]＝w[1]－32＝67;当 i＝1 时,w[1]＝w[2]－32＝68,此时 i 的值已经为 2,不符合条件:i＜2,结束循环,执行后面的程序,计算得 w[2]＝69,w[3]＝70,w[4]的值没有发生变化,最后输出的结果为 CDEFe。

第7章 函 数

7.1 主教材习题7及解答

一、选择题

1. 以下所列的各函数的首部中,正确的是( )。

    A. void play(var a:integer,var b:integer)

    B. void play(int a,b)

    C. void play(int a,int b)

    D. sub play(a as integer,b as integer)

答案:C.

2. 在 C 语言中,有关函数的定义正确的是( )。

    A. 函数的定义可以嵌套,但函数的调用不可以嵌套

    B. 函数的定义不可以嵌套,但函数的调用可以嵌套

    C. 函数的定义和函数的调用均不可以嵌套

    D. 函数的定义和函数的调用均可以嵌套

答案:B.

3. 在 C 语言中,对函数的有关描述正确的是( )。

    A. C 语言调用函数时,只能把实参的值传给形参,形参的值不能传送给实参

    B. C 函数即可以嵌套定义又可以递归调用

    C. 函数必须有返回值,否则不能使用函数

    D. C 程序中有调用关系的所有函数必须放在同一个源程序文件中

答案:A.

4. 若用一维数组名作为函数的实际参数,传递给形式参数的是( )。

    A. 数组第一个元素的值   B. 数组元素的个数

    C. 数组的首地址   D. 数组中全部元素的值

答案:C.

5. 函数定义如下:

```
int func(int x, float y)
{
    float z;
    z=x+y;
    return z;
}
```

此函数被调用结束后,返回主调函数的值类型是( )型。

    A. float   B. int   C. double   D. 依实际参数的值而定

答案：B.

6. 以下程序的运行结果是（　　　）。

```
int func(int m , int n)
{
    return (m+n);
}
int main()
{
    int x=2,y=5,z=4,t=4,r;
    r=func(func(x,y),func(z,t));
    printf("%d\n",r);
    return 0;
}
```

    A. 12   B. 13   C. 14   D. 15

答案：D.

7. 函数 f() 定义如下，执行语句

```
sum=f(4)+f(2);
```

后，sum 的值应为（　　　）。

```
int f(int m)
{
    static int i=0;
    int s=0;
    for (;i<=m;i++)
        s+=i;
    return s;
}
```

    A. 13   B. 16   C. 10   D. 8

答案：C.

二、编程题

1. 试用自定义函数的形式编程实现求 10 名学生 1 门课程成绩的平均分。

代码如下：

```
#include<stdio.h>
#define N 10
float average(float array[])
{
    int i=0;
    float s=0;
    for (i=0;i<N;i++)
        s+=array[i];
    s=s/N;
```

```
        return s;
}
int main()
{
        float score[N];
        float ave;
        printf("Please input 10 scores:\n");
        for (int i=0;i<N;i++)
                scanf("%f",&score[i]);
        ave=average(score);
        printf("\nThe average score is %.2f\n", ave);
        return 0;
}
```

2. 编写一个函数,将一个矩阵转置,在主函数中输入和输出矩阵。
代码如下:

```
#include<stdio.h>
void reset(int a[][3])
{
        int i,j,temp;
        for (i=0;i<3;i++)
                for (j=i;j<3;j++)
                {
                        temp=a[i][j];
                        a[i][j]=a[j][i];
                        a[j][i]=temp;
                }
}
int main()
{
        int a[3][3],i,j;
        printf("input numbers:\n");
        for (i=0;i<3;i++)
                for (j=0;j<3;j++)
                        scanf("%d",&a[i][j]);
        reset(a);
        for (i=0;i<3;i++)
        {
                for (j=0;j<3;j++)
                        printf("%d ",a[i][j]);
                printf("\n");
        }
        return 0;
}
```

3. 试编写求 x^n 的递归函数,并在主函数中调用它。

代码如下:

```
#include<stdio.h>
float cube(float x,int n)
{
    if (n==1)
        return x;
    else
        return x*cube(x,n-1);
}
int main()
{
    float x,y;
    int n;
    printf("Please input x,n:\n");
    scanf("%f,%d",&x,&n);
    y=cube(x,n);
    printf("%6.2f",y);
    return 0;
}
```

4. 编写一个函数,使输入的一个字符串按反序存放,在主函数中输入和输出字符串。

代码如下:

```
#include<stdio.h>
#include<string.h>
int main()
{
    void inverse(char str[]);
    char str[50];
    printf("Please input string:\n");
    scanf("%s",str);
    inverse(str);
    printf("Inverse string:\n");
    printf("%s",str);
    return 0;
}
void inverse(char str[])
{
    char c;
    int i,j;
    for (i=0,j=strlen(str);i<(strlen(str)/2);i++,j--)
    {
        c=str[i];
        str[i]=str[j-1];
```

```
            str[j-1]=c;
        }
    }
```

5. 编写一个函数 saver(a,n)，其中 a 是一维整型数组，n 是 a 数组的长度，要求通过全局变量 pave 和 nave 将数组 a 中正数的平均值和负值的平均值传递给调用程序。

代码如下：

```
#include<stdio.h>
float pave,nave;
void saver(int a[],int n)
{
    int i,sum1=0,sum2=0,n1=0,n2=0;
    for (i=0;i<n;i++)
    {
        if (a[i]>0)
        {
            n1++;
            sum1+=a[i];
        }
        if (a[i]<0)
        {
            n2++;
            sum2+=a[i];
        }
    }
    pave=(double) sum1/n1;
    nave=(double) sum2/n2;
}
int main()
{
    int a[10]={1,2,3,4,5,-1,-2,-3,-4,-5};
    saver(a,10);
    printf("%f %f\n",pave,nave);
    return 0;
}
```

7.2　补充习题

一、选择题

1. 下列函数定义语句中正确的是(　　　　)。

A.
```
float func(float x，float y)
{
    return x*y;
}
```

B.
```
float func(int x，y)
{
    return x*y;
}
```

C.
```
int func(x, y)
{
    return x*y
}
```
D.
```
int func (char a; char b)
{
    return (a>b ? a:b);
}
```

2. 在 C 语言中,局部变量默认的存储类型是(   )。

A. auto   B. register   C. static   D. extern

3. 以下叙述不正确的是(   )。

A. 在一个函数内声明的变量只在本函数范围内有效

B. 在不同的函数中可以有同名的变量

C. 函数中的形式参数是局部变量

D. 在一个函数内的复合语句中声明的变量在本函数范围内有效

4. 以下描述中,不正确的是(   )。

A. 调用函数时,实参可以是常量、表达式

B. 调用函数时,形参可以是常量、表达式

C. 调用函数时,实参与形参的类型必须一致

D. 调用函数时,将为形参分配的存储单元

5. 一个完整的 C 源程序是(   )。

A. 要由一个主函数或一个以上的非主函数构成

B. 由一个且仅由一个主函数和零个以上的非主函数构成

C. 要由一个主函数和一个以上的非主函数构成

D. 由一个且只有一个主函数或多个非主函数构成

6. 以下关于函数的叙述中正确的是(   )。

A. C 语言程序将从源程序中第一个函数开始执行

B. 可以在程序中由用户指定任意一个函数作为主函数,程序将从此开始执行

C. C 语言规定必须用 main 作为主函数名,程序将从此开始执行,在此结束

D. main 可作为用户标识符,用以定义任意一个函数

7. 以下关于函数的叙述中不正确的是(   )。

A. C 程序是函数的集合,包括标准库函数和用户自定义函数

B. 在 C 语言程序中,被调用的函数必须在 main 函数中定义

C. 在 C 语言程序中,函数的定义不能嵌套

D. 在 C 语言程序中,函数的调用可以嵌套

8. 在一个 C 程序中,(   )。

A. main()函数必须出现在所有函数之前

B. main()函数可以在任何地方出现

C. main()函数必须出现在所有函数之后

D. main()函数必须出现在固定位置

9. 若在 C 语言中未说明函数的类型,则系统默认该函数的数据类型是(   )。

A. float   B. long   C. int   D. double

10. 以下函数返回值的类型是（   ）。

```
int sum(double x,double y)
{
    double s;
    s=x+y;
    return s;
}
```

     A. 字符型　　　　　B. 不确定　　　　　C. 整型　　　　　D. 实型

11. C 程序中各函数之间可以通过多种方式传递数据,下列不能用于实现数据传递的方式是（   ）。

     A. 参数的形实结合　　　　　　B. 函数返回值

     C. 全局变量　　　　　　　　　D. 同名的局部变量

12. 若函数调用时参数为基本数据类型的变量,以下叙述正确的是（   ）。

     A. 实参与其对应的形参共占存储单元

     B. 只有当实参与其对应的形参同名时才共占存储单元

     C. 实参与对应的形参分别占用不同的存储单元

     D. 实参将数据传递给形参后,立即释放原先占用的存储单元

13. 函数调用时,当实参和形参都是简单变量时,他们之间数据传递的过程是（   ）。

     A. 实参将其地址传递给形参,并释放原先占用的存储单元

     B. 实参将其地址传递给形参,调用结束时形参再将其地址回传给实参

     C. 实参将其值传递给形参,调用结束时形参再将其值回传给实参

     D. 实参将其值传递给形参,调用结束时形参并不将其值回传给实参

14. 若函数调用时的实参为变量时,以下关于函数形参和实参的叙述中正确的是（   ）。

     A. 函数的实参和其对应的形参共占同一存储单元

     B. 形参只是形式上的存在,不占用具体存储单元

     C. 同名的实参和形参占同一存储单元

     D. 函数的形参和实参分别占用不同的存储单元

15. 若用数组名作为函数调用的实参,则传递给形参的是（   ）。

     A. 数组的首地址　　　　　　B. 数组的第一个元素的值

     C. 数组中全部元素的值　　　D. 数组元素的个数

16. 若函数调用时,用数组名作为函数的参数,以下叙述中正确的是（   ）。

     A. 实参与其对应的形参共用同一段存储空间

     B. 实参与其对应的形参占用相同的存储空间

     C. 实参将其地址传递给形参,同时形参也会将该地址传递给实参

     D. 实参将其地址传递给形参,等同实现了参数之间的双向值的传递

17. 如果一个函数位于 C 程序文件的上部,在该函数体内说明语句后的复合语句中定义了一个变量,则该变量（   ）。

A. 为全局变量,在本程序文件范围内有效

B. 为局部变量,只在该函数内有效

C. 为局部变量,只在该复合语句中有效

D. 定义无效,为非法变量

18. C 语言中函数返回值的类型是由(　　)决定。

　　A. return 语句中的表达式类型　　　　B. 调用函数的主调函数类型

　　C. 调用函数时临时　　　　　　　　　D. 定义函数时所指定的函数类型

19. 若在一个 C 源程序文件中定义了一个允许其他源文件引用的实型外部变量 a,则在另一文件中可使用的引用说明是(　　)。

　　A. extern static float a;　　　　　　B. float a;

　　C. extern auto float a;　　　　　　　D. extern float a;

20. 定义一个 void 型函数意味着调用该函数时,函数(　　)。

　　A. 通过 return 返回一个用户所希望的函数值

　　B. 返回一个系统默认值

　　C. 没有返回值

　　D. 返回一个不确定的值

21. C 语言规定,程序中各函数之间(　　)。

　　A. 既允许直接递归调用也允许间接递归调用

　　B. 不允许直接递归调用也不允许间接递归调用

　　C. 允许直接递归调用不允许间接递归调用

　　D. 不允许直接递归调用允许间接递归调用

22. 若程序中定义函数:

```
float myadd(float a, float b)
{
    return a+b;
}
```

并将其放在调用语句之后,则在调用之前应对该函数进行说明。以下说明中错误的 是(　　)。

　　A. float myadd(float a,b);　　　　　B. float myadd(float b, float a);

　　C. float myadd(float, float);　　　　D. float myadd(float a, float b);

23. 下面程序段运行后的输出结果是(　　)。(假设程序运行时输入 5,3 回车)

```
int a, b;
void swap()
{
    int t;
    t=a; a=b; b=t;
}
int main()
{
```

```
        scanf("%d,%d", &a, &b);
        swap();
        printf ("a=%d,b=%d\n",a,b);
        return 0;
    }
```

    A. a＝5,b＝3   B. a＝3,b＝5   C. 5,3   D. 3,5

24. 以下程序运行后的输出结果是(　　)。

```
fun(int a,int b)
{
    if (a>b)
        return a;
    else
        return b;
}
int main()
{
    int x=3,y=8,z=6,r;
    r=fun(fun(x,y),2*z);
    printf("%d\n",r);
    return 0;
}
```

    A. 3   B. 6   C. 8   D. 12

25. 以下程序的运行结果是(　　)。

```
int f(int a, int b)
{
    int t;
    t=a; a=b; b=t;
}
void main()
{
    int x=1, y=3, z=2;
    if (x>y)
        f(x,y);
    else if (y>z)
        f(x,z);
    else f(x,z);
    printf("%d,%d,%d\n",x,y,z);
    return 0;
}
```

    A. 1,2,3   B. 3,1,2   C. 1,3,2   D. 2,3,1

26. 以下程序的正确运行结果是(　　)。

```
#include<stdio.h>
func(int a,int b)
{
    static int m=0,i=2;
    i+=m+1;
    m=i+a+b;
    return (m);
}
int main()
{
    int k=4,m=1,p;
    p=func(k,m);
    printf("%d",p);
    p=func(k,m);
    printf(" %d\n",p);
    return 0;
}
```

    A. 8 17   B. 8 16   C. 8 20   D. 8 8

27. 以下程序的功能是计算函数 $f(x,y,z)=(x+z)/(y-z)+(y+2z)/(x-2z)$ 的值。程序空白处的选项是( )。

```
#include<stdio.h>
float f(float x,float y)
{
    float value;
    value=   (1)   ;
    return value;
}
float main()
{
    float x,y,z,sum;
    scanf("%f%f%f",&x,&y,&z);
    sum=f(x+z,y-z)+f(   (2)   );
    printf("sum=%f\n",sum);
    return 0;
}
```

(1) A. x/y   B. x/z   C. (x+z)/(y-z)   D. x+z/y-z

(2) A. y+2z,x-2z   B. y+z,x-z   C. x+z,y-z   D. y+2*z,x-2*z

28. 以下程序是将输入的一个整数反序打印出来,例如输入 1234,则输出 4321,输入 -1234,则输出 -4321。程序空白处的选项是( )。

```
void printopp(long int n)
{
    int i=0;
```

```
        if (n==0)
            return;
        else
            while (n)
            {
                if (   (1)   )
                    printf("%ld",n%10);
                else
                    printf("%ld",-n%10);
                i++;
                   (2)   ;
            }
    }
    void main()
    {
        long int n;
        scanf("%ld",&n);
        printopp(n);
        printf("\n");
    }
```

(1) A. n<0&&i==0   B. n<0||i==0

  C. n>0&&i==0   D. n>0||i==0

(2) A. n%=10   B. n%=(-10)

  C. n/=10   D. n/=(-10)

29. 下面的程序用递归定义的方法实现求斐波那契数列 1、1、2、3、5、8、13、21……第 7 项的值 fib(7),斐波那契数列第 1 项和第 2 项的值都是 1。程序空白处的选项是( )。

```
#include<stdio.h>
long fib(   (1)   )
{
    switch(g)
    {
      case 0: return 0;
      case 1:
      case 2: return 1;
    }
    return (   (2)   );
}
void main()
{
    long k;
    k=fib(7);
    printf("k=%d\n",k);
}
```

(1) A. g   B. k   C. long int g   D. int k

(2) A. fib(7)   B. fib(g)   C. fib(k)   D. fib(g-1)+fib(g-2)

30. 下面是一个计算 1~m 的阶乘并依次输出的程序。程序中空白处的选项是（   ）。

```
#include<stdio.h>
double result=1;
void factorial( int j)
{
    result=result*j;
    return;
}
int main()
{
    int m,i=0,x;
    printf("Please enter an integer:");
    scanf("%d",&m);
    for (;i++<m;)
    {
        x=factorial(i);
        printf("%d!=%.0f\n", _____);
    }
    return 0;
}
```

A. i,factorial(i)   B. i,x   C. j,x   D. i,result

31. 以下程序的功能是计算并显示一个指定行数的杨辉三角形（形状如下），程序空白处的选项是（   ）。

```
1
1  1
1  2  1
1  3  3  1
1  4  6  4  1
1  5  10  10  5  1
```

代码如下：

```
#include<stdio.h>
#define N 15
void yanghui(int b[][N], int n)
{
    int i,j;
    for (i=0;  (1)  ; i++)
        b[i][0]=1; b[i][i]=1;
    for (  (2)  ;++i<=n;)
        for (j=1;j<i;j++)
            b[i][j]=  (3)  ;
```

```
    for (i=0;i<n;i++)
    {
        for (j=0;j<=i;j++)
            printf("%4d",b[i][j]);
        printf("\n");
    }
}
int main()
{
    int a[N][N]={0},n;
    printf("please input size of yanghui triangle(n<=15)");
    scanf("%d",&n);
    printf("\n");
    yanghui(a,n);
    return 0;
}
```

(1) A. i<N   B. i<=N   C. i<n   D. i<=n

(2) A. i=0   B. i=1   C. i=2   D. i=3

(3) A. b[i-1][j-1]+b[i-1][j]   B. b[i-2][j-1]+b[i-1][j]
    C. b[i-1][j-1]+b[i-1][j+1]   D. b[i-2][j-2]+b[i-1][j]

32. 下面的程序用来将一个十进制正整数转化成八进制数,例如输入一个正整数 25,则输出 31。程序空白处的选项是(　　)。

```
#include<stdio.h>
int main()
{
    sub(int c,int d[]);
    int i=0,j=0,a,b[10]={0};
    printf("\nPlease input a integer: ");
    scanf("%d",&a);
    sub(a,b);
    for (;i<10;i++)
    {
        if (   (1)   )
            j++;
        if (j!=0)
            printf("%d",b[i]);
    }
    return 0;
}
void sub(int c, int d[])
{
    int e, i=9;
    while (c!=0)
```

```
    {
        e=c%8;
        d[i]=e;
            (2)  ;
        i--;
    }
    return;
}
```

(1) A. b[i]<0   B. b[i-1]!=0   C. b[i]<=0   D. b[i]!=0

(2) A. c=sub(c/8)   B. c=c%8   C. c=c/8   D. c=e%8

33. 以下程序是选出能被 3 整除且至少有一位是 5 的所有三位正整数 k(个位为 a0,十位为 a1,百位为 a2),打印出所有这样的数及其个数。程序空白处的选项是(   )。

```
#include<stdio.h>
int sub(int m,int n)
{
    int a0,a1,a2;
    a2=  (1)  ;
    a1=  (2)  ;
    a0=m%10;
    if (m%3==0 && (a2==5||a1==5||a0==5))
    {
        printf("%d",m);
        n++;
    }
    return n;
}
int main()
{
    int m=0,k;
    for (k=105;k<=995;k++)
        m=sub(k,m);
    printf("\nn=%d\n",m);
    return 0;
}
```

(1) A. m/10   B. m%10   C. m/100   D. m%100

(2) A. (m-a2*10)/10   B. m/10-a2*10
    C. m%10-a2*10   D. m%100-m%10

二、编程题

1. 编写一个函数求 100～1000 的所有的整数中各位数字之和等于 6 的数,并在主函数中调用它。

2. 给出年、月、日,写一个函数计算该日是该年的第几天。

3. 已知一个 4×3 矩阵,用函数求所有元素中的最小值。

4. 编程实现,输入 3 个整数 x、y、z,计算并输出 $s=x!+y!+z!$。要求定义两个函数,一个是求阶乘的递归函数,另一个函数求累加和。

5. 某数列为 $k(n)$ 的定义为:用递归的方法求该数列的第 6 项 $k(6)$。

$$k(n) = \begin{cases} 1, & n = 1 \\ k(n-1) \times 2, & n \text{ 为偶数} \\ k(n-1) \times 3, & n \text{ 为大于 1 的奇数} \end{cases}$$

6. 计算 $s = (1!) + (1! + 2!) + \cdots + (1! + \cdots + n!)$。$n$ 由用户输入,小于 10(设计:函数 h1(n) 计算 n 的阶乘;函数 h2(m) 计算 $1! + 2! + \cdots + m!$ 的累加运算。在主函数中调用 h2() 函数,h2() 函数中调用 h1() 函数来实现累加)。

7. 编写一个函数 fc,其功能为统计数组中偶数的个数。编写 main() 函数,用数组名 num 作为函数传递的参数调用 fc() 函数,实现对数组 num 的统计,并输出统计结果。

8. 在一个一维数组 a 中存放 10 个正整数,求其中所有的素数(用数组元素作为函数的实际参数)。

9. 编写一个函数,计算两个自然数的最大公约数。

10. 编写一个函数,输入一个 4 位数字,要求输出这 4 个数字字符,但每两个数字间空一个空格。如输入 1990,应输出"１９９０"。

7.3　补充习题解答

一、选择题

1. A. 解析:函数定义的语法格式:

函数值类型　函数名(<形参 1 类型 形参 1>,…,<形参 n 类型　形参 n>)
{
　　函数体
}

选项 B 中的形参 y 前缺少类型的定义;选项 C 的两个形参 x,y 缺少类型的定义;选项 D 形参之间应该用",分隔符,另外返回值的类型由函数值类型定,如果不一致,强制转换成函数值类型返回。

2. A. 解析:局部变量默认的存储类型是 auto。正确选项是 A。

3. D. 解析:C 语言在函数中说明的变量为局部变量,只在函数内起作用但不会影响到其他函数。所以在不同的函数中使用相同的变量名不代表是同一变量,A 和 B 项正确。在函数定义时声明的参数只在函数内部起作用,是函数的局部变量,C 正确。复合语句中定义的变量其作用域是这个复合语句,不会扩大到整个函数,所以 D 项错误。

4. B. 解析:本题综合考查函数的调用方式。函数的形参和实参具有以下特点:①形参变量只有在被调用时才分配内存单元,在调用结束时,即刻释放所分配的内存单元。因此,形参只有在函数内部有效。函数调用结束返回主调函数后则不能再使用该形参变量。②实参可以是常量、变量、表达式、函数等,无论实参是何种类型的量,在进行函数调用时,它们都必须具有确定的值,以便把这些值传送给形参。因此应预先用赋值,输入等办法使实参获得确定值。③实参和形参在数量上,类型上,顺序上应严格一致,否则会发生"类型不匹配"的错误。④函数调用中发生的数据传送是单向的。即只能把实参的值传送给形参,而不能把形参的值反向地传送给实参。调用函数时实参的值将赋给形参,而常数是不能被赋值的,所以形参不能是常数。本题中 B 项错误的。

5. B. 解析:C 程序是由函数构成的。一个 C 源程序至少包括一个 main()函数,也可以包含一个 main()函数和若干个其他函数。因此,函数是 C 程序的基本单位,被调用的函数可以是系统提供的库函数,也可以是用户根据需要自己编制设计的函数。所以 B 项正确。

6. C. 解析:一个 C 程序总是从 main()函数开始执行的,又结束于 main()函数,不论 main()函数在整个过程中的位置如何。C 项正确。

7. B. 解析:C 语言中定义的函数必须是并列的,不能在一个函数中定义其他函数,选项 B 错。

8. B. 解析:一个程序中,main()函数可以在任何地方出现。B 选项正确。

9. C. 解析:如果没有指明函数的类型,则默认该函数的数据类型(即函数返回值的类型)为 int 型。选项 C 正确。

10. C. 解析:函数返回值的类型以函数定义时"函数类型"为准,此处函数定义时"函数类型"为 int,所以返回值类型为整型(即实型 s 变量的值取整后返回)。选项 C 正确。

11. D. 解析:无论实参是何种类型的量,在进行函数调用时,它们都必须具有确定的值,以便把这些值传送给形参,函数调用中发生的数据传送是单向的。即只能把实参的值传送给形参。选项 A 正确。C 语言容许函数返回一个值,通过 return 语句实现,其格式是:

return(表达式);

或

return 表达式;

功能是把表达式的值带回主调函数的调用处,作为函数的返回值。函数返回值的类型以函数类型为准。选项 B 正确。全局变量从定义它的位置开始都可以用,起到数据传递作用,选项 C 正确。对于局部变量,不同的函数中使用相同的变量名不代表是同一变量,只在本身的作用域内有效,选项 D 错误。

12. C. 解析:形参变量只有在被调用时才分配内存单元,在调用结束时,即刻释放所分配的内存单元,因此,形参只有在函数内部有效。函数调用结束返回主调函数后则不能再使用该形参变量。选项 C 正确。

13. D. 解析:函数调用时,只能把实参的值传送给形参,而不能把形参的值反向地传送给实参。只有选项 D 正确。

14. D. 解析:形参变量只有在被调用时才分配内存单元,在调用结束时,即刻释放所分配的内存单元,因此,形参只有在函数内部有效。函数调用结束返回主调函数后则不能再使用该形参变量。选项 D 正确。

15. A. 解析:函数调用时,参数传递有数值传递和地址传递两种,数组名作为函数调用的实参,传递给形参的是数组的首地址。形参和实参共用相同的存储单元。A 选项正确。

16. A. 解析:具体解析同第 15 题。选项 A 正确。

17. C. 解析:复合语句中定义的变量是局部变量,其作用域是这个复合语句,不会扩大到整个函数,所以只在 C 项正确。

18. D. 解析:函数返回值的类型以函数定义时"函数类型"为准,如定义时,不指定函数类型,C 编译系统都默认函数的返回值是 int 型,为了明确表示"不带回值",可用"void"类型说明符定义"空类型"。只在选项 D 正确。

19. D. 解析:当一个源程序由若干个源文件组成时,希望在一个源文件中定义的外部变量在其他的源文件中也有效时,外部变量的类型说明符为 extern,表示这些变量可以被其他文件使用,在其他文件中,编译系统不再为它们分配内存空间。D 选项正确。

20. C. 解析:函数定义中,为了明确表示"不带回值",可用 void 类型说明符定义"空类型"。选项 C 正确。

21. A. 解析:C 语言中的函数可以进行递归调用,既允许直接递归调用也允许间接递归调用,但是不能在函数中又定义函数。选项 A 正确。

22. A. 解析:在主调函数中调用某函数之前应对该被调函数进行说明(声明),这与使用变量之前要先进行变量说明是一样的。在主调函数中对被调函数作说明的目的是使编译系统知道被调函数返回值的类型,以便在主调函数中按此种类型对返回值作相应的处理。其一般形式有两种。

形式 1:

类型说明符 被调函数名(类型 形参,类型 形参 …);

形式 2:

类型说明符 被调函数名(类型,类型 …);

括号内给出了形参的类型和形参名,或只给出形参类型,这便于编译系统进行检错,以防止可能出现的错误。只有选项 D 是错误的,形参 b 前面缺少类型说明。

23. B. 解析:本题考查程序中变量的作用范围,a,b 是全局变量,在主函数中给变量 a,b 赋值,实际上就是给全局变量 a,b 赋值,然后在 swap()函数中交换这两变量的值,因为全局变量从声明位置开始都有效,所以在调用 swap()函数结束后,这两个变量的值受影响,已发生交换。选项 B 正确。

24. D. 解析:该题考查的是函数的调用,题中 r＝fun(fun(x,y),2＊z),第 1 次调用:fun(x,y)返回值为 8,然后返回值参加第二次调用 r＝fun(8,2＊z),因为函数 fun()的功能是返回较大的数据。所以选项 D 正确。

25. C. 解析:本题考查函数中变量的作用范围,在主函数中给变量 x、y、z 赋值,然后将其作为实参传递给了函数 f(),无论实行哪个条件语句进行函数调用,虽然在函数 f()中交换了变量的值,但是不影响主函数中变量的值,所以在调用函数 fun()结束后,主函数 3 个变量的值未改变,即形参值的改变不能影响实参的值。所以选项 C 正确。

26. A. 解析:本题考查的是静态局部变量的特点,静态局部变量是一种生存期为整个源程序的量。虽然离开定义它的函数后不能使用,但如果再次调用定义它的函数时,它又可继续使用,而且保存了前次被调用后留下的值。第一次调用 func(k,m)后,m＝8,i＝3,第二次调用 func(k,m)时,m 和 i 的值不再进行初始化,而是保存第一次调用结果。所以选项 A 正确。

27.(1)A. 解析:形式参数接收传递过来的数据,形参变量分别为 x,y,所以只有选项 A 正确。

(2)D. 解析:C 语言中的 " ＊ "符号不能省略。选项 D 正确。

28. (1)D.
  (2)C.
29. (1)C.
  (2)D.
30. D.
31. (1)C.
  (2)B.
  (3)A.
32. (1)D.
  (2)C.
33. (1)C.
  (2)B.

二、编程题

1.

```c
#include<stdio.h>
int main()
{
    void printNum();
    printNum();
    return 0;
}
void printNum()
{
    int i,temp,sum,count;
    for (i=100;i<=1000;i++)
    {
        sum=0;
        temp=i;
        while (temp>0)
        {
            sum+=temp%10;
            temp=temp/10;
        }
        if (sum==6)
        {
            printf("%10d",i);
            count++;
            if (count%5==0)
                printf("\n");
        }
    }
}
```

2.

```c
#include<stdio.h>
int main()
{
    int days(int year,int month, int day);
    int year,month,day;
    printf("Please input year,month,day:\n");
    scanf("%d,%d,%d",&year,&month,&day);
    printf("%d/%d/%d is the %dth day in this year.\n",
        year,month,day,days(year,month,day));
    return 0;
}
int days(int year,int month,int day)
{
    int month_days[]={31,28,31,30,31,30,31,31,30,31,30,31};
    int i=0,temp=0;
    while (i<month-1)
    {
        temp+=month_days[i];
        i++;
    }
    temp+=day;
    if ((year%4==0&&year%100!=0)||(year%400==0))
        temp++;
    return temp;
}
```

3.

```c
#include<stdio.h>
int main()
{
    int min(int m[4][3]);
    int matrix[4][3]={12,1,4,46,546,65,63,75,53,56,90,23};
    printf("The min number is %d.",min(matrix));
    return 0;
}
int min(int m[4][3])
{
    int i,j,temp;
    temp=m[0][0];
    for (i=0;i<4;i++)
        for (j=0;j<3;j++)
            if (temp>m[i][j])
                temp=m[i][j];
```

```
        return temp;
}
```

4.

```c
#include<stdio.h>
int main()
{
    int function1(int x,int y,int z);
    int func2(int n);
    int x,y,z,s;
    printf("please input three integer numbers:");
    scanf("%d%d%d", &x,&y,&z);
    s=function1(x,y,z);
    printf(" %d!+%d!+%d!=%d\n",x,y,z,s);
    return 0;
}
int func2(int n)
{
    if (1==n)
        return 1;
    else
        return n * func2(n-1);
}
int function1(int x,int y,int z)
{
    return func2(x)+func2(y)+func2(z);
}
```

5.

```c
#include<stdio.h>
int k(int n)
{
    int c;
    if (n==1)
        c=1;
    else if (n%2==0)
        c=k(n-1) * 2;
    else c=k(n-1) * 3;
    return c;
}
int main()
{
    int m;
    scanf("%d",&m);
    if (m>=1)
        printf("k(%d)=%d\n",m,k(m));
```

```c
        else
            printf("input data error!\n");
        return 0;
}
```

6.

```c
#include<stdio.h>
long h1(int n)
{
    long t=1;int i;
    for (i=1;i<=n;i++)
        t=t*i;
    return t;
}
long h2(int m)
{
    long s=0;int i;
    for (i=1;i<=m;i++)
        s=s+h1(i);
    return s;
}
int main()
{
    int k,num; long sum=0;
    scanf("%d",&num);
    for (k=1;k<=num;k++)
        sum=sum+h2(k);
    printf("(1!)+(1!+2!)+…+(1!+2!+…+%d!)=%ld\n",num,sum);
    return 0;
}
```

7.

```c
#include<stdio.h>
int fc(int a[],int n)
{
    int i,c=0;
    for (i=0;i<n;i++)
        if (a[i]%2==0)
            c=c+1;
    return(c);
}
int main()
{
    int i,num[10];
    for (i=0;i<10;i++)
        scanf("%d",&num[i]);
```

```
        printf("oushu: %d \n",fc(num,10));
        printf("jishu: %d \n",10-fc(num,10));
        return 0;
}
```

8.

```
#include<stdio.h>
int sushu(int x)
{
    int i,k=1;
    if (x==1)
      k=0;
    for (i=2;i<=x/2;i++)
        if (x%i==0)
            k=0;
    return(k);
}
int main()
{
    int a[10],i;
    printf("10 ge zheng zheng shu:");
    for (i=0;i<10;i++)
        scanf("%d",&a[i]);
    printf("sushu of array a are:\n");
    for (i=0;i<10;i++)
        if (sushu(a[i]))
            printf("%5d",a[i]);
    printf("\n");
    return 0;
}
```

9.

```
#include<stdio.h>
int gcd(int m,int n)
{
    int r;
    r=m%n;
    while (r!=0)
    {
        m=n;
        n=r;
        r=m%n;
    }
    return n;
}
int main()
```

```c
{
    int m,n;
    scanf("%d,%d",&m,&n);
    printf("%d\n",gcd(m,n));
    return 0;
}
```

10.

```c
#include<string.h>
#include<stdio.h>
int main()
{
    char str[80];
    void insert(char str[]);
    printf("\nInput four digits:\n");
    gets(str);
    insert(str);
    printf("\nOutput digits after insert space:\n");
    puts(str);
    return 0;
}
void insert(char str[])
{
    int i;
    for (i=strlen(str);i>0;i--)
    {
        str[2*i]=str[i];
        str[2*i-1]=' ';
    }
}
```

第8章 指 针

8.1 主教材习题8及解答

一、选择题

1. 若有

```
int a=4,b=3,*p,*q,*w;
p=&a;
q=&b;
w=q;
q=NULL;
```

则以下选项中,错误的语句是(　　)。

    A. *q＝0;　　　　B. w＝p;　　　　C. *p＝a;　　　　D. *p＝*w;

答案：A.

2. 若有定义语句：

```
double x[5]={1.0,2.0,3.0,4.0,5.0},*p=x;
```

则错误引用 x 数组元素的是(　　)。

    A. *p　　　　　　B. x[5];　　　　C. *(p+1)　　　　D. *x

答案：B.

3. 若有以下定义语句：

```
char s[100]="String";
```

则下述函数调用中,(　　)是错误的。

    A. strlen(strcpy(s,"Hello"));　　　　B. strcat(s,strcpy("s1",s));

    C. puts(puts("Tom"));　　　　　　　D. !strcmp("",s);

答案：C.

4. 设有以下程序段：

```
char str[]="Hello";
char *ptr;
ptr=str;
```

执行上面的程序段后,*(ptr+5)的值为(　　)。

  A. 'o'　　　　　　B. '\0'　　　　C. 不确定的值　　　D. 'o'的地址

答案：B.

5. 对于数据类型相同的两个指针变量之间,不能进行的运算是(　　)。

  A. ＜　　　　　　B. ＝　　　　　C. ＋　　　　　　D. －

答案：C.

6. 若有说明语句：

```
int a,b,c,*d=&c;
```

则能正确从键盘读入 3 个整数分别赋给变量 a、b、c 的语句是(　　　)。

  A. scanf("%d%d%d",&a,&b,d); B. scanf("%d%d%d",&a,&b,&d);

  C. scanf("%d%d%d",a,b,d);   D. scanf("%d%d%d",a,b,*d);

答案：A.

7. 若定义

```
int a=511,*b=&a;
```

则

```
printf("%d\n",*b);
```

的输出结果是(　　　)。

  A. 无确定值   B. a 的地址   C. 512   D. 511

答案：D.

二、填空题

1. 有以下程序：

```
void fun(char * c,int d)
{
    * c= * c+1;
    d+=1;
    printf("%c,%c", * c,d);
}
int main()
{
    char a='A',b=a;
    fun(&b,a);
    printf("%c,%c\n",a,b);
    return 0;
}
```

程序运行后的输出结果是_____。

答案：

b,B,A,b

2. 有以下程序：

```
void fun(float * a,float * b)
{
    float * w;
    * a= * a+ * a;
```

```
    w=a;
    * a= * b;
    * b= * w;
}
int main()
{
    float x=2.0,y=3.0;
    float * px=&x, * py=&y;
    fun(px,py);
    printf("%2.0f,%2.0f\n",x,y);
    return 0;
}
```

程序运行后的输出结果是_____。
答案：

```
3,4
```

3. 有以下程序：

```
void sub(int x,int y,int * z)
{
    * z=y-x;
}
int main()
{
    int a,b,c;
    sub(10,5,&a);
    sub(7,a,&b);
    sub(a,b,&c);
    printf("%d,%d,%d\n",a,b,c);
    return 0;
}
```

程序运行后的输出结果是_____。
答案：

```
-5,-12,-7
```

4. 有以下程序：

```
void sub(int * a,int n,int k)
{
    if (k<=n)
        sub(a,n/2,2 * k);
    * a+=k;
}
int main()
```

```
{
    int x=0;
    sub(&x,8,1);
    printf("%d \n",x);
    return 0;
}
```

程序运行后的输出结果是_____。

答案：

7

5. 有以下程序：

```
int main()
{
    char ch[2][5]={"6937","8254"},* p[2];
    int i,j,s=0;
    for (i=0;i<2;i++)
        p[i]=ch[i];
    for (i=0;i<2;i++)
        for (j=0;p[i][j]>'\0';j+=2)
            s=10*s+p[i][j]-'\0';
    printf("%d \n",s);
    return 0;
}
```

程序运行后的输出结果是_____。

答案：

59713

三、简答题

1. 什么是指针？

答案：存储在内存单元中的数据以地址标记其存储的具体位置,因此把地址形象地看作是指向内存单元中数据的"指针"。

2. 指针变量和变量指针有何异同？

答案：指针变量也是一个变量,具有变量的特点。在内存中有一个内存单元与之对应,变量值也可以被改变。指针变量保存的是指针的值,其实就是一个内存地址值。变量的指针就是变量的地址,存放地址的变量就是指针变量。

3. 指针运算的实质是什么？指针可以有哪些运算？

答案：指针运算的实质是地址运算。

指针的运算是地址的运算。由于这一特点,指针运算不同于普通变量,它只允许有限的几种运算。①赋值运算；②与整数相加、减,用来移动指针；③两个指针相减；④指针与指针或指针与地址之间进行比较。

4. 写出下列数组元素使用 * 运算的等价形式。

(1) num[5]　(2) data[k+1]　(3) array[6][4]

答案：

(1) num[5]等价于 * (num+5)。

(2) data[k+1]等价于 * (data+k+1)。

(3) array[6][4]等价于 * (array[6]+4)或 * (* (a+6)+4)。

四、编程题

1. 输入任意 10 个整数到数组中,将数组中数据逆序存放并输出。

代码如下：

```c
#include<stdio.h>
#define N 10
void sort(int * p,int n)
{
    int i,temp;
    for (i=0;i<N/2;i++)
    {
        temp=p[i];
        p[i]=p[N-i-1];
        p[N-i-1]=temp;
    }
}
int main()
{
    int a[N],i;
    printf("please input %d integer numbers: \n",N);
    for (i=0;i<N;i++)
        scanf("%d",&a[i]);
    printf("The original numbers are: \n");
    for (i=0;i<N;i++)
        printf("%d ",a[i]);
    sort(a,N);
    printf("\nThe reversed numbers are: \n");
    for (i=0;i<N;i++)
        printf("%d ",a[i]);
    return 0;
}
```

2. 输入任意 10 个整数到数组中,找出其中最大元素和最小元素并输出它们的值与下标。

代码如下：

```c
#include<stdio.h>
#define N 10
int main()
{
    int a[N],max,min;
```

```
    int i, Array_size=N;
    printf("please input %d integer numbers: \n",Array_size);
    for (i=0;i<N;i++)
        scanf("%d",&a[i]);
    max=min=0;
    for (i=1;i<N;i++)
    {
        if (a[i]>a[max])
            max=i;
        if (a[i]<a[min])
            min=i;
    }
    printf("The max number is : %d,index is : %d\n",a[max],max);
    printf("The min number is : %d,index is : %d\n",a[min],min);
    return 0;
}
```

3. 输入一个字符串,按 0~9 的顺序统计其中偶数数字字符各自出现的次数,结果保存在数组 n 中并输出。

代码如下:

```
#include<stdio.h>
#define N 100
void fun(char * s,int * arr)
{
    char * p=s;
    for (int i=0;i<5;i++)
        arr[i]=0;
    while ( * p!='\0')
    {
        if ( * p>='0' && * p<='9')
        {
            switch( * p-48)
            {
                case 0:arr[0]+=1;break;
                case 2:arr[1]+=1;break;
                case 4:arr[2]+=1;break;
                case 6:arr[3]+=1;break;
                case 8:arr[4]+=1;
            }
        }
    p++;
    }
}
int main()
{
```

```
    char str[N];
    int n[5];
    printf("Please enter a char string:\n");
    gets(str);
    printf(" * * The original string * * \n");
    puts(str);
    fun(str,n);
    printf("\n**The number of letter * * \n");
    for (int i=0;i<5;i++)
        printf("%d=%d\n",2*i,n[i]);
    return 0;
}
```

4. 输入一个字符串，删除其中所有的空格字符。

代码如下：

```
#include<stdio.h>
void del_space(char * s)
{
    int i=0,j=0;
    while ( * (s+i)!='\0')
    {
        if ( * (s+i)!=' ')
            * (s+j++)= * (s+i);
        i++;
    }
    s[j]='\0';
}
int main()
{
    char str[100];
    printf("Please enter a string:");
    gets(str);
    del_space(str);
    printf("Result: %s\n",str);
    return 0;
}
```

5. 从键盘输入一个任意字符串后，再输入一个指定字符，要求输出字符串中指定字符后剩余的字符。如输入指定字符为'a'，则对字符串"Programming in C"，输出"mming in C"。

代码如下：

```
#include<stdio.h>
#define N 100
void fun(char * s,char c)
{
    int i=0;
```

```
        for (;s[i]!='\0';i++)
        {
            if (s[i]==c)
            {
                printf("The result is : ");
                while (s[i+1]!='\0')
                {
                    putchar(s[i+1]);
                    i++;
                }
                printf("\n");
                break;
            }
        }
}
int main()
{
    char str[N],ch;
    printf("please input a string:\n");
    gets(str);
    printf("please input a char:\n");
    ch=getchar();
    fun(str,ch);
    return 0;
}
```

6. 用函数实现将形参 str 所指字符串"Hello23are4y5o6u7"中的每个数字之后插入一个"♯"。例如,执行结果为"Hello2♯3♯are4♯y5♯o6♯u7♯"。

代码如下：

```
#include<stdio.h>
void fun(char * s)
{
    int i, j, n;
    for (i=0;s[i]!='\0';i++)
    {
        if (s[i]>='0' && s[i]<='9')
        {
            n=0;
            while (s[i+1+n]!='\0')
                n++;
            for (j=i+n+1;j>i;j--)
                s[j+1]=s[j];
            s[j+1]='#';
            i=i+1;
        }
```

```
    }
}
int main()
{
    char str[80]="Hello23are4y5o6u7";
    printf("\nThe original string is:  %s\n",str);
    fun(str);
    printf("\nThe result is:   %s\n",str);
    return 0;
}
```

7. 从一个给定的字符串中找出某一个字符串的位置（从 1 开始）。例如子串"efg"在字符串"abcdefghijk"中的位置为 5,若字符串中没有指定的子串,则位置为 0。

代码如下:

```
#include<stdio.h>
int IndexOf(char * sub,char * s)
{
    int re;
    int i,j=0;
    for (i=0;s[i]!='\0' && sub[j]!='\0';i++)
    {
        if (sub[j]==s[i])
        {
            if (j==0)
                re=i+1;
            j++;
        }
        else
        {
            j=0;
            re=0;
        }
    }
    if (sub[j]=='\0')
        return re;
    else
        return 0;
}
int main()
{
    char str[]="abcdefghijk";
    char s1[]="efg";
    printf("The position is: %d\n",IndexOf(s1,str));
    return 0;
}
```

8. 找出一个字符串中最大的字符并把它放在最前面,其他字符向后顺序存放。如字符串"student"处理后成为"ustdent"。

代码如下:

```c
#include<stdio.h>
#define N 100
void seek(char * s)
{
    int i,j,max,index;
    max=s[0];
    index=0;
    i=1;
    while (s[i]!='\0')
    {
        if (s[i]>max)
        {
            max=s[i];
            index=i;
        }
        i++;
    }
    for (j=index;j>0;j--)
        s[j]=s[j-1];
    s[0]=max;
}
int main()
{
    char str[N];
    printf("please input a string :\n");
    gets(str);
    seek(str);
    puts(str);
    return 0;
}
```

9. 从键盘输入 3 个字符串 str、s1、s2,用函数实现将 str 字符串中出现的 s1 字符串的内容全部替换成 s2 字符串中的内容。例如,str 字符串为"abdsabfab",s1 字符串为"ab",s2 字符串为"22",则 str 字符串最终的内容应为"22ds22f22"。

代码如下:

```c
#include<stdio.h>
#include<string.h>
#define N 100
void replace(char * s, char * p, char * q)
{
    int l1=strlen(s),l2=strlen(p),l3=strlen(q);
```

```
    char buf[N];
    int i,j,k,len;
    for (i=0,k=0;i<l1-l2+1;)
    {
        for (j=0;j<l2;j++)
            if (*(s+i+j)!=*(p+j))
                break;
        if (j==l2)
        {
            len=0;
            while (len<l3)
                *(buf+k++)=*(q+len++);
            i+=l2;
            continue;
        }
        else
            *(buf+k++)=*(s+i++);
    }
    while (i<l1)
        *(buf+k++)=*(s+i++);
    *(buf+k)='\0';
    strcpy(s,buf);
}
int main()
{
    char str[N],s1[N],s2[N];
    printf("Please input string str: \n");
    gets(str);
    printf("please input string s1: \n");
    gets(s1);
    printf("please input string s2: \n");
    gets(s2);
    replace(str,s1,s2);
    printf("after replace: %s\n", str);
    return 0;
}
```

10. 从任意输入的 5 个字符串中找出最短的一个并将其逆序存放。

代码如下：

```
#include<stdio.h>
#include<string.h>
#define N 5
#define M 100
int cmpstrlen(int * len)
{
```

```c
    int i,min=0;
    for (i=1;i<N;i++)
        if (len[i]<len[min])
            min=i;
    return min;
}
void fun(char * s,int len)
{
    int i;
    char ch;
    for (i=0;i<(len/2);i++)
    {
        ch= * (s+i);
        * (s+i)= * (s+(len-i-1));
        * (s+(len-i-1))=ch;
    }
}
int main()
{
    int i,len[N],min;
    char str[N][M];
    for (i=0;i<N;i++)
    {
        printf("please input no.%d string : ",i+1);
        gets(str[i]);
    }
    printf("\n");
    for (i=0;i<N;i++)
        len[i]=strlen(str[i]);
    min=cmpstrlen(len);
    printf("长度最短的字符串是：%s\n",str[min]);
    fun(str[min],len[min]);
    printf("最短字符串逆序存放后结果是：%s\n",str[min]);
    return 0;
}
```

11. 输入任意 5 个字符串，按降序排列并输出。

代码如下：

```c
#include<stdio.h>
#include<string.h>
#define N 5
#define M 100
void sort(char ( * s)[M])
{
    int i,j,k;
```

```
        char temp[M];
        /*排序过程：选择法排序*/
        for (i=0;i<N-1;i++)
        {
            k=i;
            for (j=i+1;j<N;j++)
                if (strcmp(*(s+j),*(s+k))>0)
                    k=j;
            if (k!=i)
            {
                strcpy(temp,*(s+i));
                strcpy(*(s+i),*(s+k));
                strcpy(*(s+k),temp);
            }
        }
}
int main()
{
    char str[N][M];
    int i;
    for (i=0;i<N;i++)
    {
        printf("please input no.%d string : ",i+1);
        gets(str[i]);
    }
    printf("\n");
    sort(str);
    printf("降序排列后字符串序列是：\n");
    for (i=0;i<N;i++)
        puts(str[i]);
    return 0;
}
```

8.2 补 充 习 题

1. 变量的指针，其含义是指该变量的(   )。

    A. 值   B. 地址   C. 名字   D. 一个标志

2. 若有语句

```
int*point,a=4;
point=&a;
```

下面均代表地址的一组选项是(   )。

    A. a,point,*&a   B. &*a,&a,*point

  C. ＊＆point，＊point，＆a   D. ＆a，＆＊point，point

  3. 若有

```
int *p,m=5,n;
```

以下正确的程序段是( )。

  A.

   p＝＆n；

   scanf("％d"，＆p)；

  C.

   scanf("％d"，＆n)；

   ＊p＝n；

  B.

   p＝＆n；

   scanf("％d"，＊p)；

  D.

   p＝＆n；

   ＊p＝m；

  4. 以下程序中调用 scanf()函数给变量 a 输入数值的方法是错误的，其错误原因是
( )。

```
int main()
{
    int * p, * q,a,b;
    p=&a;
    printf("input a: ");
    scanf("%d", * p);
    ...
    return 0;
}
```

  A. ＊p 表示的是指针变量 p 的地址

  B. ＊p 表示的是变量 a 的值,而不是变量 a 的地址

  C. ＊p 表示的是指针变量 p 的值

  D. ＊p 只能用来说明 p 是一个指针变量

  5. 已有变量定义和函数调用语句：

```
int a=25;
print_value(&a);
```

下面函数的正确输出结果是( )。

```
void print_value(int * x)
{
    printf("%d\n",++ * x);
}
```

  A. 23   B. 24   C. 25   D. 26

  6. 若有

```
long *p,a;
```

不能通过 scanf 语句正确给输入项读入数据的程序段是( )。

A.
    *p＝&a；

    scanf("％ld",p)；

B.
    p＝(long ＊)malloc(8)；

    scanf("％ld",p)；

C.
    scanf("％ld",p＝&a)；

D.
    scanf("％ld",&a)；

7. 有以下程序：

```
#include<stdio.h>
int main()
{
    int m=1,n=2, * p=&m, * q=&n, * r;
    r=p;
    p=q;
    q=r;
    printf("%d, %d, %d,%d\n",m,n, * p, * q);
    return 0;
}
```

程序运行后的输出结果是(　　)。

  A. 1,2,1,2　　　　　　B. 1,2,2,1　　　　　　C. 2,1,2,1　　　　　　D. 2,1,1,2

8. 有以下程序：

```
int main()
{
    int a=1,b=3,c=5;
    int * p1=&a, * p2=&b, * p=&c;
    * p= * p1 * ( * p2);
    printf("%d\n",c);
    return 0;
}
```

执行后的输出结果是(　　)。

  A. 1　　　　　　　　B. 2　　　　　　　　C. 3　　　　　　　　D. 4

9. 有以下程序：

```
int main()
{
    int a,k=4,m=4, * p1=&k, * p2=&m;
    a=p1==&m;
    printf("%d\n",a);
    return 0;
}
```

程序运行后的输出结果是(　　)。

  A. 4

  C. 0

  B. 1

  D. 运行时出错,无定值

10. 有以下程序：

```
int * p,a=10,b=1;
p=&a;
a= * p+b;
```

执行该程序段后，a 的值是(   )。

  A. 10   B. 11   C. 12   D. 编译出错

11. 有以下程序：

```
int a[10]={1,2,3,4,5,6,7,8,9,10}, * p=&a[3],b;
b=p[5];
```

b 中的值是(   )。

  A. 5   B. 6   C. 8   D. 9

12. 若有以下定义，则对 a 数组元素的正确引用是(   )。

```
int a[5], * p=a;
```

  A. * &a[5]   B. a+2   C. * (p+5)   D. * (a+2)

13. 若有

```
int a[10],*p=a;
```

则 p+5 表示(   )。

  A. 元素 a[5]的地址   B. 元素 a[5]的值
  C. 元素 a[6]的地址   D. 元素 a[6]的值

14. 设已有定义：

```
int a[10]={15,12,7,31,47,20,16,28,13,19},*p;
```

下列语句中正确的是(   )。

  A. for (p=a;a<(p+10);a++); B. for (p=a;p<(a+10);p++);
  C. for (p=a,a=a+10;p<a;p++); D. for (p=a;a<p+10;++a);

15. 有以下程序：

```
#include<stdio.h>
int main()
{
    int x[]={10,20,30};
    int * px=x;
    printf("%d, ",++ * px);
    printf("%d, ", * px);
    px=x;
    printf("%d, ",( * px)++);
    printf("%d, ", * px);
    px=x;
    printf("%d, ", * px++);
```

```
        printf("%d, ", * px);
        px=x;
        printf("%d, ", * ++px);
        printf("%d\n", * px);
        return 0;
    }
```

程序运行后的输出结果是(　　　　)。

    A. 11，11，11，12，12，20，20，20　　　　　　B. 20，10，11，10，11，10，11，10

    C. 11，11，11，12，12，13，20，20　　　　　　D. 20，10，11，20，11，12，20，20

16. 设有如下定义：

```
int arr[]={6,7,8,9,10};
int * ptr;
ptr=arr;
* (ptr+2)+=2;
printf("%d,%d\n", * ptr, * (ptr+2));
```

则程序段的输出结果为(　　　　)。

    A. 8，10　　　　　　B. 6，8　　　　　　C. 7，9　　　　　　D. 6，10

17. 若有定义：

```
int a[]={2,4,6,8,10,12},*p=a;
```

则 * (p+1)和 * (a+5)的值是(　　　　)。

    A. 2，10　　　　　　B. 4，12　　　　　　C. 6，NULL　　　　　　D. 以上都不是

18. 若有

```
int c[4][5],( * p)[5];
p=c;
```

能正确引用 c 数组元素的是(　　　　)。

    A. p+1　　　　　　B. * (p+3)　　　　　　C. * (p+1)+3　　　　　　D. * (p[0]+2)

19. 若有定义：

```
int a[2][3];
```

则对 a 数组的第 i 行 j 列元素地址的正确引用为(　　　　)。

    A. * (a[i]+j)　　　　B. (a+i)　　　　C. * (a+j)　　　　D. a[i]+j

20. 若有以下定义：

```
int a[2][3]={2,4,6,8,10,12};
```

则 a[1][0]和 * (* (a+1)+0)的值是(　　　　)。

    A. 2，2　　　　　　B. 4，4　　　　　　C. 8，8　　　　　　D. 10，10

21. 有以下定义

```
char a[10],*b=a;
```

不能给数组 a 输入字符串的语句是(　　　)。

  A. gets(a)   B. gets(a[0])   C. gets(&a[0]);   D. gets(b);

22. 下面程序段的运行结果是(　　　)。

```
char * s="abcde";
s+=2;
printf("%d",s);
```

  A. cde   B. 字符 'c'

  C. 字符 'c' 的地址   D. 无确定的输出结果

23. 以下程序段中,不能正确赋字符串(编译时系统会提示错误)的是(　　　)。

  A. char s[10]="abcdefg";   B. char t[]="abcdefg",* s=t;

  C. char s[10];s="abcdefg";   D. char s[10];strcpy(s,"abcdefg");

24. 设已有定义:

```
char *st="how are you";
```

下列程序段中正确的是(　　　)。

  A.

    char a[11],* p;

    strcpy(p=a+1,&st[4]);

  B.

    char a[11];

    strcpy(++a,st);

  C.

    char a[11];

    strcpy(a,st);

  D.

    char a[],*p;

    strcpy(p=&a[1],st+2);

25. 有以下程序:

```
int main()
{
    char a[]="programming",b[]="language";
    char * p1,* p2;
    int i;
    p1=a; p2=b;
    for (i=0;i<7;i++)
        if (* (p 1+i)== * (p2+i))
                printf("%c", * (p1+i));
    return 0;
}
```

输出结果是(　　　)。

  A. gm   B. rg   C. or   D. ga

26. 设 p1 和 p2 是指向同一个字符串的指针变量,c 为字符变量,则以下不能正确执行的赋值语句是(　　　)。

  A. c= * p1+ * p2;   B. p2=c;

  C. p1=p2;   D. c= * p1 * (* p2);

27. 以下正确的程序段是(　　　)。

A.

    char str[20];

    scanf("%s",&str);

C.

    char str[20];

    scanf("%c",&str[2]);

B.

    char * p;

    scanf("%s",p);

D.

    char str[20],*p=str;

    scanf("%c",p[2]);

28. 若有说明语句：

```
char a[]="It is mine";
char * p="It is mine";
```

则以下不正确的叙述是(　　)。

    A. a+1 表示的是字符 t 的地址

    B. p 指向另外的字符串时,字符串的长度不受限制

    C. p 变量中存放的地址值可以改变

    D. a 中只能存放 10 个字符

29. 下面程序的运行结果是(　　)。

```
#include<stdio.h>
#include<string.h>
int main()
{
    char * s1="AbDeG";
    char * s2="AbdEg";
    s1+=2;
    s2+=2;
    printf("%d\n",strcmp(s1,s2));
    return 0;
}
```

    A. 正数   B. 负数   C. 零   D. 不确定的值

30. 有以下程序：

```
void f(int * x,int * y)
{
    int t;
    t= * x;
    * x= * y;
    * y=t;
}
int main()
{
    int a[8]={1,2,3,4,5,6,7,8},i, * p, * q;
    p=a;q=&a[7];
    while (p<q)
    {
        f(p,q);
```

```
        p++;
        q--;
    }
    for (i=0;i<8;i++)
        printf("%d, ",a[i]);
    return 0;
}
```

程序运行后的输出结果是（   ）。

    A. 8,2,3,4,5,6,7,1,   B. 5,6,7,8,1,2,3,4,

    C. 1,2,3,4,5,6,7,8,   D. 8,7,6,5,4,3,2,1,

31. 已定义以下函数：

```
fun(int * p)
{
    return * p;
}
```

该函数的返回值是（   ）。

    A. 不确定的值   B. 形参 p 中存放的值

    C. 形参 p 所指存储单元中的值   D. 形参 p 的地址值

32. 有以下程序：

```
int f(int b[][4])
{
    int i,j,s=0;
    for (j=0;j<4;j++)
    {
        i=j;
        if (i>2)
            i=3-j;
        s+=b[i][j];
    }
    return s;
}
int main()
{
    int a[4][4]={{1,2,3,4},{0,2,4,5},{3,6,9,12},{3,2,1,0}};
    printf("%d\n",f(a));
    return 0;
}
```

执行后的输出结果是（   ）。

    A. 12   B. 11   C. 18   D. 16

33. 若有以下函数首部：

```
int fun(double x[10],int * n)
```

则下面针对此函数的函数声明语句中正确的是( )。

  A. int fun(double x,int ∗ n);   B. int fun(double,int);

  C. int fun(double ∗ x,int n);   D. int fun(double ∗ ,int ∗);

34. 有以下程序：

```
void sum(int ∗ a)
{
    a[0]=a[1];
}
int main()
{
    int aa[10]={1,2,3,4,5,6,7,8,9,10},i;
    for (i=2;i>=0;i--)
        sum(&aa[i]);
    printf("%d\n",aa[0]);
    return 0;
}
```

  执行后的输出结果是( )。

  A. 4   B. 3   C. 2   D. 1

35. 下段代码的运行结果是( )。

```
int main()
{
    char a;
    char ∗ str=&a;
    strcpy(str,"hello");
    printf(str);
    return 0;
}
```

  A. hello   B. null   C. h   D. 发生异常

36. 下段程序的运行结果是( )。

```
void print(char ∗ s)
{
    printf("%s",s);
}
int main()
{
    char ∗ p, ∗ q;
    char str[]="Hello,World\n";
    q=p=str;
    p++;
    printf(q);
```

```
printf(p);
return 0;
}
```

A.
H
e

B.
Hello,World
ello,World

C.
Hello,World
Hello,World

D.
ello,World
ell,World

37. 有以下程序:

```
void fun(char * c,int d)
{
    * c= * c+1;
    d=d+1;
    printf("%c, %c,", * c,d);
}
int main()
{
    char a='A',b='a';
    fun(&b,a);
    printf("%c, %c\n",a,b);
    return 0;
}
```

程序运行后的输出结果是(　　)。

    A. B,a,B,a   B. a,B,a,B   C. A,b,A,b   D. b,B,A,b

38. 在说明语句:

```
int *f();
```

中,标识符 f 代表的是(　　)。

    A. 一个用于指向整型数据的指针变量

    B. 一个用于指向一维数组的行指针

    C. 一个用于指向函数的指针变量

    D. 一个返回值为指针型的函数名

39. 若有函数 max(a,b),并且已使函数指针变量 p 指向函数 max(),当调用该函数时,正确的调用方法是(　　)。

    A. (* p)max(a,b);   B. * pmax(a,b);

    C. (* p)(a,b);   D. * p(a,b);

40. 下面的代码能通过编译的是(　　)。

A.

```
int * fun()
{
    int s[3]={1,3,4};
    return s;
}
int main()
{
    int * result;
    result=fun();
    for (int i=0;i<3;i++)
    printf("%d\n",result[i]);
    return 0;
}
```

B.

```
int & fun()
{
    int s[3]={1,3,4};
    return s;
}
int main()
{
    int * result;
    result=fun();
    for(int i=0;i<3;i++)
    printf("%d\n",result[i]);
    return 0;
}
```

C.

```
int * fun()
{
    int s[3]={1,3,4};
    return &s;
}
int main()
{
    int * result;
    result=fun();
    for (int i=0;i<3;i++)
        printf("%d\n",result[i]);
    return 0;
}
```

D.

```
int & fun()
{
    int s[3]={1,3,4};
    return &s;
}
int main()
{
    int * result;
    result=fun();
    for (int i=0;i<3;i++)
        printf("%d\n",result[i]);
    return 0;
}
```

41. 下面代码能通过编译的是(   )。

A.

```
int main()
{
    int a[3]={1,2,3};
    int * b[3]={&a[1],&a[2],&a[3]};
    int **p=b;
    return  0;
}
```

B.

```
int main()
{
    int a[3]={1,2,3};
    int * b[3]={a[1],a[2],a[3]};
    int **p=b;
    return 0;
}
```

C.
```
int main( )
{
    int a[3]={1,2,3};
    int * b[3]={&a[1],&a[2],&a[3]};
    int * p=b;
    return 0;
}
```

D.
```
int main( )
{
    int a[3]={1,2,3};
    int * b[3]={&a[1],&a[2],&a[3]};
    int * p=&b;
    return 0;
}
```

42. 对于语句

```
int * pa[5];
```

下列描述中正确的是(　　)。

　　A. pa 是一个指向数组的指针,所指向的数组是 5 个 int 型元素

　　B. pa 是一个指向某数组中第 5 个元素的指针,该元素是 int 型变量

　　C. pa[5]表示某个元素的第 5 个元素的值

　　D. pa 是一个具有 5 个元素的指针数组,每个元素是一个 int 型指针

43. 若有定义

```
int b[4][6], * p, * q[4];
```

且 0≤i<4,则不正确的赋值语句是(　　)。

　　A. q[i]=b[i];　　　　　　　　　　B. p=b;

　　C. p=b[i]　　　　　　　　　　　　D. q[i]=&b[0][0];

44. 若要对 a 进行++运算,则 a 应具有下面说明(　　)。

　　A. int a[3][2];　　　　　　　　　 B. char * a[]={"12","ab"};

　　C. char (* a)[3];　　　　　　　　 D. int b[10], * a=b;

45. 若有以下说明语句:

```
char * language[]={"FORTRAN","BASIC","PASCAL","JAVA","C"};
char **q;
q=language+2;
```

则语句

```
printf("%o\n", * q);
```

输出的是(　　)。

　　A. language[2]元素的地址

　　B. 字符串 PASCAL

　　C. language[2]元素的值,它是字符串 PASCAL 的首地址

　　D. 格式说明不正确,无法得到确定的输出

46. 若有以下程序:

```
int main()
```

```
{
    char * a[3]={"I","love","China"};
    char **ptr=a;
    printf("%c  %s", * ( * (a+1)+1), * (ptr+1));
    return 0;
}
```

则这段程序的输出是(   )。

  A. I l   B. o o   C. o love   D. I love

47. 若已定义：

```
int a[]={0,1,2,3,4,5,6,7,8,9},*p=a,i;
```

其中 $0 \leqslant i \leqslant 9$,则对 a 数组元素不正确的引用是(   )。

  A. a[p−a]   B. * (&a[i]) C. p[i]   D. a[10]

48. 下列程序的输出结果是(   )。

```
int b=2;
int func(int * a)
{
    b+= * a;
    return(b);
}
int main()
{
    int a=2,res=2;
    res+=func(&a);
    printf("%d\n",res);
    return 0;
}
```

  A. 4   B. 6   C. 8   D. 10

49. 下列程序执行后的输出结果是(   )。

```
void func(int * a,int b[])
{
    b[0]= * a+6;
}
int main()
{
    int a,b[5];
    a=0;b[0]=3;
    func(&a,b);
    printf("%d\n",b[0]);
}
```

  A. 6   B. 7   C. 8   D. 9

50. 有如下程序：

```
int * p,a=10,b=1;
p=&a;
a= * p+b;
```

执行该程序段后,a 的值为(　　)。

    A. 12　　　　　　　　B. 11　　　　　　　　C. 10　　　　　　　　D. 编译出错

51. 以下函数返回 a 所指数组中最小值所在的下标值：

```
fun(int * a,int n)
{
    int i,j=0,p;
    p=j;
    for (i=j;i<n;i++)
        if (a[i]<a[p])
            _____(1)_____ ;
    return(p);
}
```

在(1)处应填入的是(　　)。

    A. i=p　　　　　　　B. a[p]=a[i]　　　　C. p=j　　　　　　　D. p=i

52. 下面程序把数组元素中的最大值放入 a[0]中,则在 if 语句中的条件表达式应该是
(　　)。

```
int main()
{
    int a[10]={6,7,2,9,1,10,5,8,4,3}, * p=a,i;
    for (i=0;i<10;i++,p++)
        if ((    ))
            * a= * p;
    printf("%d", * a);
    return 0;
}
```

    A. p>a　　　　　　　B. *p>a[0]　　　　　C. *p>*a[0]　　　　　D. *p[0]>*a[0]

53. 以下程序的输出结果是(　　)。

```
#include<stdio.h>
#include<string.h>
int main()
{
    char * p1, * p2,str[50]="abc";
    p1=str;
    p2=p1;
    strcpy(str,strcat(p1,p2));
    printf("%s\n",str+1);
```

```
        return 0;
}
```

    A. \0   B. bc   C. abcabc   D. bcabc

54. 以下程序的输出结果是(　　)。

```
int main()
{
    char * s="12134211";
    int v[4]={0,0,0,0},k,i;
    for (k=0;s[k];k++)
    {
        switch(s[k])
        {
            case '1': i=0;
            case '2': i=1;
            case '3': i=2;
            case '4': i=3;
        }
        v[i]++;
    }
    for (k=0;k<4;k++)
        printf("%d   ",v[k]);
    return 0;
}
```

    A. 4　2　1　1   B. 0　0　0　8   C. 4　6　7　8   D. 8　8　8　8

55. 以下程序的输出结果是(　　)。

```
int main()
{
    char a[10]={'1','2','3','4','5','6','7','8','9',0}, * P;
    int i;i=8;p=a+i;
    printf("%s\n",p-3);
    return 0;
}
```

    A. 6   B. 6789   C. '6'   D. 789

56. 下列程序执行后的输出结果是(　　)。

```
int main()
{
    int a[3][3], * p;p=&a[0][0];
    for (int i=0;i<9;i++)
        p[i]=i+1;
    printf("%d\n",a[1][2]);
    return 0;
```

```
}
```

    A. 3   B. 6   C. 9   D. 随机数

57. 下列程序的输出结果是(   )。

```
#include<stdio.h>
int main()
{
    int a[]={1,2,3,4,5,6},*p;
    p=a;
    *(p+3)+=2;
    printf("%d,%d\n",*p,*(p+3));
    return 0;
}
```

    A. 0,5   B. 1,5   C. 0,6   D. 1,6

58. 若有以下说明和语句,其输出结果是(   )。

```
char *sp="\x69\082\n";
printf("%d",strlen(sp));
```

    A. 3   B. 5

    C. 1   D. 字符串中有非法字符,输出值不定

59. 下列程序的输出结果是(   )。

```
int main()
{
    char ch[2][5]={"6937","8254"},*p[2];
    int i,j,s=0;
    for (i=0;i<2;i++)
        p[i]=ch[i];
    for (i=0;i<2;i++)
        for (j=0;p[i][j]>'\0';j+=2)
            s=10*s+p[i][j]-'0';
    printf("%d\n",s);
    return 0;
}
```

    A. 69825   B. 63825   C. 6385   D. 693825

60. 以下程序的输出结果是(   )。

```
void fun(int x,int y,int *cp,int *dp)
{
    *cp=x+y;
    *dp=x-y;
}
int main()
```

```
{
    int a,b,c,d;
    a=30;
    b=50;
    fun(a,b,&c,&d);
    printf("%d, %d\n",c,d);
    return 0;
}
```

  A. 50,30   B. 30,50   C. 80,−20   D. 80,20

8.3 补充习题解答

1. B.

2. D. 解析：① a 是普通变量，* point 代表 point 中地址指向的 int 值，都不代表地址。② 在普通变量前使用的 * 与 & 的运算优先级相同,结合性为自右至左,对于 * &a,先使用 & 取变量 a 的地址,再使用 * 取此地址指向的值,实际仍是 a,不代表地址;而对于 & * a,先使用 * 取变量 a 的值,因为 a 不是指针变量,对 a 是不能使用 * 号做取值运算的,因此已可判断 & * a 是错误的。③ 在指针变量前使用的 & 与 * 是一种互逆运算,即相互抵消,所以无论 & * point 或 * &point,运算结果仍为 point,代表的是地址。

3. D.

4. B.

5. D. 解析：运算符++与 * 的运算优先级相同,结合性为自右至左,因此,++ * x 先取 * x 中的值 25,然后 25 再加 1 得到 26。

6. A.

7. B.

8. C. 解析：声明部分

  int * p1=&a, * p2=&b, * p=&c;

中,使 * p1＝a＝1, * p2＝b＝3, * p＝c＝5,执行

  * p= * p1 * (* p2);

即使 * p＝1 * 3＝3,因 p 指向变量 c, * p 中的值就是 c 中的值,因此也使 c＝3。

9. C.

10. B.

11. D.

12. D. 解析：a＋2 代表的是数组 a 中存放的第 3 个数据的地址, * (a＋2)代表该地址中的值,才是对 a[2]数组元素的正确引用。

13. A.

14. B. 解析：a 是数组名,在 C 语言中代表一个地址值,是一个常量,常量是不能执行++或赋值等运算的,类似常量 5 不能做 5++或 5＝5+1。

15. A. 解析：因有前提 int ＊px＝x，因此指针 px 指向数组 x 的首地址，即 x[0]元素处，所以初始默认 ＊px＝10。① 运算符＋＋与 ＊ 的运算优先级相同，结合性为自右至左。输出＋＋＊px 的运算过程如下：首先取 ＊px＝10，然后执行＋＋＊px，即 ＊px＝＊px+1＝10+1＝11，则输出＋＋＊px 的结果是 11；指针 px 一直指向 x[0]无改变，但修改了 x[0]＝＊px＝11，因此输出 ＊px 的结果也是 11。② 括号的运算优先级最高，有括号则先执行括号内运算。在 px＝x，px 重新指向 x[0]的前提下，输出（＊px）＋＋的过程如下：先执行（＊px）取 x[0]＝11，由于＋＋放在（＊px）后面，根据＋＋的使用原则，此处应先执行输出（＊px）的值，因此，输出（＊px）＋＋的结果是 11；输出后还要继续对 ＊px 执行＋＋运算，即 ＊px＝＊px+1＝11+1＝12，指针 px 一直指向 x[0]无改变，但修改了 x[0]＝＊px＝12。因此输出 ＊px 的结果是 12。③ 在 px＝x，px 重新指向 x[0]的前提下，输出 ＊px＋＋的运算过程如下：按照＋＋与 ＊ 运算优先级相同结合方向为自右至左的特性，原本应先执行 px＋＋，但因＋＋放在 px 后，又应先使用指针 px，然后才去执行 px＋＋；总结来说，即先暂缓执行 px＋＋而优先执行 ＊px，则输出 ＊px＋＋的值实际就是输出 ＊px＝x[0]的值，因此输出 ＊px＋＋的结果是 12；输出后才执行 px＋＋，px＝px+1，使 px 从原本指向 x[0]处向下移动至指向 x[1]，此处修改了 px 的指向，而因为 x[1]＝20，所以，此时 ＊px＝x[1]＝20，因此输出 ＊px 的结果是 20。④ 在 px＝x，px 重新指向 x[0]元素的前提下，输出 ＊＋＋px 的运算过程如下：先执行＋＋px，使 px 从原本指向 x[0]处向下移动至指向 x[1]，然后再使用 ＊ 取 px 移动后指向的 x[1]的值 20，因此输出 ＊＋＋px 的结果是 20；而输出 ＊px 的结果也是 20。

16. D. 解析：ptr＝arr，默认 ＊ptr＝arr[0]＝6，而程序段中所有运算语句都没有改变 ptr 的指向，因此，输出 ＊ptr 的结果仍是 6。在语句

    *(ptr+2)+=2;

中，ptr＋2 代表以 ptr 为基地址再加 2 的地址，即 arr[2]的地址，但并没有修改 ptr 的指向。因为 ＊(ptr+2)＝arr[2]，所以

    *(ptr+2)+=2;

就相当于

    arr[2]+=2;

即 arr[2]＝arr[2]+2＝8+2＝10，因此，输出 ＊(ptr+2)的结果是 10。

17. B.

18. D.

19. D. 解析：A 和 C 都是引用数组元素，只有 B 和 D 才是对数组元素地址的引用，但因数组 c 是二维数组，a＋i 中并无对 j 的说明引用，因此只有 a[i]＋j 才是明确说明第 i 行第 j 列数组元素地址的正确引用。

20. C.

21. B.

22. C. 解析：s 代表字符串数组的首地址，执行 s＋＝2;后，s 指向字符 c 处，s 仍是一个地址，输出语句

```
printf("%d",s);
```

是指将地址 s 以整型格式输出。

23. C.

24. A. 解析：选项 A 中

```
strcpy(p=a+1,&st[4]);
```

表示将从 st[4]开始的"are you"这 8 个字符复制给指针 p＝a＋1;所指向的数组 a[1]～a[8]的存储空间,最终

```
p="are you";
```

选项 B 中,a 是字符数组名,是一个常量,不能执行＋＋a 操作;选项 C 中,

```
* st="how are you";
```

中有 11 个字符,再加上默认的'\0'总共有 12 个字符,但因 a[11]已声明只能存储 11 个字符,因此'\0'的复制会使数组 a 产生存储越界,在 Visual C++中编译此程序段时对这种非语法有误的情况并不提示出错,但此类操作对系统中其他现存数据是非常危险的,因此是错误的;选项 D 中没有声明数组 a[ ]的长度,是错误的。

25. D.

26. B.

27. C. 解析：scanf 语句要求明确接收数据变量的地址列表,求地址运算符是 &。但数组名代表的已经是数组的首地址,因此,选项 A 在数组名前加 & 运算符是错误的,选项 B 没有对指针 p 初始化,选项 D 中指针 p 已指向数组 str,对 p 的运用与 str 相同,p[2]相当于 str[2]。

28. D. 解析：数组 a 初始化时可见含有 10 个字符,但实际 C 语言编译系统在处理时会自动在最后一个字符之后加上结束标志'\0',因此,对于含有 10 个字符的字符串在内存中是占 11 个字符的空间,即 a 中能存放的是 11 个字符。

29. B.

30. D.

31. C.

32. D. 解析：s＝a[0][0]+a[1][1]+a[2][2]+a[0][3]=1+2+9+4=16。

33. D. 解析：函数首部中的形参 x[10]数组与 * n 指针均可在函数声明语句中通过指针的形式表示。选项 A 中 double x 声明的形参是一个 int 型变量,选项 B 中两项均未明确声明的形参是指针类型,选项 C 中 int n 声明的形参是一个 int 型变量,只有选项 D 中的声明才明确声明的两个形参均是指针类型,而在函数声明语句中省略形参名是允许的。

34. A. 解析：
当 i＝2 时,传递地址 &aa[2],使指针 a＝&aa[2],a[0]＝aa[2]＝3,a[1]＝aa[3]＝4,则 a[0]＝a[1];相当于 aa[2]＝aa[3]＝4;,且 aa[2]的值在 sum 函数中被修改为 4;
当 i＝1 时,传递地址 &aa[1],使指针 a＝&aa[1],a[0]＝aa[1]＝2,a[1]＝aa[2]＝4,则 a[0]＝a[1];相当于 aa[1]＝aa[2]＝4;,且 aa[1]的值在 sum 函数中被修改为 4;
当 i＝0 时,传递地址 &aa[0],使指针 a＝&aa[0],a[0]＝aa[1]＝1,a[1]＝aa[1]＝4,

则 a[0]＝a[1]；相当于 aa[0]＝aa[1]＝4；,且 aa[0]的值在 sum 函数中被修改为 4。因此,最终 aa[0]的输出结果是 4。

35. D. 解析：str 指向 a,a 被声明为 char 类型,只能存放一个字符,字符串"hello"已使 a 出现存储越界的情况,在 Visual C++中编译此程序段时对这种非语法有误的情况并不提示出错,但此类操作对系统中其他现存数据是十分危险的,因此程序运行时系统会发生异常。

36. B.

37. D.

38. D.

39. C. 解析：根据题目所述,函数指针变量 p 的声明应为

```
int (*p)(int, int);
p=max;
```

因此正确的调用方法是 int n＝(*p)(a,b);。

40. A. 解析：此处 fun()函数是一个指针函数,fun()函数的返回值是一个地址,正确的写法是

```
int *fun()
```

因此选项 B 和 D 的函数头部分写法 int &fun( )是错误的;另外,fun()函数中 s 是所声明数组的名字,同时代表该数组的首地址,因此

```
return s;
```

即可返回数组首地址,而选项 C 中 return &s 的写法是错误的,因此正确选项是 A。

41. A.

42. D. 解析：int *b[3]表示数组 b 是一个具有 3 个元素的指针数组,每个元素是一个 int 型指针,指针的实质就是地址。在选项 A、C、D 中,{&a[1],&a[2],&a[3]}代表的都是数组元素的地址,因此选项 B 是错误的;由于*b[3]中存放的是地址,再使用指针 p 指向指针数组 b,这种情况属于 p 是指向指针的指针,应使用多级指针的形式来表示 p,因此正确的选项是 A。

43. B. 解析：在二维数组中 b 中,b[i]代表数组 b 中第 i 行第 0 列元素的地址,而*q[4]是指针数组,里面存放的是地址,因此,选项 A 和 C 都是正确的;选项 D 中,&b[0][0]代表数组 b 第 0 行第 0 列的地址,因此选项 D 也是正确的;另外,二维数组 b 中,b[0]既代表第 0 行第 0 列元素的首地址,也是数组 b 的首地址,数组 b 的首地址不能单独以数组名 b 简单表示,因此选项 B 是错误的。

44. D.

45. C. 解析：二级指针 q 指向指针数组 language,指针数组中存放的都是地址,因此,实际上 language 中存放的并不是字符串,而是字符串的地址,%o 格式符是指将 q 中地址以 8 进制无符号整数的形式输出,所以选项 C 是正确的。

46. C.

47. D.

48. B.

49. A.

50. B.

51. D. 解析：p 负责存放最小值的下标值，因此每找到一个最小数，其下标值都送入p 中。

52. B.

53. D. 解析：strcat 是字符串连接函数。

54. B. 解析：因为每个 case 语句后都没有

```
break;
```

语句，所以，无论 s[k]中的字符是什么，对每个 s[k]中字符的判断后，i 的值都等于 3，v[i]＋＋相当于 v[3]＋＋，s 中有 8 个字符，因此 v[3]＋＋运算了 8 次，而 v[0]～v[2]没有任何＋＋运算，因此答案为选项 B。

55. B.

56. B. 解析：p[i]的形式表示以一维数组的形式存储二维数组的 9 个数值，即 p[0]＝a[0][0]，p[1]＝a[0][1]，p[2]＝a[0][2]，p[3]＝a[1][0]，p[4]＝a[1][1]，p[5]＝a[1][2]……

57. D.

58. C. 解析：\x69 是转义字符，代表一个十六进制数对应的 ASCII 字符，以\0 开头后面跟着数字的转义字符有可能是 8 进制数对应的 ASCII 字符，但此处数字 8 不是八进制数的基本数码，因此'\0'在此代表字符串的结束字符，'\0'后面的内容均被系统忽略，而strlen 函数只统计字符串中除\0 之外的字符个数，所以字符串长度为 1。

59. C. 解析：'\0'的 ASCII 值是 0，'0'的 ASCII 值是 48。循环语句

```
for (j=0;p[i][j]>'\0';j+=2)
```

中，因 p[i][j]中所有字符的 ASCII 码都大于 0，因此 p[i][j]＞'\0'作为循环结束判断语句表示 p[i][j]中每个字符都要判断一次，直至遇到'\0'字符为止；p[i][j]－'0'表示将 p[i][j]中的字符转变成相应的 10 进制数。

60. C. 解析：fun()函数中 x、y 只接收了 a、b 传递的值，x、y 的值未被修改，因此，x＋y＝30＋50＝80 送入指针 cp 指向的变量 c，在 fun()函数中修改了 c 的值，x－y＝30－50＝－20，在fun()函数中修改了 d 的值。

第9章 复合数据类型

9.1 主教材习题 9 及解答

一、选择题

1. 有以下定义和语句：

```
struct workers {
    int num;
    char name[20];
    char c;
    struct {
        int day;
        int month;
        int year;
    }s;
};
struct workers w, * pw;
pw=&w;
```

能给 w 中的成员 year 赋 1980 的语句是（   ）。

    A. *pw.year＝1980;　　　　　　　　B. w.year＝1980;

    C. pw－＞year＝1980;　　　　　　　D. w.s.year＝1980;

答案：D.

2. 下面结构体的定义语句中,错误的是（   ）。

    A. struct ord {int x;int y;int z;};struct ord a;

    B. struct ord {int x;int y;int z;}struct ord a;

    C. struct ord {int x;int y;int z;}a;

    D. struct {int x;int y;int z;}a;

答案：B.

3. 有以下程序：

```
struct A {
    int a;char b[10];double c;
};
struct A f(struct A t);
int main()
{
    struct A a={1001,"ZhangDa",1098.0};
    a=f(a);
```

```
        printf("%d,%s,%6.1f\n",a.a,a.b,a.c);
        return 0;
}
struct A f(struct A t) {
        t.a=1002;strcpy(t.b,"ChangRong");
        t.c=1202.0;return t;
}
```

程序运行后的输出结果是(　　　)。

　　A. 1001,ZhangDa,1098.0　　　　　B. 1002,ZhangDa,1202.0

　　C. 1001,ChangRong,1098.0　　　　D. 1002,ChangRong,1202.0

答案：D.

4. 有以下程序：

```
struct ord {
        int x,y;
}dt[2]={1,2,3,4};
int main()
{
        struct ord * p=dt;
        printf("%d,",++p->x);
        printf("%d\n",++p->y);
        return 0;
}
```

程序的运行结果是(　　　)。

　　A. 1,2　　　　　　B. 2,3　　　　　　C. 3,4　　　　　　D. 4,1

答案：B.

5. 有以下程序：

```
struct A {
        int a;
        char b[10];
        double c;
};
void f(struct A t);
int main()
{
        struct A a={1001,"ZhangDa",1098.0};
        f(a);
        printf("%d,%s,%6.1f\n",a.a,a.b,a.c);
        return 0;
}
void f(struct A t)
{
        t.a=1002; strcpy(t.b,"ChangRong");t.c=1202.0;
```

```
    }
```

程序运行后的输出结果是（　　）。

  A. 1001,zhangDa,1098.0   B. 1002,changRong,1202.0

  C. 1001,ehangRong,1098.0   D. 1002,ZhangDa,1202.0

答案：A.

6. 已知函数的原形如下，其中结构体 a 为已经定义过的结构，且有下列变量定义

```
struct a * f(int t1,int * t2,struct a t3,struct a * t4)
struct a p, * p1;int i;
```

则正确的函数调用语句为（　　）。

  A. &p=f(10,&i,p,p1);

  B. p1=f(i++,(int *)p1,p,&p);

  C. p=f(i+1,&(i+2),* p,p);

  D. f(i+1,&i,p,p);

答案：B.

二、填空题

1. 指出下列程序的运行结果为_____。

```
struct A {
    int a;
    char b[10];
    double c;
};
void f(struct A * t);
int main()
{
    struct A a={1001,"ZhangDa",1098.0};
    f(&a);
      printf("%d,%s,%6.1f\n",a.a,a.b,a.c);
    return 0;
}
void   f(struct A * t)
{
    strcpy(t->b,"ChangRong");
}
```

答案：

1001,ChangRong, 1098.0

2. 下列程序的运行结果为_____。

```
union un {
    char s[10];
    long d[3];
```

```
}ua;
struct std {
    char c[10];
    double d;
    int a;
    union un vb;
}a;
int main()
{
    printf("%d\n",sizeof(struct std)+sizeof(union un));
    return 0;
}
```

答案：

52

3. 下列程序的运行结果为_____。

```
union pw {
    int i;
    char ch[2];
}a;
int main()
{
    a.ch[0]=13;
    a.ch[1]=1;
    printf("%d\n",a.i);
    return 0;
}
```

答案：

269

4. 下列程序的运行结果为_____。

```
typedef struct {
    int num;
    double s;
}REC;
void fun1( REC x )
{
    x.num=23;
    x.s=88.5;
}
int main()
{
    REC a={16,90.0};
```

```
    fun1(a);
    printf("%d\n",a.num);
    return 0;
}
```

答案：

16

5. 下列程序的运行结果为_____。

```
struct ty
{
    int data;
    char c;
};
void fun(struct ty b)
{
    b.data=20;
    b.c='y';
}
int main()
{
    struct ty a={30,'x'};
    fun(a);
    printf("%d%c",a.data,a.c);
    return 0;
}
```

答案：

30x

三、编程题

1. 编写程序：从键盘上输入 n($n \leqslant 100$)个职工的信息,然后输出每个职工的信息(包括编号、姓名、性别、出生日期、工资等数据项)。

代码如下：

```
#include<stdio.h>
#include<string.h>
#define N 100
struct date {
    int year;int month;int day;
};
struct employee {
    long no;                    /* 编号 */
    char name[10];              /* 姓名 */
    char sex;                   /* 性别 */
    struct date birth;          /* 出生日期 */
```

```c
        double salary;              /*工资*/
};
int main()
{
    struct employee workers[N];
    int i,n;
    double salary;
    printf(" Please input the numbers of employees : \n" );
    scanf("%d" , &n);
    for (i=0;i<n;i++)
    {
        printf("Please input the information of
            employee[%d](no,name,sex,birth,salary) : \n " , i);
        scanf("%ld%s\n" , &workers[i].no , workers[i].name );
        scanf("%c%d%d%d%lf",&workers[i].sex,&workers[i].birth.year,
            &workers[i].birth.month,&workers[i].birth.day,&salary );
        workers[i].salary=salary;
    }
    printf("no\tname\tsex\tbirth\tsalary\n");
    for (i=0;i<n;i++)
        printf("%ld\t%s\t%c\t%d-%d-%d\t%lf\n",workers[i].no,workers[i].name,
            workers[i].sex,workers[i].birth.year,workers[i].birth.month,
            workers[i].birth.day,workers[i].salary);
    return 0;
}
```

2. 编写程序：在选举中进行投票，包含候选人姓名、得票数，假设有多位候选人，用结构体数组统计各候选人的得票数。本题假设有 4 位候选人，有 10 个人参加投票。

代码如下：

```c
#include<stdio.h>
#include<string.h>
struct person {
    char name[10];
    int count;
}candidate[4]={"Zhang",0,"Wang",0,"Ye",0,"Wu",0};
int main()
{
    int i,j;
    char abc[10];
    for ( i=1;i<=10;i++)
    {
        printf("请输入候选人姓名：");
        scanf("%s",abc);
        for (j=0;j<4;j++)
            if (strcmp(candidate[j].name,abc)==0)
                candidate[j].count++;
```

```
        }
    printf("\n");
    for (i=0;i<4;i++)
        printf("%5s: %d\n",candidate[i].name,candidate[i].count);
    return 0;
}
```

9.2 补 充 习 题

一、选择题

1. 设有以下说明语句：

```
typedef struct {
    int n;
    char ch[8];
}PER;
```

则下面叙述中正确的是(　　)。

  A. PER 是结构体变量名

  B. PER 是结构体类型名

  C. typedef struct 是结构体类型名

  D. struct 是结构体类型名

2. 设有以下说明语句：

```
struct stu {
    int a;
    float b;
}stutype;
```

则下面的叙述不正确的是(　　)。

  A. struct 是结构体类型的关键字

  B. struct stu 是用户定义的结构体类型

  C. stutype 是用户定义的结构体类型名

  D. a 和 b 都是结构体成员名

3. 以下程序的运行结果是(　　)。

```
#include<stdio.h>
int main()
{
    struct date {
        int year,month,day;
    }today;
    printf("%d\n",sizeof(struct date));
    return 0;
```

```
}
```

    A. 6   B. 8   C. 10   D. 12

4. 设有以下定义：

```
struct link {
    int data;
    struct link * next;
}a,b,c, * p, * q;
```

且变量 a 和 b 之间已有如图 9-1 所示的链表结构：指针 p 指向变量 a，q 指向变量 c。则能够把 c 插入 a 和 b 之间并形成新的链表的语句组是(　　　)。

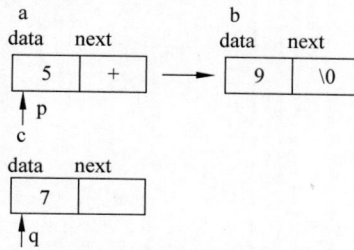

图 9-1　第 4 题的链表结构

A.

    a.next＝c；

    c.next＝b；

C.

    p－>next＝&c；

    q－>next＝p－>next；

B.

    p.next＝q；

    q.next＝p.next；

D.

    (＊p).next＝q；

    (＊q).next＝&b；

5. 设有如下定义：

```
struck sk {
    int a;
    float b;
}data;
int * p;
```

若要使 p 指向 data 中的 a 域，正确的赋值语句是(　　　)。

    A. p＝&a；   B. p＝data.a；   C. p＝&data.a；   D. ＊p＝data.a；

6. 以下对结构体类型变量的定义中，不正确的是(　　　)。

A.

```
typedef struct aa {
    int n;
    float m;
}AA；
AA tdl；
```

B.

```
＃define AA struct aa
AA{
    int n;
    float m;
} tdl；
```

C.
```
struct {
    int n;
    float m;
} aa;
struct aa td1;
```

D.
```
struct {
    int n;
    float m;
} td1;
```

7. 若有下面的说明和定义：

```
struct test {
    int m1; char m2; float m3;
    union uu {
        char u1[5]; int u2[2];
    }ua;
}myaa;
```

则 sizeof(struct test)的值是(　　　)。

    A. 20   B. 16   C. 14   D. 9

8. 以下程序的输出是(　　　)。

```
struct st {
    int x;int * y;
} * p;
int dt[4]={10,20,30,40};
struct st aa[4]={50,&dt[0],60,&dt[0],60,&dt[0],60,&dt[0]};
int main()
{
    p=aa;
    printf("%d\n",++(p->x));
    return 0;
}
```

    A. 10   B. 11   C. 51   D. 60

9. 下列各数据类型不属于构造类型的是(　　　)。

    A. 枚举型   B. 共用型   C. 结构型   D. 数组型

10. 有以下程序：

```
#include<stdio.h>
union pw {
    int i;
    char ch[2];
}a;
int main()
{
    a.ch[0]=13;
    a.ch[1]=0;
```

```
    printf("%d\n",a.i);
    return 0;
}
```

程序的输出结果是（　　）。

    A. 13　　　　　　　　B. 14　　　　　　　　C. 208　　　　　　　D. 209

11. 在 16 位 IBM-PC 上使用 C 语言，若有如下定义：

```
struct data {
    int i;
    char ch;
    double f;
}b;
```

则结构变量 b 占用内存的字节数是（　　）。

    A. 1　　　　　　　　B. 2　　　　　　　　C. 7　　　　　　　　D. 11

12. 设有以下说明语句：

```
struct ex {
    int x; float y; char z;
}example;
```

则下面的叙述中不正确的是（　　）。

    A. struct 结构体类型的关键字　　　　B. example 是结构体类型名

    C. x、y、z 都是结构体成员名　　　　　D. struct ex 是结构体类型名

13. 当说明一个结构体变量时系统分配给它的内存是（　　）。

    A. 各成员所需内存量的总和　　　　　B. 结构中第一个成员所需内存量

    C. 成员中占内存量最大者所需的容量　　D. 结构中最后一个成员所需内存量

14. 若有以下结构体，

```
struct Test {
    int x;
    int y;
}v1;
```

则正确的定义或引用的是（　　）。

    A.　　　　　　　　　　　　　　　　B.

       Test.x＝10；　　　　　　　　　　　Test v2；

       　　　　　　　　　　　　　　　　　v2.x＝10；

    C.　　　　　　　　　　　　　　　　D.

       struct v2；　　　　　　　　　　　　struct Test v2＝{10}；

       v2.x＝10；

15. 已知学生记录描述如下：

```
struct student {
    int no;
    char name[20],sex;
```

```
    struct {
        int year,month,day;
    }birth;
};
struct student s;
```

设变量 s 中的"生日"是"1984 年 11 月 12 日",对"birth"正确赋值的程序段是(　　)。

A.
```
    year＝1984;
    month＝11;
    day＝12;
```

B.
```
    s.year＝1984;
    s.month＝11;
    s.day＝12;
```

C.
```
    birth.year＝1984;
    birth.month＝11;
    birth.day＝12;
```

D.
```
    s.birth.year＝1984;
    s.birth.month＝11;
    s.birth. day＝12;
```

16. 有如下定义:
```
struct person{char name[9];int age;};
struct person class[10]={ "John", 17,"paul", 19 , "Mary", 18,"Adam",16,};
```

根据上述定义,能输出字母 M 的语句是(　　)。
    A. printf("％c\n",class[3].name);
    B. printf("％c\n",class[3].name[1]);
    C. printf("％c\n",class[2].name[1]);
    D. printf("％c\n",class[2].name[0]);

17. 下列程序的输出结果是(　　)。
```
struct abc {
    int a,b,c,s;
};
int main()
{
    struct abc s[2]={{1,2,3},{4,5,6}}; int t;
    t=s[0].a+s[1].b;
    printf("%d\n",t);
    return 0;
}
```

    A. 5　　　　　　　　B. 6　　　　　　　　C. 7　　　　　　　　D. 8

18. 有以下结构体说明和变量的定义,且指针 p 指向变量 a,指针 q 指向变量 b。则不能把结点 b 连接到结点 a 之后的语句是(　　)。
```
struct node {
    char data;
    struct node * next;
```

```
}a,b, * p=&a, * q=&b;
```

    A. a.next＝q;   B. p.next＝&b;

    C. p－＞next＝&b;   D. (* p).next＝q;

19. 下面程序的输出结果是(　　)。

```
struct st {
    int x;
    int * y;
} * p;
int dt[4]={10,20,30,40};
struct st aa[4]={50,&dt[0],60,&dt[1],70,&dt[2],80,&dt[3]};
int main()
{
    p=aa;
    printf("%d\n",++p->x);
    printf("%d\n",(++p) ->x);
    printf("%d\n",++( * p->y));
    return 0;
}
```

A.	B.	C.	D.
10	50	51	60
20	60	60	70
20	21	21	31

20. 以下程序的输出结果是(　　)。

```
union myun {
    struct {
        int x, y, z;
    }u;
    int k;
}a;
int main()
{
    a.u.x=4;
    a.u.y=5;
    a.u.z=6;
    a.k=0;
    printf("%d\n",a.u.x);
    return 0;
}
```

    A. 4   B. 5   C. 6   D. 0

21. 有以下程序：

```
struct STU {
```

```
        char num[10];
        float score[3];
};
int main()
{
        struct STU s[3]={
            {"20021",90,95,85},
            {"20022",95,80,75},
            {"20023",100,95,90}
        },* p=s;
        int i;
        float sum=0;
        for (i=0;i<3;i++)
            sum=sum+p->score[i];
        printf("%6.2f\n",sum);
        return 0;
}
```

程序运行后的输出结果是( )。

    A. 260.00   B. 270.00   C. 280.00   D. 285.00

22. C 语言结构体类型变量在程序执行期间( )。

    A. 所有成员一直驻留在内存中   B. 只有一个成员驻留在内存中

    C. 部分成员驻留在内存中   D. 没有成员驻留在内存中

23. 有以下程序：

```
#include<stdlib.h>
struct NODE {
    int num;
    struct NODE * next;
};
int main()
{
    struct NODE * p, * q, * r;
    p=(struct NODE *)malloc(sizeof(struct NODE));
    q=(struct NODE *)malloc(sizeof(struct NODE));
    r=(struct NODE *)malloc(sizeof(struct NODE));
    p->num=10; q->num=20; r->num=30;
    p->next=q;q->next=r;
    printf("%d\n ",p->num+q->next->num);
    return 0;
}
```

程序运行后的输出结果是( )。

    A. 10   B. 20   C. 30   D. 40

24. 已知如下定义,则 sizeof(a)的值是( )。

```
struct {
    int i;
    char c;
    double a;
}a;
```

    A. 8   B. 9   C. 10   D. 11

25. 已知函数的原形如下,其中结构体 a 为已经定义过的结构,且有下列变量定义:

```
struct a * f(int t1, int * t2, struct a t3, struct a * t4)
struct a p, * p1; int i;
```

则正确的函数调用语句为(　　　)。

    A. &p=f(10,&i,p,p1);   B. p1=f(i++,(int *)p1,p,&p);

    C. p=f(i+1,&(i+2), * p,p);   D. f(i+1,&i,p,p);

二、填空题

阅读下列程序,则程序的输出结果为＿＿＿＿＿＿＿＿。

```
#include<stdio.h>
struct ty {
    int data;
    char c;
};
fun(struct ty b)
{
    b.data=20;
    b.c='y';
}
int main()
{
    struct ty a={30,'x'};
    fun(a);
    printf("%d%c",a.data,a.c);
    return 0;
}
```

9.3　补充习题解答

一、选择题

1. B. 解析:本题中,typedef 声明新的类型名 PER 来代替已有的类型名,PER 代表上面指定的一个结构体类型,此时,也可以用 PER 来定义变量。

2. C. 解析:定义一个结构的一般形式为

```
struct 结构名 {
    成员列表
```

};

本题中,stutype 是在声明类型的同时定义的 struct stu 类型的变量,而不是用户定义的结构体类型名。我们需要注意以下几点:①类型与变量是不同的概念;②对结构体中的成员,可以单独使用,它的作用与地位相当于普通变量;③成员也可以是一个结构体变量;④成员名可以与程序中的变量名相同,二者不代表同一对象。

3. D. 解析:在解答本题时应该考虑两个问题:结构体变量的长度及 sizeof( ) 求字节数的运算符。结构体变量的长度是其内部成员总长度之和,本题中,struct date 中包含 year、month 和 day 这 3 个整型变量。一个整型变量所占的字节数为 2。

4. D. 解析:本题考查链表的数据结构,必须利用指针变量才能实现,即一个结点中应包含一个指针变量,用它存放下一结点的地址。

5. C. 解析:在做本题时,要特别注意不能将结构体变量作为一个整体进行输入输出,只能对结构体变量中的各个成员进行输入输出。引用结构体变量中成员中的方式为

```
结构体变量名.成员名;
指针变量名->成员名;
(*指针变量名).成员名
```

6. C. 解析:定义结构体类型的变量有如下几种方法。

① 定义结构体类型的同时,定义结构体类型的变量,如下面的定义中在定义结构体类型 aa 的同时定义了该类型的变量 tdl。上述 B 项中将宏名 AA 用宏体 struct aa 替换进去后,与该定义形式一样,因此是正确的。这一定义形式中,结构体类型名 aa 是可以省略的,因此,D 项也是正确的。

```
struct aa {
    ...
}tdl;
```

② 先定义结构体类型,然后再定义结构体类型的变量,形式如下:

```
struct aa {
    ...
};struct aa tdl;
```

这种定义形式也可演变为,先用类型定义语句 typedef 将该结构体类型定义成一个类型名 AA,然后直接用该类型名 AA 去定义一个变量(这时不再需要使用关键字 struct 了)。这就是 A 项的形式。

7. A. 解析:结构体变量所占内存长度是各成员占的内存长度之和,而共用体变量所占的内存长度等于最长的成员的长度。本题中,struct test 结构体类型共有 4 个成员,其中 int 型变量占用 2 字节,char 型变量占用 1 字节,float 型变量占用空间 4 字节,共用体变量占用 5 字节,共用 2+1+4+5 字节。

8. C. 解析:本题中,数组名保存了数组的首地址,也就是数组中第一个元素的地址,执行

```
p=aa;
```

后,p 指向 aa[0],p—>x 相当于 aa[0].x,也就是 50,经过自增运算后,显示结果为 51。

9. D. 解析:本题考查高级语言的数据类型。不属于构造类型的是数组,C 语言中的构造类型有结构体、共用体和枚举类型。

10. A. 解析:本题中,首先定义了一个共用体 pw,其中有两个域:整型变量 i 和字符数组 ch,因为共用体中的域是共享内存空间的,又数组的元素从低到高存储:ch[0]在低字节,ch[1]在高字节。整型变量 i 占 2 字节,高位与 ch[1]共用存储空间,低位与 ch[0]共用存储空间。而高位 ch[1]的值为 0,所以输出的成员变量 i 的值就是 ch[0]的值 13。

11. D. 解析:结构体变量所占用内存的字节数是其所有成员所占用内存字节数之和。本题中整型变量 i 所占用的内存是 2 字节,字符型变量 ch 所占用的内存是 1 字节,双精度型变量 f 所占用的内存是 8 字节,三者相加即可。

12. D. 解析:本题中,struct ex 是结构体类型名,example 是结构体变量名。

13. A. 解析:结构体变量所占内存长度是各成员占的内存长度之和。每个成员分别占有其自己的内存单元,而共用体变量所占的内存长度等于最长的成员的长度。

14. D. 解析:此题考查基本的结构体定义和引用方法。选项 A 的错误是通过结构体名引用结构体成员,选项 B 的错误是将结构体名作为类型名使用,选项 C 的错误则将关键字 struct 作为类型名使用。选项 D 是定义变量 v2 并对其初始化的语句,初始值只有前一部分,这是允许的。

15. D. 解析:本题考查结构体变量的基本概念。一般情况下,不能将一个结构体变量作为整体来引用,只能引用其中的成员(分量)。

引用结构体成员的方式:

结构体变量名.成员名

其中,"."是"成员运算符"(分量运算符),如果成员本身又属一个结构体类型,则要若干个成员运算符,一级一级地找到最低一级的成员。只能对最低级的成员进行赋值或存取以及运算,所以本题选 D。

16. D. 解析:这是一个给结构体数组赋初值的问题。它的赋初值过程与上述二维数组赋初值很相似。只是这里的"{ }"中的初始值没有按行给出(即没有用"{ }"分开来),在这种情况下,初始值将按数组的各个元素在内存中的存放次序逐个逐个地赋给各元素。现在结构体数组的各个元素在内存中的存放次序是这样的:class[0].name,class[0].age,class[1].name,class[1].age…,由此可以知道,包含字母'M'的字符串"Mary"赋值给了元素 class[2].name,则与字符'M'先相对应的表达式是 class[2].name[0]。

17. B. 解析:表示结构变量成员的一般形式是:结构体变量名.成员名 例如:boy1.num 即可表示为第一个人的学号;boy2.sex 可表示为第二个人的性别,如果成员本身又是一个结构,则必须逐级找到最低级成员才能使用。例如:boy1.birthday.month 即第一个人出生的月份成员可以在程序中单独使用,与普通变量完全相同。

分量运算符"."在所有的运算符中优先级别最高,因此可以把它当作一个整体来看待。结合数组定义,本题不难选择。

18. B. 解析:本题考查结构体指针变量的赋值方法。要把结点 b 连接到结点 a 之后,必须把 b 的地址给 a 的 next 指针,选项 A 中,指针变量 q 保存的就是变量 b 的地址,选项 B 中的 p 是指针变量,应该是 p—>next＝&b;在选项 D 中,用 * 运算符取出结构体变量,并且保存的就是 b 的地址。

19. C. 解析:该题中首先定义了一个结构体指针变量 p,然后说明了结构体变量数组 aa,并赋初值,令每个结构体变量的指针域分别指向另一个整型数组 dt 的对应元素。要求的是指针变量指向的值的输出。要注意的是指向结构体成员运算符—>的优先级要大于自加和自减运算符,并和括号的优先级相同。运算时,指针 p 初始指向第 1 个元素,所以＋＋p—>x 先计算 p—>x 的值是 50,增 1 后是 51。(＋＋p)—>x 先将指针指向第 2 个元素,然后取 x 的值为 60。＋＋(* p—>y)先计算 p—>y,这是个指针,指向数组 dt 的第 2 个元素,然后将其值增 1,结果为 21。

20. D. 解析:本题考查共用体变量起作用的范围。共用体变量中起作用的成员是最后一次存放的成员,在存入一个新的成员后原有的成员就失去作用,在本题中,当对 a.u.y 成员赋值时,a.u.x 的值就不存在了,当对 a.u.z 赋值时,a.u.y 的值就不存在了。

21. B. 解析:C 语言规定数组名代表数组的首地址,也就是第 0 号元素的地址,在本题中 s 就是 s[0]的地址,指针变量 p 指向 s,也就是指向 s[0],所以在 for 循环累加的是 s[0]的 score 成员值。

22. A. 解析:结构体变量所占内存长度是各成员的内存长度之和,每个成员分别占有其自己的内存单元并且一直驻留在内存,直到程序退出。

23. D. 解析:该题中考查的是简单的单链表,图 9-2 所示为赋完值后的状态:容易看到 p—>num＝10,而 q—>next 就是 r,所以 q—>next—>num＝30,故答案为 40。

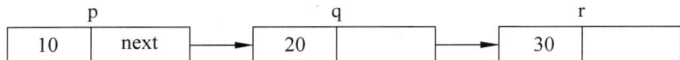

图 9-2　简单的单链表

24. D. 解析:本题的命题目的是考查对于结构体在内存中的存储情况的掌握情况。解题时,结构体在内存中是连续存放的,一个结构体类型的变量所占用的空间是其所有成员所占空间的总和。本题的考点是 double 类型所占的空间为 8 字节。

25. B. 解析:本题的命题目的是考查对于函数之间结构体变量的数据传递的掌握情况。解题时,本题目中函数 f()的返回值为结构类型的指针,函数的 4 个形参分别为:t1 为整型,t2 为整型的指针,t3 为 struct a 类型,t4 为 struct a 类型的指针。在进行函数调用的时候,函数的实参必须要与形参说明相对应,函数的返回值也要赋给相应类型的变量。选项 A 函数的返回值不能赋给一个常量;选项 C&(i＋2)没有什么意义;选项 D 返回值没有传递给任何变量,向函数传递的应该是 struct a 类型的指针,可是传的却是变量。本题的考点是类型的强制转换。

二、填空题

30x　解析:本题的命题目的是考查对于结构体的掌握情况。解题时,本题的参数传递属于值传递,所以函数内不能改变调用函数中的数据。

第10章 文　　件

10.1　主教材习题 10 及解答

1. 找出一个文件 file.txt 中数字字符的个数（文件自己给定）。

代码如下：

```
#include<stdio.h>
#include<stdlib.h>
int main()
{
    FILE * fp;
    int i=0,j=0,num=0;
    char ch;
    char str[128]={0};
    if ((fp=fopen("file.txt","r"))==NULL)
    {
        printf("cannot open the file\n");
        exit(0);
    }
    printf("open the file success!\n");
    for (i=0;(ch=fgetc(fp))!=EOF;i++)
        str[i]=ch;
    for (j=0;j<i;j++)
        if ((str[j]>='0')&&(str[j]<='9'))
            num++;
    fclose(fp);
    printf("the number is: %d",num);
    return 0;
}
```

2. 求一个任意给定文件的行数。

代码如下：

```
#include<stdio.h>
#include<stdlib.h>
int main()
{
    FILE * fp;
    int i=0,j=0,num=0;
    int k=0;
    char ch;
    char str[128]={0};
    if ((fp=fopen("file.txt","r"))==NULL)
```

```
    {
        printf("cannot open the file\n");
        exit(0);
    }
    printf("open the file success!\n");
    for (i=0;(ch=fgetc(fp))!=EOF;i++)
        str[i]=ch;
    for (j=0;j<i;j++)
    {
        if (str[j]=='\n')
        {
            k=j;
            num++;
        }
    }
    if (str[k+1]!=0)
        num++;
    fclose(fp);
    printf("the number is: %d",num);
    return 0;
}
```

3. 两个文件 f1.txt、f2.txt 中分别存着任意一个数字字符串,试打印出两个数字字符串和两数之和。

代码如下:

```
#include<stdio.h>
#include<stdlib.h>
int main()
{
    FILE * fp1, * fp2;
    int n1=0,n2=0;
    int sum=0;
    char buf1[128]={0};
    char buf2[128]={0};
    if ((fp1=fopen("f1.txt","r"))==NULL)
    {
        printf("cannot open the file1\n");
        exit(0);
    }
    printf("open the file1 success!\n");
    if ((fp2=fopen("f2.txt","r"))==NULL)
    {
        printf("cannot open the file2\n");
        exit(0);
    }
```

```
    printf("open the file2 success!\n");
    printf("\n");
    fread(buf1,1,sizeof(buf1),fp1);
    fread(buf2,1,sizeof(buf2),fp2);
    printf("the first file is: %s\n", buf1);
    printf("the first file is: %s\n", buf2);
    printf("\n");
    fclose(fp1);
    fclose(fp2);
    n1=atoi(buf1);
    n2=atoi(buf2);
    sum=n1+n2;
    printf("the sum is: %d\n", sum);
    return 0;
}
```

4. 打开文件 file1.txt,读取其中的字符并计其个数,打印读取的字符以及字符个数。
代码如下:

```
#include<stdio.h>
#include<stdlib.h>
#include<string.h>
int main()
{
    FILE * fp;
    int i=0,j=0;
    int len;
    char buf[128]={0};
    if ((fp=fopen("file.txt","r"))==NULL)
    {
        printf("cannot open the file1\n");
        exit(0);
    }
    fread(buf,1,sizeof(buf),fp);
    len=strlen(buf);
    fclose(fp);
    printf("the file is:\n%s\n", buf);
    printf("\n");
    printf("the sum of char is: %d\n", len);
    return 0;
}
```

5. 打开文件 file.txt,读取从第一行的第 4 个字符开始后的所有字符并计其个数,打印读取的字符以及字符个数(注意,file.txt 中字符至少有两行,每行不得少于 4 个字符)。
代码如下:

```
#include<stdio.h>
```

```
#include<stdlib.h>
#include<string.h>
int main()
{
    FILE * fp;
    int i=0,j=0;
    int len;
    char buf[128]={0};
    if ((fp=fopen("file.txt","r"))==NULL)
    {
        printf("cannot open the file1\n");
        exit(0);
    }
    fseek(fp,4,SEEK_SET);
    fread(buf,1,sizeof(buf),fp);
    len=strlen(buf);
    fclose(fp);
    printf("the file is:\n%s\n", buf);
    printf("\n");
    printf("the sum of char is: %d\n", len);
    return 0;
}
```

6. 将从磁盘文件 f1.txt 中读取的字符输入磁盘文件 f2.txt 后,打印 f2.txt(注意,f1.txt 的位置和字符均由自己定)。

代码如下:

```
#include<stdio.h>
#include<stdlib.h>
#include<string.h>
int main()
{
    FILE * fp1;
    FILE * fp2;
    char buf1[32]={0};
    char buf2[128]={0};
    if ((fp1=fopen("f1.txt","r+"))==NULL)
    {
        printf("cannot open the file1\n");
        exit(0);
    }
    printf("open file1 success!\n");
    fread(buf1,1,sizeof(buf1),fp1);
    if ((fp2=fopen("f2.txt","r+"))==NULL)
    {
        printf("cannot open the file2\n");
```

```
            exit(0);
        }
        fwrite(buf1,1,strlen(buf1),fp2);
        rewind(fp2);
        fread(buf2,1,sizeof(buf2),fp2);
        printf("the file2 is: %s\n", buf2);
        fclose(fp1);
        fclose(fp2);
        return 0;
}
```

7. 将磁盘文件 f1.txt 和 f2.txt 中的字符按先后顺序输入到磁盘文件 f3.txt 中（注意，f1.txt、f2.txt 的位置和字符均由自己定）。

代码如下：

```
#include<stdio.h>
#include<stdlib.h>
#include<string.h>
int main()
{
    FILE * fp1;
    FILE * fp2;
    FILE * fp3;
    char buf1[128]={0};
    char buf2[128]={0};
    char * p, * q;
    char t;
    int len1=0,i=0,j=0,len2=0,len=0;
    p=buf1;
    q=buf2;
    if ((fp1=fopen("f1.txt","r+"))==NULL)
    {
        printf("cannot open the file1\n");
        exit(0);
    }
    fread(buf1,1,sizeof(buf1),fp1);
    printf("the file1 is: %s\n", buf1);
    if ((fp2=fopen("f2.txt","r+"))==NULL)
    {
        printf("cannot open the file2\n");
        exit(0);
    }
    fread(buf2,1,sizeof(buf2),fp2);
    printf("the file2 is: %s\n", buf2);
    len1=strlen(buf1);
    len2=strlen(buf2);
    p=buf1+len1;
```

```
    for (i=0;i<len2;i++)
    {
        * p= * q;
        p++;
        q++;
    }
    printf("the buf1 is: %s\n", buf1);
    for (j=0;j<len-1;j++)
    {
        for (i=0;i<len-j-1;i++)
        {
            if (buf1[i]>buf1[i+1])
            {
                t=buf1[i];
                buf1[i]=buf1[i+1];
                buf1[i+1]=t;
            }
        }
    }
    printf("the buf is: %s\n",buf1);
    if ((fp3=fopen("f3.txt","r+"))==NULL)
    {
        printf("cannot open the file3\n");
        exit(0);
    }
    fwrite(buf1,1,strlen(buf1),fp3);
    rewind(fp3);
    memset(buf2,0,128);
    fread(buf2,1,sizeof(buf2),fp3);
    printf("the buf2 is: %s\n",buf2);
    fclose(fp1);
    fclose(fp2);
    fclose(fp3);
    return 0;
}
```

8. 给定一个含有 n 个字符的文件 f1.txt,在这 n 个字符的第 1 行第 4 个字符处插入一个给定的字符串并打印修改后文件中的字符串。例如,源文件里面的内容是"12345",插入"abc"后,结果为"123abc45"。

代码如下:

```
#include<stdio.h>
#include<stdlib.h>
#include<string.h>
int main()
{
    FILE * fp;
```

```
        char buf1[128]={0};
        char buf2[128]={0};
        char buf3[128]={0};
        char * p, * q, * r;
        int len1,len2;
        if ((fp=fopen("f1.txt","r+"))==NULL)
        {
            printf("cannot open the file1\n");
            exit(0);
        }
        fread(buf1,1,sizeof(buf1),fp);
        printf("the file1 is: %s\n", buf1);
        printf("\n");
        printf("please input the string!\n");
        scanf("%s",buf2);
        printf("the buf2 is: %s\n", buf2);
        rewind(fp);
        p=buf1;
        q=buf2;
        strcpy(buf3,buf1);
        r=buf3;
        len1=strlen(buf1);
        len2=strlen(buf2);
        for (p=buf1+4;p<buf1+4+len2;p++)
        {
            * p= * q;
            q++;
        }
        for (;p<buf1+len2+len1;p++)
        {
            * p= * (r+4);
            r++;
        }
        printf("the buf1 is: %s\n", buf1);
        fwrite(buf1,1,strlen(buf1),fp);
        rewind(fp);
        memset(buf3,0,128);
        fread(buf3,1,sizeof(buf3),fp);
        printf("the buf3 is: %s\n", buf3);
        fclose(fp);
        return 0;
    }
```

9. 给定一个含有 n 个字符的文件 f1.txt,将这 n 个字符按照数字、大写字母、小写字母、其他字符的顺序进行排序,并打印出来。例如,源文件里面的内容是"1a23b45C-",结果为

"12345Cab-"（注意，f1.txt 的位置和字符均由自己定）。

代码如下：

```
#include<stdio.h>
#include<stdlib.h>
#include<string.h>
int main()
{
    FILE * fp;
    char buf1[128]={0};
    char buf2[128]={0};
    char * p, * q;
    int len;
    int i;
    if ((fp=fopen("f1.txt","r+"))==NULL)
    {
        printf("cannot open the file1\n");
        exit(0);
    }
    fread(buf1,1,sizeof(buf1),fp);
    printf("the file1 is: %s\n", buf1);
    printf("\n");
    len=strlen(buf1);
    rewind(fp);
    p=buf2;
    q=buf1;
    for (;q<buf1+len;q++)
    {
        if (( * q>='0')&&( * q<='9'))
        {
            * p= * q;
            p++;
        }
    }
    q=buf1;
    for (i=0;i<len;i++)
    {
        if (( * q>='A')&&( * q<='Z'))
        {
            * p= * q;
            p++;
        }
        q++;
    }
    for (i=0;i<len;i++)
```

```
    {
        if ((* q>='a')&&(* q<='z'))
        {
            * p= * q;
            p++;
        }
        q++;
    }
    q=buf1;
    for (i=0;i<len;i++)
    {
        if ((!((* q>='a')&&(* q<='z')))&&(!((* q>='A')&&(* q<='Z')))
            &&(!((* q>='0')&&(* q<='9'))))
        {
            * p=buf1[i];
            p++;
        }
    }
    printf("the buf2 is: %s\n", buf2);
    fclose(fp);
    return 0;
}
```

10. 将磁盘文件 f1.txt 和 f2.txt 中的字符读出,按照数字、大写字母、小写字母,其他字符的顺序输入到磁盘文件 f3.txt 中,并打印出来。

略。

10.2 补 充 习 题

1. 标准库函数 fgets(s,n,f) 的功能是( )。
   A. 从文件 f 中读取长度为 n 的字符串存入指针 s 所指的内存
   B. 从文件 f 中读取长度不超过 n−1 的字符串存入指针 s 所指的内存
   C. 从文件 f 中读取 n 个字符串存入指针 s 所指的内存
   D. 从文件 f 中读取长度为 n−1 的字符串存入指针 s 所指的内存
2. 在 C 语言中,对文件的存取以( )为单位。
   A. 记录   B. 字节   C. 元素   D. 簇
3. 下面的变量表示文件指针变量的是( )。
   A. FILE * fp   B. FILE fp   C. FILER * fp   D. file * fp
4. 在 C 语言中,下面对文件的叙述正确的是( )。
   A. 用"r"方式打开的文件只能向文件写数据
   B. 用"R"方式也可以打开文件
   C. 用"w"方式打开的文件只能用于向文件写数据,且该文件可以不存在

D. 用"a"方式可以打开不存在的文件

5. 在 C 语言中,当文件指针变量 fp 已指向"文件结束",则函数 feof(fp)的值是(　　)。

A. .t.　　　　　　　　　B. .F.　　　　　　　C. 0　　　　　　　　　D. 1

6. 在 C 语言中,系统自动定义了 3 个文件指针 stdin、stdout、stderr 分别指向终端输入、终端输出和标准出错输出,则函数 fputc(ch,stdout)的功能是(　　)。

A. 从键盘输入一个字符给字符变量 ch

B. 在屏幕上输出字符变量 ch 的值

C. 将字符变量的值写入文件 stdout 中

D. 将字符变量 ch 的值赋给 stdout

7. 下面程序段的功能是(　　)。

```
#include<stdio.h>
int main()
{
    char s1;
    s1=putc(getc(stdin),stdout);
    return 0;
}
```

A. 从键盘输入一个字符给字符变量 s1

B. 从键盘输入一个字符,然后再输出到屏幕

C. 从键盘输入一个字符,然后在输出到屏幕的同时赋给变量 s1

D. 在屏幕上输出 stdout 的值

8. 在 C 语言中,常用如下方法打开一个文件:

```
if ((fp=fopen("file1.c","r"))==NULL)
{
    printf("cannot open this file \n");
    exit(0);
}
```

其中函数 exit(0)的作用是(　　)。

A. 退出 C 环境

B. 退出所在的复合语句

C. 当文件不能正常打开时,关闭所有的文件,并终止正在调用的过程

D. 当文件正常打开时,终止正在调用的过程

9. 执行如下程序段:

```
#include<stdio.h>
FILE * fp;
fp=fopen("file","w");
```

则磁盘上生成的文件的全名是(　　)。

A. file　　　　　　　　B. file.c　　　　　　　C. file.dat　　　　　D. file.txt

10. 在内存与磁盘频繁交换数据的情况下,对磁盘文件的读写最好使用的函数是

（　　　）。

    A. fscanf,fprintf   B. fread,fwrite   C. getc,putc   D. putchar,getchar

11. 在 C 语言中若按照数据的格式划分，文件可分为（　　　）。

    A. 程序文件和数据文件   B. 磁盘文件和设备文件

    C. 二进制文件和文本文件   D. 顺序文件和随机文件

12. 若 fp 是指向某文件的指针，且已读到该文件的末尾，则 C 语言函数 feof(fp) 的返回值是（　　　）。

    A. EOF   B. −1   C. 非零值   D. NULL

13. 在 C 语言中，缓冲文件系统是指（　　　）。

    A. 缓冲区是由用户自己申请的   B. 缓冲区是由系统自动建立的

    D. 缓冲区是根据文件的大小决定的   D. 缓冲区是根据内存的大小决定的

14. 在 C 语言中，文件型指针是（　　　）。

    A. 一种字符型的指针变量   B. 一种结构型的指针变量

    C. 一种共用型的指针变量   D. 一种枚举型的指针变量

15. 在 C 语言中，标准输出设备是指（　　　）。

    A. 键盘   B. 鼠标   C. 硬盘   D. 显示器

16. 在 C 语言中，标准输出设备和标准错误输出设备是指显示器，它们对应的指针名分别为（　　　）。

    A. stdin 和 stdio   B. STDOUT 和 STDERR

    C. stdout 和 stderr   D. stderr 和 stdout

17. 在 C 语言中，所有的磁盘文件在操作前都必须打开，打开文件函数的调用格式为：

fopen(文件名，文件操作方式);

其中文件名是要打开的文件的全名，它可以是（　　　）。

    A. 字符变量名、字符串常量、字符数组名

    B. 字符常量、字符串变量、指向字符串的指针变量

    C. 字符串常量、存放字符串的字符数组名、指向字符串的指针变量

    D. 字符数组名、文件的主名、字符串变量名

18. 在 C 语言中，打开文件的程序段中正确的是（　　　）。

    A.   B.

```
#include<stdio.h>
FILE * fp;
fp=fopen("file1.c","WB");
```

```
#include<stdio.h>
FILE fp;
fp=fopen("file1.c","w");
```

    C.   D.

```
#include<stdio.h>
FILE * fp;
fp=fopen("file1.c","w");
```

```
#include<string.h>
FILE * fp;
fp=fopen("file1.c","w");
```

19. 在 C 语言中，打开文件时，选用的文件操作方式为 wb，则下列说法中错误的是（　　　）。

    A. 要打开的文件必须存在   B. 要打开的文件可以不存在

C. 打开文件后可以读取数据   D. 要打开的文件是二进制文件

20. 在 C 语言中,如果要打开 C 盘一级目录 ccw 下,名为 ccw.dat 的二进制文件用于读和追加写,则调用打开文件函数的格式为(   )。

    A. fopen("c:\ccw\ccw.dat","ab")   B. fopen("c:\ccw.dat","ab+")

    C. fopen("c:ccw\ccw.dat","ab+")   D. fopen("c:\ccw\ccw.dat","ab+")

21. 在 C 语言中,假设文件型指针 fp 已经指向可写的磁盘文件,并且正确执行了函数调用 fputc('A',fp),则该次调用后函数返回的值是(   )。

    A. 字符'A'或整数 65   B. 符号常量 EOF

    C. 整数 1   D. 整数 −1

22. 以下函数,一般情况下,功能相同的是(   )。

    A. fputc 和 putchar   B. fwrite 和 fputc

    C. fread 和 fgetc   D. putc 和 fputc

23. 设文件 file1.c 已存在,且有如下列程序段:

```
#include<stdio.h>
FILE * fp1;
fp1=fopen("file1.c","r");
while (!feof(fp1))
    putchar(getc(fp1));
```

该程序段的功能是(   )。

    A. 将文件 file1.c 的内容输出到屏幕

    B. 将文件 file1.c 的内容输出到文件

    C. 将文件 file1.c 的第一个字符输出到屏幕

    D. 什么也不干

24. 设文件 stu1.dat 已存在,且有如下列程序段:

```
#include<stdio.h>
FILE * fp1, * fp2;
fp1=fopen("stud1.dat","r");
fp2=fopen("stud2.dat","w");
while (feof(fp1))
    putc(getc(fp1),fp2);
```

该程序段的功能是(   )。

    A. 将文件 stud1.dat 的内容复制到文件 stud2.dat 中

    B. 将文件 stud2.dat 的内容复制到文件 stud1.dat 中

    C. 屏幕输出 stud1.dat 的内容

    D. 什么也不干

25. 下面程序段定义了 putint() 函数,该函数的功能是(   )。

```
putint(int n,FILE * fp)
{
    char * s;
```

```
    int num;
    s=&n;
    for (num=0;num<2;num++)
        putc(s[num],fp);
}
```

A. 屏幕输出一整数   B. 屏幕输出一字符

C. 向文件写入一实数   D. 向文件写入一整数

26. 如果要将存放在双精度型数组 a[10]中的 10 个双精度型实数写入文件型指针 fp1 指向的文件中,正确的语句是( )。

    A. for (i=0;i<80;i++) fputc(a[i],fp1);

    B. for (i=0;i<10;i++) fputc(&a[i],fp1);

    C. for (i=0;i<10;i++) fwrite(&a[i],8,1,fp1);

    D. fwrite(fp1,8,10,a);

27. 如果将文件型指针 fp 指向的文件内部指针置于文件尾,正确的语句是( )。

    A. feof(fp);   B. rewind(fp);

    C. fseek(fp,0L,0);   D. fseek(fp,0L,2);

28. 如果文件型指针 fp 指向的文件刚刚执行了一次读操作,则关于表达式"ferror(fp)"的正确说法是( )。

    A. 如果读操作发生错误,则返回 1   B. 如果读操作发生错误,则返回 0

    C. 如果读操作未发生错误,则返回 1   D. 如果读操作未发生错误,则返回 0

29. 下列程序的主要功能是( )。

```
#include<stdio.h>
int main()
{
    FILE * fp;
    long count=0;
    fp=fopen("q1.c","r");
    while (!feof(fp))
    {
        fgetc(fp);
        count++;
    }
    printf("count=%ld\n",count);
    fclose(fp);
    return 0;
}
```

A. 读文件中的字符   B. 统计文件中的字符数并输出

C. 打开文件   D. 关闭文件

30. 下列程序的主要功能是( )。

```
#include<stdio.h>
```

```
int main()
{
    FILE * fp;
    char ch;
    long count1=0,count2=0;
    fp=fopen("q1.c","r");
    while (!feof(fp))
    {
        ch=fgetc(fp);
        if (ch=='{')
            count++;
        if (ch==')')
            count2++;
    }
    if (count1==count2)
        printf("YES!\n");else printf("ERROR!\n");
    fclose(fp);
    return 0;
}
```

A. 读文件中的字符'{'和'}'   B. 统计文件中字符'{'和'}'的个数

C. 输出"YES!"和"ERROE!"   D. 检查 C 语言源程序中的花括号是否配对

31. 假定名为"data1.dat"的二进制文件中依次存放了下列 4 个单精度实数：

-12.1　　12.2　　-12.3　　12.4

则下面程序运行后的结果是(　　　)。

```
#include<stdio.h>
int main()
{
    FILE * fp;
    float sum=0.0,x;
    int i;
    fp=fopen("data1.dat","rb");
    for (i=0;i<4;i++,i++)
        fread(&x,4,1,fp);sum+=x;
    printf("%f\n",sum);fclose(fp);
    return 0;
}
```

A. 0.1　　　　　　　B. 0.0　　　　　　C. -12.3　　　　　D. 12.4

32. 下面程序的主要功能是(　　　)。

```
#include<stdio.h>
int main()
{
    FILE * fp;
```

```
        float x[4]={-12.1,12.2,-12.3,12.4};
        int i;
        fp=fopen("data1.dat","wb");
        for (i=0;i<4;i++)
        {
            fwrite(&x[i],4,1,fp);
            fclose(fp);
        }
        return 0;
    }
```

    A. 创建空文档 data1.dat

    B. 创建文本文件 data1.dat

    C. 将数组 x 中的 4 个实数写入文件 data1.dat 中

    D. 定义数组 x

33. 有如下程序段：

```
#include<stdio.h>
int main()
{
    FILE * fp;
    int i;
    char s[10];
    fp=fopen("name.txt","w")
    for (i=0;i<40;i++)
    {
        scanf("%s",s);
        fputc(s,fp);
        fputc("\n",fp);
    }
    fclose(fp);
    return 0;
}
```

下面说法正确的是（　　　）。

    A. 将 39 个人的名字写入文本文件 name.txt 中

    B. 将 40 个人的名字写入文本文件 name.txt 中

    C. 文件 name.txt 中只能写入 40 个字符

    D. 文件 name.txt 必须存在

34. 有如下程序段：

```
int file_err(fpp)
FILE * fpp;
{
    if (ferror(fpp))
        return(1);
```

```
        else
            return(0);
    }
```

则下列说法正确的是(   )。

    A. 函数的功能是测试 fpp 所指向的文件最后一次操作是否正确

    B. 函数的功能是返回 1

    C. 函数的功能是返回 0

    D. 函数的功能是测试 fpp 所指向的文件最近一次操作是否正确

35. fopen()函数的返回值不能是(   )。

    A. NULL   B. 0   C. 1   D. 某个内存地址

36. 以只写方式打开一个二进制文件,应选择的文件操作方式是(   )。

    A. "a+"   B. "w+"   C. "RB"   D. "wb"

37. 存储整型数据−7865 时,在二进制文件和文本文件中占用的字节数分别是(   )。

    A. 2 和 2   B. 2 和 5   C. 5 和 5   D. 5 和 2

38. 在 C 语言中,二进制文件中的数据存放格式和整数−12345 占用的字节数分别为(   )。

    A. ASCII 码方式、4 字节   B. ASCII 码方式、2 字节

    C. 二进制数方式、2 字节   D. 二进制数方式、4 字节

10.3   补充习题解答

1. B. 解析:根据 fgets(s,n,f)的定义可知,其功能就是从文件指针 f 所指向的文件中读取 n 个字符的字符串存入指针 s 所指向的存储空间。

2. B.

3. A.

4. C.

5. D.

6. B.

7. C. 解析:getc(stdin)是从标准输入也就是键盘输入一个字符,putc(getc(stdin),stdout)则就是将从键盘输入的字符输出到标准输出也就是屏幕,s1 = putc(getc(stdin),stdout)则是将输出到标准输出的字符赋值给 s1,因此答案选 C。

8. C.

9. A. 解析:fopen("file","w")中"file"指的是整个文件的名字,包括文件的后缀名以及路径,因此选 A。

10. B.

11. C.

12. C.

13. B.

14. B.

15. D.

16. C.

17. C.

18. C. 解析：在打开文件的程序中一定要使用标准的库函数 fopen()，因此要包含标准的库文件 stdio.h，文件操作是以文件指针为对象的，因此在定义的时候应该定义的文件指针 * fp，打开文件的方式不能是 WB，因此选 C。

19. A.

20. D. 解析：ab＋是以可读和追加写的方式打开文件，对于 C 盘中一级目录 ccw 下的 ccw.dat 文件打开路径字符串应该是"c:\ccw\ccw.dat"，因此选择 C。

21. A.

22. D.

23. A. 解析：while(!feof(fp1))的意思是判断文件指针所指的位置是否已经指到了文件末尾，若没有则执行其中的语句，若指到了文件末尾则退出循环，putchar(getc(fp1))则是将获取的 fp1 所指处的字符输出到标准输出屏幕上，将循环合起来的功能就是将文件的内容输出到屏幕，直到文件末尾。因此选择 A。

24. D. 解析：while(feof(fp1))是判断 fp1 是否指向文件末尾处，若 fp1 指向文件末尾，则执行循环内的内容；若 fp1 没有指向文件末尾，则退出循环。因此在本题中，打开文件后 fp1 并不是指向文件末尾的，所以循环退出，什么事都不做。故选 D。

25. D. 解析：在此自定义函数中，有一个整型的参数和一个文件指针类型的参数，在函数体中，将整型参数的地址赋值给了字符型指针 s，然后用 for 循环向文件中输入此字符指针所指的地址处的值，也就是将参数 n 的值写入 fp 所指的文件中。因此选 D。

26. C.

27. D.

28. D.

29. B. 解析：在函数段中，定义了一个文件指针和一个长整型的变量，然后用 while(!feof(fp))来判读 fp 是否指向了文件末尾，若指向文件末尾则退出循环，若没有则执行循环体，在循环体中，不断地输出 fp 所指处字符，并用整型变量进行计数，用以统计字符的个数，因此选择 B。

30. D.

31. A.

32. C.

33. B. 解析：程序段中定义了一个文件指针和一个字符型数组，用 for 循环 40 次，在循环体中每一轮循环都输入一个字符串到 s 数组中，如后将此字符串写入到 fp 所指文件中，并且输入一个回车键，因此选 B。

34. C.

35. D.

36. D.

37. B.

38. B.

第11章 位 操 作

11.1 主教材习题 11 及解答

1. 编写程序,实现由键盘任意输入一个整数,判断这个数的第 5 位是否为 1(最右边为第 0 位)。

代码如下:

```
#include<stdio.h>
#include<stdlib.h>
#include<string.h>
int main()
{
    int a=0,num;
    printf("please input the number!\n");
    scanf("%d",&a);
    num=a&0x20;
    if (num==0)
        printf("%d 的第 5 位为 0\n",a);
    else
        printf("%d 的第 5 位为 1\n",a);
    return 0;
}
```

2. 编写程序,实现由键盘任意输入一个整数,将其低 4 位翻转后打印出来。

代码如下:

```
# include<stdio.h>
# include<stdlib.h>
# include<string.h>
int main()
{
    int a=0,num;
    printf("please input the number!\n");
    scanf("%d",&a);
    num=a^0x0F;
    printf("num=%d\n",num);
    return 0;
}
```

3. 编写程序,实现由键盘任意输入一个整数,将其左移 3 位后,打印出结果。

代码如下:

```
#include<stdio.h>
#include<stdlib.h>
#include<string.h>
int main()
{
    int a=0;
    printf("please input the number!\n");
    scanf("%d",&a);
    a=a<<3;
    printf("a=%d\n",a);
    return 0;
}
```

4. 编写程序,实现由键盘任意输入一个整数,使其低 4 位全部变成 1,其他位不变。

代码如下:

```
# include<stdio.h>
# include<stdlib.h>
# include<string.h>
int main()
{
    int a=0,num;
    printf("please input the number!\n");
    scanf("%d",&a);
    num=a|0x0F;
    printf("num=%d\n",num);
    return 0;
}
```

5. 编写程序,实现由键盘任意输入一个整数,将其二进制的第 3 位到第 7 位取反,然后打印出这个数。

代码如下:

```
#include<stdio.h>
#include<stdlib.h>
#include<string.h>
int main()
{
    int a=0;
    printf("please input the number!\n");
    scanf("%d",&a);
    a=a^0xF8;
    printf("a=%d\n",a);
    return 0;
}
```

6. 编写程序,实现由键盘任意输入一个整数,将其与 8 异或后左移 3 位,再将低 2 为取反,然后打印出这个数。

代码如下:

```c
#include<stdio.h>
#include<stdlib.h>
#include<string.h>
int main()
{
    int a=0;
    printf("please input the number!\n");
    scanf("%d",&a);
    a=a^8;
    a=a<<3;
    a=a^3;
    printf("a=%d\n",a);
    return 0;
}
```

7. 编写程序,通过移位实现 2^5。

代码如下:

```c
#include<stdio.h>
#include<stdlib.h>
#include<string.h>
int main()
{
    int a=2;
    a=a<<4;
    printf("a=%d\n",a);
    return 0;
}
```

8. 阅读以下程序段,判断变量 len 的值。

```c
struct test1 {
    char a:1;
    char :2;
    long b:3;
    char c:2;
};
int len=sizeof(test1);
```

len 的值为 12。

9. 阅读以下程序,给出程序输出结果。

代码如下:

```c
#include<stdio.h>
#include "memory.h"
```

```
struct BitSeg1 {
    int a:4;
    int b:3;
};
struct BitSeg2 {
    char a:4;
    char b:3;
};
int main()
{
    struct BitSeg1 ba1;
    ba1.a=1;
    ba1.b=2;
    printf("第一次赋值后：a 的值为%d\tb 的值为%d\n",ba1.a,ba1.b);
    ba1.a=100;
    ba1.b=30;
    printf("第二次赋值后：a 的值为%d\tb 的值为%d\n",ba1.a,ba1.b);
    char str[]="0123";
    memcpy(&ba1,str,sizeof(BitSeg1));
    printf("第二次赋值后：a 的值为%d\tb 的值为%d\n",ba1.a,ba1.b);
    printf("BitSeg1 的字节数为%d\n",sizeof(BitSeg1));
    printf("BitSeg2 的字节数为%d\n",sizeof(BitSeg2));
    return 0;
}
```

输出结果如下：

```
第一次赋值后：a 的值为 1      b 的值为 2
第二次赋值后：a 的值为 4      b 的值为-2
第二次赋值后：a 的值为 0      b 的值为 3
BitSeg1 的字节数为 4
BitSeg2 的字节数为 1
```

11.2 补充习题

一、选择题

1. 程序中定义：char a＝45,b＝45;则以下表达式的值为零的是(　　　　)。

   A. a&b　　　　　　　　B. ~b　　　　　　　　C. a^b　　　　　　　　D. a|b

2. 位操作中,操作数左移一位,相当于(　　　　)。

   A. 操作数乘以 2　　　B. 操作数除以 2　　　C. 操作数除以 4　　　D. 操作数乘以 4

3. 位操作中,操作数右移一位,相当于(　　　　)。

   A. 操作数乘以 2　　　B. 操作数除以 2　　　C. 操作数除以 4　　　D. 操作数乘以 4

4. 以下表述不正确的是(　　　　)。

A. 表达式 a&=b 等价于 a=a&b　　　　B. 表达式 a|=b 等价于 a=a|b

C. 表达式 a!=b 等价于 a=a!b　　　　D. 表达式 a^=b 等价于 a=a^b

5. 若 x=2,y=3,则 x&y 的结果是(　　)。

A. 0　　　　　　B. 3　　　　　　C. 5　　　　　　D. 2

6. 表达式 0x13^0x17 的值是(　　)。

A. 0x04　　　　　B. 0x13　　　　　C. 0x17　　　　　D. 0x18

7. 下列对运算符按优先级别从低到高正确排列次序是(　　)。

A. sizeof、&=、^、<<　　　　　　B. &=、sizeof、<<、^

C. &=、^、<<、sizeof　　　　　　D. ^、<<、&=、sizeof

8. 有以下程序段:

```
char a=3,b=6,c;
c=a^b<<2;
```

执行完后 c 的值用二进制表示为(　　)。

A. 00010100　　　B. 00011100　　　C. 00011000　　　D. 00011011

9. 有以下程序:

```
int main()
{
    int x=0.5; char z='a';
    printf("%d\n", (x&1)&&(z<'z') );
    return 0;
}
```

程序运行后的输出结果是(　　)。

A. 3　　　　　　B. 2　　　　　　C. 1　　　　　　D. 0

10. 在 16 位编译系统上,若有定义 int　a[]={10,20,30},*p=&a;当执行 p++;后,下列说法错误的是(　　)。

A. p 向高地址移了 1 字节　　　　　　B. p 向高地址移了一个存储单元

C. p 向高地址移了 2 字节　　　　　　D. p 与 a+1 等价

11. 有以下程序:

```
int main()
{
    unsigned char a,b,c;
    a=0x13;
    b=a|0x08;
    c=b<<1;
    printf("%d;%d\n",b,c);
    return 0;
}
```

程序运行后输出结果是(　　)。

A. −27;50　　　　B. 27;54　　　　C. 20;54　　　　D. −27;−54

12. 有以下程序：

```
int main()
{
    unsigned char a=0x1b;
    int x=1;
    printf("%d,%d\n",a<<2,~x);
    return 0;
}
```

程序运行后输出结果是(　　)。

    A. 108；−2   B. 108；2   C. −108；−2   D. 108；0

13. 有以下程序：

```
int main()
{
    unsigned int a=0112,x,y,z;
    x=a>>3;
    printf("x=%o",x);
    y=~(~0<<4);
    printf("y=%o\n",y);
    z=x&y;
    printf("z=%o\n",z);
    return 0;
}
```

程序运行后输出结果是(　　)。

    A. x=11,y=17,z=11   B. x=−11,y=17,z=−11

    C. x=11,y=18,z=11   D. x=−11,y=18,z=−11

14. 有以下程序：

```
int main()
{
    char x=0x86,a,b;
    a=(x&0x0f)<<4;
    b=(x&0xf0)>>4;
    x=a|b;
    printf("x=%d\n",x);
    return 0;
}
```

程序运行后输出结果是(　　)。

    A. x=116   B. x=−104   C. x=105   D. x=104

二、填空题

1. 设二进制数 a 是 00101101，若想通过异或运算 a^b 使 a 的高 4 位取反，低 4 位不变，则二进制数 b 应是_____。

2. 设有如下定义：

```
int x=1,y=3;
```

则语句 y=(x++& y)的输出结果是 x=_____,y=_____。

3. 若

```
unsigned char a,b,c;
a=3;
b=a|8;
c=b<<1;
```

则 b=_____;c=_____。

4. 设

```
int b=8;
```

则表达式(b>>2)/(b>>1)的值是_____。

三、编程题

1. 编写程序,不使用移位运算和最少的代码统计 32 位 int 类型数据中 1 的个数。

2. 编写一个函数,其功能为实现一个 32 位数按位反转,即第 32 位转到第 1 位,第 31 位转到第 2 位,…,以此类推。

11.3　补充习题解答

一、选择题

1. C. 解析:因为异或是相同为 0,不同为 1,根据 a,b 的值相同可知 C 选项正确。

2. A.

3. B.

4. C.

5. D. 解析:将 x 和 y 写成二进制数分别是 0010 和 0011,所以 x&y 的结果应该是 0010,结果选 D。

6. A. 解析:同理将 0x13 和 0x17 写成二进制形式分别是 10011 和 10111,所以相异或后的结果 00100,答案选 A。

7. C.

8. D.

9. C.

10. A.

11. B. 解析:由题可知 b=a|0x08 且 a=0x13,0x08 的二进制形式为 1000,a 的二进制表示为 10011,所以 b=11011 也即是 27;c=b<<1 可是 c=100110,所以 c=54,答案为 B。

12. A. 解析:因为 a=0x1b,也即是二进制的 11011,所以 a<<2 结果为 1101100 也即是 108,x=1,则 x 取反后应该是-2。

13. A.

14. D.

二、填空题

1.11110000 解析：由异或的知识可知，与 1 异或相当于取反，与 0 异或时相当于不变，因此高四位为 1，低四位为 0。

2.2,1 解析：由题目可知，x++&y 的值应该是 1，在运算后 x 的值自动加 1，因此 x＝2，y＝1。

3.11,22。

4.0 解析：b＝8 则 b＞＞2 应该为 2，而 b＞＞1 应该为 4，(b＞＞2)/(b＞＞1)即是 2/4 取整，答案为 0。

三、编程题

1. 基于这样的原理：二进制数与上自身减一的数都会使自身的最低的 1 所在位归零，所以程序如下：

```
#include<stdio.h>
#include<conio.h>
int main()
{
    int count=0,x;
    printf("Please input a integer:\n");
    scanf("x=%d",&x);
    while (x!=0)
    {
        x&=x-1;
        count++;
    }
    printf("The result is: %d\n",count);
    getch();
    return 0;
}
```

2.

```
unsignedint bit_reverse(unsignedint n)
{
    n=((n>>1) & 0x55555555) | ((n<<1) & 0xaaaaaaaa);
    n=((n>>2) & 0x33333333) | ((n<<2) & 0xcccccccc);
    n=((n>>4) & 0x0f0f0f0f) | ((n<<4) & 0xf0f0f0f0);
    n=((n>>8) & 0x00ff00ff) | ((n<<8) & 0xff00ff00);
    n=((n>>16) & 0x0000ffff) | ((n<<16) & 0xffff0000);
    return n;
}
```

以上程序段中，第 1 行代码为奇偶位相互交换；第 2 行为以 2 位为一个单元，奇偶单元进行交换；第 3 行为以 4 位为一单元，奇偶单元进行交换；第 4 行为以 8 位为一个单元，奇偶单元进行交换；最后一行为以 16 位为一个单元，奇偶单元进行交换。至此，32 位反转完成，算法结束。

第12章 编译预处理

12.1 主教材习题 12 及解答

一、选择题

1. 以下叙述中正确的是(   )。

   A. 在程序的一行上可以出现多个有效的预处理命令行

   B. 使用带参的宏时,参数的类型应与宏声明时的一致

   C. 宏替换不占用运行时间,只占用编译时间

   D. 在以下声明中"C R"是称为"宏名"的标识符

   ♯define C R 045

答案:C.

解析:A 所述内容是错误的。在程序的一行上只能出现一个有效的预处理命令行。宏声明中并未要求参数的类型,因此 B 选项所述内容也不对。C 是正确的。D 选项中,C 和 R 中间有空格,明显不符合宏声明的语法规则:宏声明应该是一个合法的标识符。

2. 在"文件包含"预处理语句的使用形式中,当♯include 后面的文件名置于"< >"中时,找寻被包含文件的方式是(   )。

   A. 仅仅搜索当前目录

   B. 仅仅搜索源程序所在目录

   C. 直接按系统设定的标准方式搜索目录

   D. 先在源程序所在目录搜索,再按照系统设定的标准方式搜索

答案:C.

解析:文件名用"< >"括起时,表示系统提供被包含文件,预处理程序直接到系统指定的"包含文件目录"(由用户配置环境时设置)去查找。答案为 C。

二、编程题

1. 写出下列程序段的运行结果:

(1)

```
#define MIN(x,y) (x)<(y)?(x):(y)
int main()
{
    int i=10,j=15,k;
    k=10 * MIN(i,j);
    printf("%d\n",k);
    return 0;
}
```

解析:在带参数宏声明中,宏展开后的赋值语句为

```
k=10 * (i) < (j) ? (i) : (j);
```

由于"＊"的优先级比"＜"高,条件表达式的条件判断过程是,先计算 10＊i 的结果,再与 j 值比较。由于 10＊10 大于 15,所以条件表达式取 y 的值,即 15。

运行结果:

```
15
```

（2）

```
#define X 5
#define Y X+1
#define Z Y * X/2
int main()
{
    int a;a=Y;
    printf("%d\n",Z);
    printf("%d\n",-a);
    return 0;
}
```

解析:宏展开后的语句为

```
a=5+1;
printf("%d\n", 5+1 * 5/2);
printf("%d\n",-a);
```

第一个输出语句中的表达式值为 7,第二个输出语句中 a 的值是 6。

运行结果:

```
7
-6
```

（3）

```
#include<stdio.h>
#define F(y) 3.84+y
#define PR(a) printf("%d",(int)(a))
#define PRINT(a) PR(a);
int main()
{
    int x=2;
    PRINT(F(3) * x);
    return 0;
}
```

解析:在宏声明 PRINT(a)中使用已经声明的宏 PR(a)。本题宏 PRINT 的实参是 F(3)＊x,包含了一个宏 F,由于宏替换是直接照字符原样替换,替换后实参成为:3.84＋3＊x,用它来替换宏 PRINT(a)中的 a,得到语句:

```
printf("%d",(int)( 3.84+3 * x));
```

表达式的值是 9.84,取整输出为 9。

运行结果:

```
9
```

(4)

```
#define DEBUG
int main()
{
    int a=60,b=4,c;
    c=a/b;
    #ifndef DEBUG
    printf("a=%o,b=%o ",a,b);
    #endif
    printf("c=%d\n",c);
    return 0;
}
```

解析:由于标识符 DEBUG 已在文件开始被 ♯define 命令声明过,主程序不执行第一个 printf 语句。

运行结果:

```
c=15
```

2. 编写程序,实现求 $a^2+b^2+c^2$ 的值(要求使用宏)。

解析:声明一个带参的宏 S(x,y,z),在主函数调用并输出。

代码如下:

```
#include<stdio.h>
#define S(x,y,z) ((x) * (x)+(y) * (y)+(z) * (z))
int main()
{
    int a,b,c;
    scanf("%d%d%d",&a,&b,&c);
    printf("%d\n",S(a,b,c));
    return 0;
}
```

运行结果:

2 4 7↙

69

3. 声明一个带参的宏 swap(x,y),实现两个整数的互换,并利用它将一维数组 a 和 b 的值进行交换。

解析:声明带参的宏 swap(x,y),注意宏中包含多个语句,在主函数的循环中调用它来实现数组值的交换。

代码如下：

```c
#include<stdio.h>
#define Swap(x,y) {t=x; x=y; y=t;}
#define N 3
int main()
{
    int a[N],b[N];
    int i,t;
    for (i=0;i<N;i++)
        scanf("%d  %d",&a[i],&b[i]);
    for (i=0;i<N;i++)
        Swap(a[i],b[i]);
    for (i=0;i<N;i++)
        printf("\n%d  %d",a[i],b[i]);
    return 0;
}
```

运行结果：

18   26↙
31   14↙
87   53↙
26   18
14   31
53   87

4. 设 $x=3.4, y=2.0, z=9.1$，试写出一个宏 $\mathrm{Prin}(x,y,z)$，要求此宏能输出如下：

x=3.4
y=2.0
z=9.1

解析：用宏来定义好输出格式，实数采用"%4.1f"的输出格式，每输出一个变量后换行。

代码如下：

```c
#include<stdio.h>
#define Prin(x,y,z) printf(" x=%4.1f\n y=%4.1f\n z=%4.1f\n",x,y,z)
int main()
{
    float a,b,c;
    scanf("%f %f %f",&a, &b, &c);
    printf(a,b,c);
    return 0;
}
```

运行结果：

5 6 7↙
```
x=   5.0
y=   6.0
z=   7.0
```

12.2 补 充 习 题

一、选择题

1. 有下列程序：

```
#include<stdio.h>
#define N 5
#define M N+1
#define f(x) (x * M)
int main()
{
    int i1,i2;
    i1=f(2);
    i2=f(1+1);
    printf("%d %d\n", i1,i2);
    return 0;
}
```

程序的运行结果是(   )。

　A. 12   12　　　　　　B. 11   7　　　　C. 11   11　　　　D. 12   7

2. 下列程序的输出结果是(   )。

```
#define P 3
void F(int x) { return(P * x * x); }
int main( )
{
    printf("%d\n",F(3+5));
    return 0;
}
```

　A. 192　　　　　　　B. 29　　　　　　C. 25　　　　　　D. 编译出错

3. 有下列程序：

```
#define f(x) (x * x)
int main()
{
    int i1,i2;
    i1=f(8)/f(4);
    i2=f(4+4)/f(2+2);
```

```
        printf("%d,%d\n",i1,i2);
        return 0;
}
```

程序运行后的输出结果是( )。

    A. 64,28   B. 4,4   C. 4,3   D. 64,64

4. 下列叙述中正确的是( )。

    A. 预处理命令行必须位于 C 源程序的起始位置

    B. 在 C 语言中,预处理命令行都以"♯"开头

    C. 每个 C 程序必须在开头包含预处理命令行♯include<stdio.h>

    D. C 语言的预处理不能实现宏定义和条件编译的功能

5. 若要求定义具有 10 个 int 型元素的一维数组 a,则下列定义语句中错误的是( )。

    A.   B.

        ♯define N 10   ♯define n 5

        int a[N];   int a[2*n];

    C.   D.

        int a [5+5];   int n=10,a [n];

6. 以下关于宏的叙述中正确的是( )。

    A. 宏名必须用大写字母表示

    B. 宏定义必须位于源程序中所有语句之前

    C. 宏替换没有数据类型限制

    D. 宏调用比函数调用耗费时间

7. 有以下程序:

```
#include<stdio.h>
#define PT 3.5;
#define S(x) PT * x * x;
int main()
{
    int a=1, b=2;
    printf("%4.1f\n",S(a+b));
    return 0;
}
```

程序运行后输出的结果是( )。

    A. 14.0   B. 31.5

    C. 7.5   D. 程序有错无输出结果

8. 有以下程序:

```
#define N 2;
#define M N+1;
#define NUM 2 * M+1;
int main()
```

```
{
    int i;
    for (i=1; i<=NUM;i++)
        printf("%d\n",i);
    return 0;
}
```

程序中循环执行的次数是(　　　)。

    A. 4 　　　　　　　B. 5 　　　　　　　C. 6 　　　　　　　D. 7

9. 在宏定义#define PI 3.14159 中,用宏名 PI 代替一个(　　　)。

    A. 常量 　　　　　　B. 字符串 　　　　　C.　单精度数 　　　D. 双精度数

10. 上面程序的输出结果是(　　　)。

```
#define f(a)   a*a
int main( )
{
    int x=9,y=3,z;
    z=f(x)/f(y);
    printf("%d \n",z);
    return 0;
}
```

    A. 6 　　　　　　　B. 9 　　　　　　　C. 18 　　　　　　　D. 81

二、填空题

1. 下列程序运行后的输出结果是_____。

```
#define S(x) 4*x*x+1
int main()
{
    int i=6, j=8;
    printf("%d\n",S(i+j));
    return 0;
}
```

2. 现有两个 C 程序文件 T18.c 和 myfun.c 同在 TC 系统目录(文件夹)下,其中 T18.c 文件如下:

```
#include<stdio.h>
#include "myfun.c"
int main()
{
    fun();
    printf("\n");
    return 0;
}
```

myfun.c 文件如下:

```
void fun()
{
    char s[80],c;
    int n=0;
    while ((c=getchar())!='\n')
        s[n++]=c;
    n--;
    while (n>=0)
        printf("%c",s[n--]);
}
```

当编译连接通过后,运行程序 T18 时,输入 Thank!则输出结果是_____。

3. 下列程序由两个源程序文件: t4.h 和 t4.c 组成,程序编译运行的结果是_____。
t4.h 的源程序如下:

```
#define N 10
#define f2(x) (x * N)
```

t4.c 的源程序如下:

```
#include<stdio.h>
#define M 8
#define f(x)   ((x) * M)
#include "t4.h"
int main()
{
    int i,j;
    i=f(1+1);
    j=f2(1+1);
    printf("%d%d\n",i,j);
    return 0;
}
```

4. 以下程序的输出结果是_____。

```
#define M(x,y,z) x * y+z
int main()
{
    int a=1,b=2, c=3;
    printf("%d\n", M(a+b,b+c, c+a));
    return 0;
}
```

5. 设有以下宏定义:

```
#define N 3
#define Y(n) ( (N+1) * n)
```

则执行语句:

```
z=2 * (N+Y(5+1));
```

后，z 的值为 _____。

12.3　补充习题解答

一、选择题

1. B. 解析：f(2)进行替换后，变为 2 * 5 + 1，结果为 11。f(1+1)替换后变为 1+1 * 5 + 1，结果为 7。

2. D. 解析：F 方法定义时返回类型为 void。

```
return(P*x*x);
```

与之矛盾。

3. C. 解析：这是带参数的宏替换。替换后为 i1 = (8 * 8)/(4 * 4) = 4。i2 = (4+4 * 4+4)/(2+2 * 2+2) = 3，所以结果是 4，3。

4. B. 解析：根据本章所讲内容，可知正确答案为 B。A 选项所述是错误的。预处理命令行一般位于 C 源程序的起始位置，也有例外的。C 选项所述错误。C 程序中默认有"♯include＜stdio.h＞"的操作，程序中可以不写出来。D 选项所述错误。本章内容恰是讲述如何实现宏定义与条件编译。

5. D. 解析：C 语言的语法规定，定义数组时元素个数不能是变量。所以答案为 D。A，B 选项都是宏的方式。C 选项是直接常量的方式。

6. C. 解析：宏定义不必位于源程序所有语句之前。宏名可以用大小写字母，宏替换只是字符串替换，因此没有类型限制，宏调用并没有函数调用的现场保护现场还原的过程，与函数模块比较运行效率高，但是代码长度大。所以答案为 C。

7. D. 解析：宏替换只是字符串替换，PT 用 3.5;来替换、x 用 a+b 来替换，因此 S(a+b)被替换为 3.5；* a+b * a+b。3.5 后面多了一个";"，表达式不正确，所以答案为 D。

8. C. 解析：宏替换只是字符串替换，因此 NUM 被替换为：2 * 2+1+1。所以 for 循环执行的次数是 6。

9. B. 解析：宏替换只是字符串替换，所以宏名 PI 代替一个字符串。

10. D. 解析：f(x)/f(y)=x * x/y * yb=9 * 9/3 * 3=81。

二、填空题

1. 81　解析：宏替换为 4 * 6+8 * 6+8+1，结果是 81。

2. !knahT　解析：T18.c 文件中包含 myfun.c 文件，并使用它的 fun()函数。fun()函数的作用是将字符串反转输出。所以输出结果是!knahT。

3. 1611　解析：宏替换后，i=((1+1) * 8)=16，j=(1+1 * 10)=11。所以结果是 1611。

4. 12　解析：宏替换为 a+b * b+c+c+a。所以结果是 12。

5. 48　解析：宏替换后，Y(n)=(N+1) * 5+1=(3+1) * 5+1=21。z=2 * (3+21)=48。

第二部分　实验与上机指导

实验Ⅰ　C语言的运行环境和运行过程

1. 实验目的

（1）掌握 C 程序设计编程环境 Visual C++ ,掌握运行一个 C 程序设计的基本步骤,包括编辑、编译、连接和运行。

（2）通过运行简单的 C 程序,初步了解 C 源程序的特点。

（3）了解程序调试的思想,能找出并改正 C 程序中的语法错误。

2. 实验内容

【任务 1】　编写程序,实现在屏幕上显示如下 3 行文字。

```
Hello, world !
Welcome to the C language world!
Everyone has been waiting for.
```

1）任务分解

步骤 1：启动 Visual C++ 。在 Windows 的"开始"菜单中选中"程序"|Microsoft Visual Studio 6.0|Microsoft Visual C++ 6.0 选项,进入 Visual C++ 编程环境。

步骤 2：新建项目工程。选中"文件"|"新建"菜单选项,在弹出的"新建"对话框中单击"工程"选项卡,选中 Win32 Console Application 选项,在"工程名称"栏输入工程名,在"位置"栏中输入存盘的位置,单击"确定"按钮。选择一个空的工程,单击"完成"按钮,打开新建工程信息对话框,单击"确定"按钮。

步骤 3：新建文件(* .c)。选中"文件"|"新建"菜单选项,在弹出的"新建"对话框中单击"文件"选项卡,选中 C++ Source Files 选项,选择保存目录,在"文件名"栏输入文件名和扩展名：hello.c(不输入.c 扩展名则默认为.cpp),单击"确定"按钮。

步骤 4：编辑和保存。在编辑窗口输入源程序,然后选中"文件"|"保存"菜单选项或选中"文件"|"另存为"菜单选项。

注意：源程序一定要在英文状态下输入,即字符标点都要在半角状态下,同时注意大小写,一般都用小写。

步骤 5：编译(* .obj)并检查语法错误。选中"组建"|"编译"菜单选项或按 Ctrl＋F7 组合键,在产生的工作区对话框中,单击"是"按钮。

步骤 6：连接(* .exe)。选中"组建"|"组建"菜单选项或按 F7 键。

步骤 7：运行。选中"组建"|"执行"菜单选项或按 Ctrl＋F5 组合键。

步骤 8：关闭程序工作区。选中"文件"|"关闭工作区"菜单选项。

步骤 9：打开文件。选中"文件"|"打开"菜单选项。

步骤 10：查看 C 源文件、目标文件和可执行文件的存放位置。源文件在保存目录下,目标文件和可执行文件在"保存目录\Debug"中。

2）代码

完整代码如下：

```
#include<stdio.h>
int main()
{
    printf("Hello,World!\n");
    printf("Welcome to the C language world!\n");
    printf("Everyone has been waiting for.\n");
    return 0;
}
```

3）任务扩展

用 printf()函数在屏幕上输出自己的班级、学号、姓名。

任务要求：自行编写出相应程序代码。

【任务2】 调试示例，在屏幕上显示一个短句"Welcome to you!"。

源程序（有错误的程序）如下：

```
#include<stdio.h>
int mian()
{
    printf(Welcome to you!\n")
    return 0;
}
```

改正后的运行结果如下：

Welcome to You!

1）任务分解

步骤1：按照上面任务1中介绍的步骤1～步骤3输入上述源程序并保存。

步骤2：编译，选中"组建"|"编译"菜单选项或按 Ctrl＋F7 组合键，信息窗口中显示编译出错信息，如图Ⅰ-1 所示。

步骤3：找出错误，在信息窗口中依次双击出错信息，编辑窗口就会出现一个箭头指向程序出错的位置，一般在箭头的当前行或上一行，可以找到出错语句。

第4行，出错信息：'Welcome'：undeclared identifier（Welcome 是一个未定义的变量），但 Welcome 并不是变量，出错的原因是 Welcome 前少了一个""" 。

步骤4：改正错误，重新编译，得到如图Ⅰ-2 所示的出错信息。

出错信息：missing ';' before'}' 。

步骤5：再次改正错误，在"}"前即 printf()后加上";"（英文状态），重新编译，显示正确。

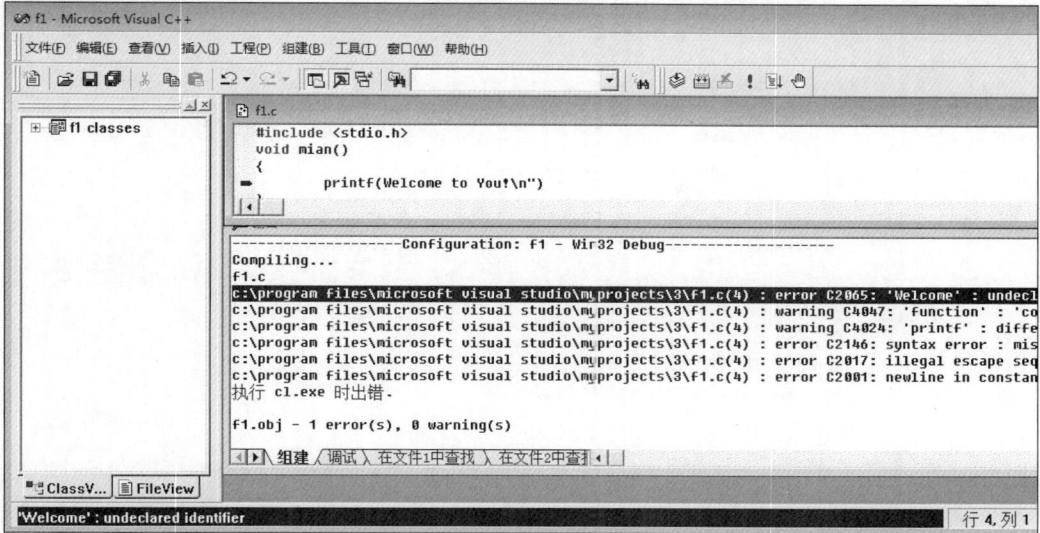

图 I-1 出错信息 1

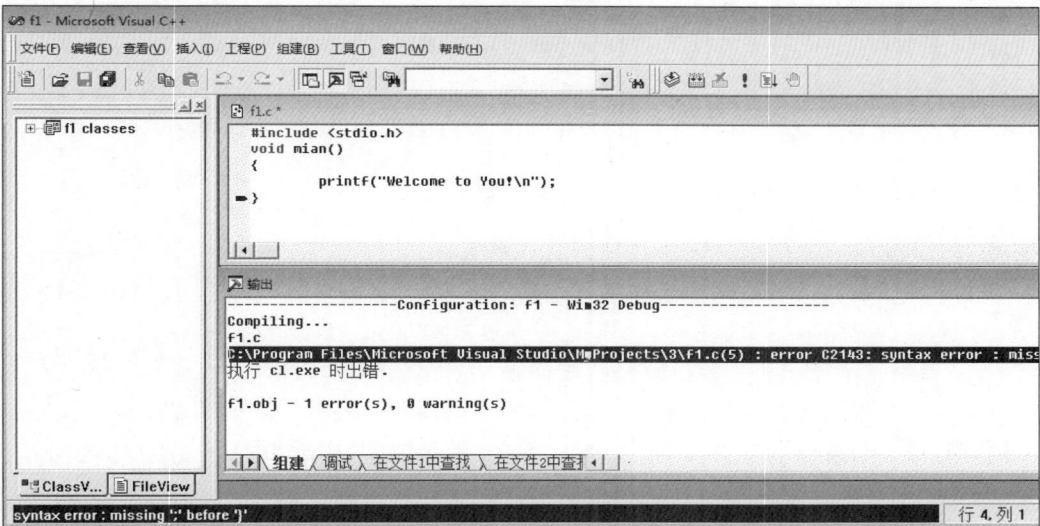

图 I-2 出错信息 2

步骤 6：连接，选中"组建"|"组建"菜单选项或按 F7 键，出现如图 I-3 所示的出错信息。

出错信息：缺少主函数。

步骤 7：改正错误，即把 mian 改为 main 后，重新连接，信息窗口显示连接正确。

步骤 8：运行，选中"组建"|"执行"菜单选项或按 Ctrl＋F5 组合键，观察结果是否与要求一致。

2）任务扩展

改正下列程序中的错误，在屏幕上显示以下 3 行信息。

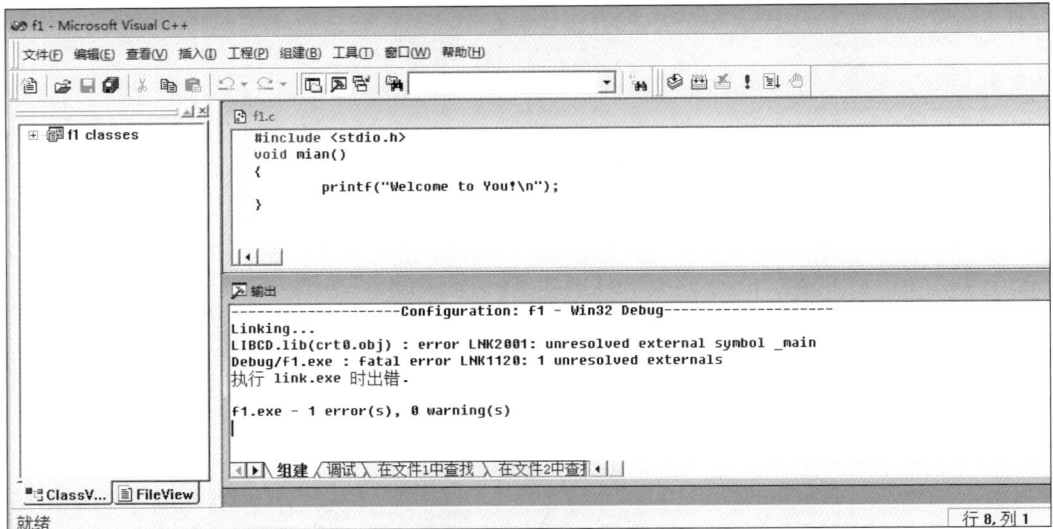

图 I-3　出错信息 3

```
*****************
Welcome
*****************
```

源程序(有错误的程序)

```c
#include<stdio.h>
int main()
{
    printf("****************\n");
    printf("  Welcome")
    printf("****************\n");
    return 0;
}
```

任务要求:根据运行出错提示信息进行修改,得到题目要求一致的结果。

【任务 3】 编写一个 C 程序,输入 a、b、c 3 个值,输出其中最小者。

1) 任务分解

步骤 1:由于没有规定 a、b、c 这 3 个变量的类型,所以在此声明为实型,另外比较后的结果存放的变量 d、result 也声明为实型。代码如下:

```c
float a,b,c,d, result;
```

步骤 2:要比较的 3 个变量在运行时输入:

```c
scanf("%f%f%f",&a,&b,&c);
```

步骤 3:比较的结果通过调用另外一个 min()函数完成。

(1) min()函数的声明。代码如下:

```c
float min(float x,float y);
```

(2) min()函数的调用。代码如下:

```
d=min(a,b);
result=min(c,d);
```

（3）min()函数的定义。代码如下：

```
float min(float x,float y)
{
    float z;
    if (x<y)
        z=x;
    else
        z=y;
    return (z);
}
```

步骤4：输出比较后的结果。

2）代码

完整代码如下：

```
#include<stdio.h>
int main()                      /＊主函数＊/
{
    float min(float x,float y);     /＊对被调用min()函数的声明＊/
    float a,b,c,d,result;           /＊声明实型变量a、b、c      ＊/
    printf("a,b,c=");               /＊输出提示信息a,b,c=      ＊/
    scanf("%f%f%f",&a,&b,&c);       /＊输入变量a,b,c的值＊/
    d=min(a,b);                     /＊调用min()函数,将得到的返回值赋给d＊/
    result=min(c,d);                /＊调用min()函数,将得到的返回值赋给result＊/
    printf("min=%f\n",result);      /＊输出result的值＊/
    return 0;
}
float min(float x,float y)       /＊定义min()函数,函数值为实型,形式参数x、y为实型＊/
{
    float z;
                       /＊min()函数中的声明部分,声明本函数中用到的变量z为实型＊/
    if (x<y)
        z=x;                       /＊如果x<y,则将x值赋给z＊/
    else
        z=y;                       /＊否则将y值赋给z＊/
    return (z);                    /＊将z的值返回给主调用函数＊/
}
```

3）任务扩展

编写一个C程序，输入 a、b、c、d 这4个值，输出其中最小者。

（1）任务分解。

步骤1：声明6个实型变量，要比较的 a、b、c、d 和3次比较结果 e、f、result。

步骤2：要比较的4个变量在运行时输入。

步骤3：比较的结果通过调用另外一个min()函数完成。

① min()函数的声明。

② min()函数的调用。

③ min()函数的定义。

步骤 4：输出比较后的结果。

（2）任务要求。根据上述任务分解步骤，自行编写出相应程序代码。

实验 Ⅱ 数据类型、运算符和表达式

1. 实验目的

(1) 通过实验进一步掌握基本数据类型。
(2) 掌握常量的表示，变量的定义、使用及初始化。
(3) 掌握运算符的功能、优先级及结合方向。
(4) 综合运用数据类型、变量、运算符解决实际问题。

2. 实验内容

【任务 1】 输入程序，验证结果，并解释。
举例：

```
#include<stdio.h>
int main()
{
    int a,b,c;
    a=25;
    b=025;
    c=0x25;
    printf("%d %d %d\n",a,b,c);
    return 0;
}
```

解释：25 是十进制整数，025 是八进制整数，对应的十进制值为 $2\times8^1+5\times8^0=21$，0x25 是十六制整数，对应的十进制值为 $2\times16^1+5\times16^0=37$。

程序 1(Lab2_1a.c)代码如下：

```
#include<stdio.h>
int main()
{
    char c1,c2;
    int x1,x2;
    c1='1';
    c2='2';
    x1=c1-'0';
    x2=x1*10+(c2-'0');
    printf("%d\n",x2);
    return 0;
}
```

解释：c1、c2分别对应十进制整数为49和50，x1＝49－48＝1，x2＝1 * 10＋(50－48)＝12。

程序2(Lab2_1b.c)代码如下：

```c
#include<stdio.h>
int main()
{
    int a,b,c,m=0,n=0,k;
    a=1,b=2,c=3;
    k=(n=b>a) || (m=a<b);
    m+=(n++>c) && (a<b<c);
    printf("%d %d %d\n",m,n,k);
    return 0;
}
```

解释：运算符"||"两边表达式只要有一个成立结果就为真。运算符"&&"两边表达式同时成立结果才为真。m＝0，n＝2，k＝1。

程序3(Lab2_1c.c)代码如下：

```c
#include<stdio.h>
int main()
{
    int a=5,b=6,c=7,d,e;
    d=a>b?a>c?a:c:b;
    e=!(a+b)+c-1&&b+c/2;
    printf("%d %d\n",d,e);
    return 0;
}
```

解释：d＝5＞6?5＞7?5:7:6＝5＞6?7:6＝6，e＝!(5＋6)＋7－1&&6＋7/2＝0＋7－6＝1。

【任务2】 编写程序，求两个整数中最大的数。

1) 任务分解

步骤1：输入两个整数。代码如下：

```c
scanf("%d%d",&a,&b);
```

步骤2：用条件运算符求最大数。代码如下：

```c
max=a>b?a:b;
```

步骤3：输出最大数。代码如下：

```c
printf("max=%d\n",max);
```

2) 代码

完整代码(Lab2_2.c)如下：

```
#include<stdio.h>
int main()
{
    int a,b,max;
    scanf("%d%d",&a,&b);
    max=a>b?a:b;
    printf("max=%d\n",max);
    return 0;
}
```

3）任务扩展

输入 3 个整数，求这 3 个数中最大值。

提示：先求出两个数中的最大值，然后与第三个数比较求最大值。

【**任务 3**】　分解数据。输入一个 100～999 的整数，输出其百位数、十位数、个位数。

1）任务分解

步骤 1：输入数据。代码如下：

```
scanf("%d",&x);
```

步骤 2：分解百位数、十位数、个位数。代码如下：

```
a=x/100;                              /＊百位数＊/
b=x%100/10;                           /＊十位数＊/
c=x%10;                               /＊个位数＊/
```

思考：为什么可以这样分解？

步骤 3：输出结果。代码如下：

```
printf("%d %d %d\n",a,b,c);
```

2）代码

完整代码（Lab2_3.c）如下：

```
#include<stdio.h>
int main()
{
    int x,a,b,c;
    scanf("%d",&x);
    a=x/100;                          /＊百位数＊/
    b=x%100/10;                       /＊十位数＊/
    c=x%10;                           /＊个位数＊/
    printf("%d %d %d\n",a,b,c);
    return 0;
}
```

3）任务扩展

输入一个四位数（1000～9999），分解出千位数、百位数、十位数、个位数。

4) 综合任务

判断三位水仙花数。水仙花数是指一个 n 位数（ $n \geqslant 3$,此处只求 $n = 3$),它的每个位上的数字的 n 次幂之和等于它本身(例如, $1^3 + 5^3 + 3^3 = 153$)。

提示：先分解三位数的个位数、十位数、百位数,再用条件运算符求解,条件表达式的值为 1 表示该三位数是水仙花数,条件表达式的值为 0 表示该三位数不是水仙花数。

实验Ⅲ 顺序结构

1. 实验目的

(1) 掌握 C 语言中使用最多的一种语句——赋值语句的使用。
(2) 掌握简单的程序设计,能正确写出顺序结构的源程序。
(3) 重点掌握数据的输入输出的方法,能正确使用各种格式说明符。

2. 实验内容

【任务 1】 以下各程序需要输入数据,试写出输入数据的格式和变量的值并上机验证。
①

```c
#include<stdio.h>
int main()
{
    int a,b,c;
    printf("input a,b,c\n");
    scanf("%d%d%d", &a, &b, &c);
    printf("a=%d,b=%d,c=%d",a,b,c);
    return 0;
}
```

注意"&"的用法,在本例中,由于 scanf()函数本身不能显示提示串,故先用 printf()函数在屏幕上输出提示,请用户输入 a、b、c 的值。执行 scanf()函数,则退出 Turbo C 屏幕进入用户屏幕等待用户输入。用户输入 7、8、9 后按下 Enter 键,此时,系统又将返回 Turbo C 屏幕。在 scanf()函数的格式串中由于没有非格式字符在"%d%d%d"之间作输入时的间隔,因此在输入时要用一个以上的空格或 Enter 键作为每两个输入数之间的间隔。
例如:

7 8 9

或

7
8
9

②

```c
int main()
{
    int i, j;
    printf("i, j=?\n");
```

```
    scanf("%d, %d", &i, &j);
    return 0;
}
```

③

```
scanf("%d,%*d,%d",&a,&b);
```

若输入

3 4 5↙

则 a、b 的值是什么?

④

```
scanf("%3d%2d",&a,&b);
```

若输入

12345↙

则 a、b 的值是什么?

⑤ 按格式要求输入输出数据。

```
#include<stdio.h>
#include<string.h>
int main()
{
    int a,b;
    float x,y;
    char c1,c2;
    scanf("a=%d,b=%d",&a,&b);
    scanf("%f, %e",&x,&y);
    getchar();
    scanf("%c %c",&c1,&c2);
    printf("a=%d,b=%d,x=%f,y=%f,c1=%c,c2=%c\n",a,b,x,y,c1,c2);
    return 0;
}
```

运行该程序,必须按如下方式在键盘上输入数据:

a=3,b=7↙
8.5,71.82↙
a A↙

试写出输出结果。

【任务 2】 已知圆半径、圆柱高,求圆周长、圆柱体积。

1) 任务分解

步骤 1:从键盘输入两个 float 型数据,将输入数据保存在半径变量 r、高变量 h 中。代码如下:

```
scanf("%f%f",&r,&h);
```

步骤 2：计算圆周长、圆柱体积。代码如下：

```
l=2 * pi * r;
v=pi * r * r * h;
```

步骤 3：输出计算结果。代码如下：

```
printf("圆周长为%6.2f\n ",l);
printf("圆柱体积为%6.2f ",v);
```

2) 代码

完整代码如下：

```
#include<stdio.h>
int main( )
{
    float r,h,l,v,pi;
    pi=3.1415926;
    scanf("%f,%f",&r,&h);
    l=2 * pi * r;
    v=pi * r * r * h;
    printf("圆周长为%6.2f\n",l);
    printf("圆柱体积为%6.2f",v);
    return 0;
}
```

3) 任务扩展

已知正方体的边长，求正方体的面积及体积。

任务要求：试编写出相应程序代码。

【任务 3】 输入一个摄氏温度(c)，要求输出华氏温度(f)。公式为 $f=5/9\times c+32$。

1) 任务分解

步骤 1：从键盘输入 1 个 float 型数据，将输入数据保存在摄氏温度变量 c 中。代码如下：

```
scanf("%f",&c);
```

步骤 2：根据转换公式计算其相应的华氏温度 f。代码如下：

```
f=5.0/9 * c+32;
```

步骤 3：输出华氏温度。代码如下：

```
printf("%5.2f\n",f);
```

2) 代码

完整代码如下：

```
#include<stdio.h>
```

```
int main()
{
    float c,f;
    scanf("%f",&c);
    f=5.0/9 * c+32;
    printf("%5.2f\n",f);
    return 0;
}
```

3）任务扩展

输入两个数并输出所输入的数,把这两个数据的数值交换,再输出。

任务要求：设 $a=10,b=20$,若要交换这两数,则需要借助一个中间变量,首先将 a 中的数值存入变量 t 中进行保存,然后将 b 中的数值存入 a 中,再将 t 中的数值存入 b 中。自行编写出相应程序代码。

实验Ⅳ　选 择 结 构

1. 实验目的

（1）掌握关系表达式和逻辑表达式的使用。
（2）掌握嵌套 if 语句和 switch 语句的多分支结构程序设计。

2. 实验内容

【任务 1】　输入两个正数 a 和 b，输出较小数的平方，较大数的平方根。

1）任务分解

步骤 1：从键盘输入两个 int 型数据，将输入数据保存在变量 *a*、*b* 中。代码如下：

```
scanf("%d%d",&a,&b);
```

步骤 2：若输入的两个整数不是正数，则提示并退出程序。代码如下：

```
if (a<=0 || b<=0)
{
    printf("您输入的数：%d 和%d,不是正数!\n",a,b);
    return;
}
```

步骤 3：这两个正数进行比较，得出较大值和较小值，再根据题目要求输出平方或者使用 sqrt 函数输出平方根。代码如下：

2）代码

完整代码如下：

```
#include<stdio.h>
#include<math.h>
int main()
{
    int a,b;
    printf("请输入两个正整数:\n");
    scanf("%d%d",&a,&b);
    if (a<=0 || b<=0)
    {
        printf("您输入的数：%d 和%d,不是正数!\n",a,b);
        return;
    }
    if (a<=b)
    {
        printf("较小数的平方是 %d\n",a*a);
```

```
            printf("较大数的平方根是 %4.2f\n",sqrt(b));
        }
        else
        {
            printf("较小数的平方是 %d\n",b * b);
            printf("较大数的平方根是 %4.2f\n",sqrt(a));
        }
        return 0;
    }
```

【任务 2】 输入一个小写字母,判断它是元音、辅音、半元音。

1）任务分解

步骤 1：从键盘输入一个 char 型字符,保存在变量 c 中。代码如下：

```
scanf("%c",&c);
```

步骤 2：若输入的字母不是小写字母,则提示并退出程序。代码如下：

```
if (c<'a' || c>'z')
    printf("您没有按要求输入,请输入小写字母!");
```

步骤 3：根据该小写字母的具体值进行判定。半元音为 y 和 w,元音为 a、e、i、o、u,其余为辅音。

2）代码

完整代码如下：

```
#include<stdio.h>
int main()
{
    char c;
    printf("请输入一个小写字母: ");
    scanf("%c",&c);
    if (c<'a' || c>'z')
        printf("您没有按要求输入,请输入小写字母!");
    else
    {
        switch(c)
        {
            case 'a':
            case 'e':
            case 'i':
            case 'o':
            case 'u':printf("%c 是元音字母",c);break;
            case 'y':
            case 'w':printf("%c 是半元音字母",c);break;
            default:printf("%c 是辅音字母",c);
        }
    }
```

```
    }
    return 0;
}
```

【任务 3】 中国风景优美,吸引各国游客前来游玩。某市一个 5A 景区门票是 60 元,现进行门票优惠活动,活动规则如下。

(1) 1 人,票价 9 折。

(2) 2～5 人,票价 8 折。

(3) 6～10 人,票价 7 折。

(4) 10 人以上,票价 6 折。

试编写程序,输入游客购票张数,输出实付金额。

1) 任务分解

步骤 1:将票价定义为常量 Price。

步骤 2:输入购票张数,保存在变量 x 中。

步骤 3:计算实付金额,保存在变量 pay 中。

如果 $x=1$,则

```
pay=Price * 0.9;
```

否则,若 $x\leq5$(即 2～5 人购票),则

```
pay=Price * 0.8 * x;
```

否则,若 $x\leq10$(即 6～10 人购票),则

```
pay=Price * 0.7 * x;
```

否则(即 10 以上购票)

```
pay=Price * 0.6 * x;
```

步骤 4:根据计算结果,输出实付金额。代码如下:

```
printf("实付金额: %d 元\n",pay);
```

2) 代码

完整代码如下:

```
#include<stdio.h>
#define Price 60
int main()
{
    int x,pay;
    printf("请输入购票张数:");
    scanf("%d",&x);
    if (x==1)
        pay=Price * 0.9;
    else if (x<=5)
        pay=Price * 0.8 * x;
```

```
        else if (x<=10)
            pay=Price * 0.7 * x;
        else
            pay=Price * 0.6 * x;
    printf("实付金额:%d元\n",pay);
    return 0;
}
```

3）任务扩展

增加输出游客应付金额和已优惠的金额。

任务要求：试编写出相应程序代码。

实验Ⅴ　循 环 控 制

1. 实验目的

（1）熟悉掌握用 while 语句，do…while 语句，for 语句实现循环的方法。
（2）熟悉掌握循环语句的嵌套。
（3）熟悉掌握在程序设计中用循环的方法实现一些常用算法。

2. 实验内容

【任务 1】　由用户输入两个正数 m 和 n，求它们的最大公约数和最小公倍数。
1）任务分解
步骤 1：从键盘输入两个 int 型数据（正整数），将输入数据保存在变量 m、n 中。代码如下：

```
printf("请输入两个正整数m,n:");
scanf("%d%d",&m,&n);
```

步骤 2：判断 n 与 m 的大小，将大数放在 n 中，小数放在 m 中，n 作为被除数，m 作为除数。代码如下：

```
if (n<m)
{
    temp=n;
    n=m;
    m=temp;
}
```

步骤 3：先将 n 和 m 的乘积保存在 p 中，以便求最小公倍数时用。代码如下：

```
p=n * m;
```

步骤 4：求 n 和 m 的最大公约数和最小公倍数。
① 设置循环条件，除数 m 不为 0，才执行循环体的语句。代码如下：

```
while (m!=0)
```

② 求 n 和 m 的最大公约数，采用相除取余的迭代算法。代码如下：

```
{
    r=n%m;
    n=m;
    m=r;
}
```

③ 求 n 和 m 的最小公倍数。代码如下：

```
s=p/n;
```

步骤 5：将最大公约数和最小公倍数的结果输出。代码如下：

```
printf("它们的最大公约数为：%d\n",n);
printf("它们的最小公倍数为：%d\n",s);
```

2）代码

完整代码如下：

```
#include<stdio.h>
int main()
{
    int p,r,n,m,temp,s;
    printf("请输入两个正整数 n,m:");
    scanf("%d,%d",&n,&m);
    if (n<m)
    {
        temp=n;
        n=m;
        m=temp;
    }
    p=n*m;
    while (m!=0)
    {
        r=n%m;
        n=m;
        m=r;
    }
    s=p/n;
    printf("它们的最大公约数为：%d\n",n);
    printf("它们的最小公倍数为：%d\n", s);
    return 0;
}
```

3）任务扩展

不论 m 和 n 为何值（包括负数），求它们的最大公约数和最小公倍数。

任务要求：试编写出相应程序代码。

【任务 2】 求 $1!+2!+3!+\cdots+n!$，其中 $n=1,2,\cdots,10$。

1）任务分解

步骤 1：设置数列项变量和循环控制变量 n，s 累加和变量，阶乘变量 t。代码如下：

```
float t,s;
int n;
```

步骤 2：设累加和变量 s 的初始值为 0，阶乘变量 t 的初始值 0，n 为 1～10 的变化。代码如下：

```
for (s=0,n=1,t=1;n<=10;n++)
```

步骤 3：计算 1～10 阶乘的累加和。

① 计算 $n!$，累乘积 t。代码如下：

```
t=t*n;
```

② 计算 $n!$ 的累加和 s。代码如下：

```
s=s+t;
```

步骤 4：将 1～10 阶乘的累加和输出。

2）代码

完整代码如下：

```
#include<stdio.h>
int main()
{
    float t,s;
    int n;
    for (s=0,n=1,t=1;n<=10;n++)        /*n从1到10的变换*/
    {
        t=t*n;                         /*计算n!,累乘积t*/
        s=s+t;                         /*计算n!的累加和s*/
    }
    printf("1!+2!+3!+…+n!=%e\n",s);
    return 0;
}
```

3）任务扩展

计算 $s=m!+n!$，m 和 n 的值需要从键盘输入。

任务要求：请自行编写出相应程序代码。

【任务3】 编写一个程序，它的功能是利用以下所示的简单迭代方法求方程 $\cos(x)-x=0$ 的一个实根。方程为 $x_{n+1}=\cos(x_n)$。

1）任务分解

步骤 1：取 x_1 初值为 0.0。代码如下：

```
double x1=0.0;
```

步骤 2：设置循环求解。

① 把 x_1 的值赋给 x_0。代码如下：

```
x0=x1;
```

② 求出一个新的 x_1。代码如下：

```
x1=cos(x0);
```

③ 若 $x_0 - x_1$ 的绝对值小于 0.0000001，则跳出循环，否则执行步骤 1。代码如下：

```
if(fabs(x0-x1)<0.0000001)
```

步骤 3：将结果输出。代码如下：

```
printf("Root=%lf\n",x1);
```

2）代码

完整代码如下：

```
#include<stdio.h>
#include<math.h>
int main()
{
    double x1=0.0,x0;
    while (true)
    {
        x0=x1;
        x1=cos(x0);
        if (fabs(x0-x1)<0.0000001)
            break;
        return 0;
    }
    printf("Root=%lf\n",x1);
}
```

3）任务扩展

用迭代法求 $x = \sqrt{a}$。求平方根的迭代公式为

$$x_{n+1} = \frac{1}{2}(x_n) + \frac{a}{x_n}$$

要求前后两次求出 x 的差的绝对值小于 10^{-7}。

（1）任务分解。

步骤 1：设定一个 x 的初值 x_0。

步骤 2：用上述公式求出 x 的下一个值 x_1。

步骤 3：再将 x_1 代入上述公式，求出 x 的下一个值 x_2。

步骤 4：如此继续下去，直到前后两次求出的 x 值（x_{n+1} 和 x_n）满足以下关系。

$$|x_{n+1} - x_n| < 10^{-7}$$

（2）任务要求：请根据上述任务分解步骤，自行编写出相应程序代码。

【任务 4】 编写一个程序，把 100 元人民币换成面值为 1 元、2 元、5 元的零钱，有多少种换法。

1）任务分解

步骤 1：设置变量，初始化变量 count 的值。代码如下：

```
int i,j,k,count=0;
```

步骤 2：设置循环求解。

① 设置循环变量 i，i 代表 1 元零钱的数目，其值 0～100。代码如下：

```
for (i=0;i<=100;i++)
```

② 设置循环变量 j，j 代表 2 元零钱的数目，其值 0～50。代码如下：

```
for (i=0;i<=50;i++)
```

③ 设置循环变量 k，k 代表 5 元零钱的数目，其值 0～20。代码如下：

```
for (i=0;i<=20;i++)
```

④ 若零钱数目的总额等于 100 元，则进行累计。代码如下：

```
if (i+2*j+5*k==100)
    count++;
```

步骤 3：将结果输出。代码如下：

```
printf("count=%d\n",count);
```

2）代码

完整代码如下：

```
#include<stdio.h>
int main()
{
    int i,j,k,count=0;
    for (i=0;i<=100;i++)
        for (j=0;j<=50;j++)
            for (k=0;k<=20;k++)
                if (i+2*j+5*k==100)
                    count++;
    printf("count=%d\n",count);
    return 0;
}
```

3）扩展任务

布袋中有红、绿、蓝、白 4 种颜色的小球各一个，每次从中取出 3 个，列出 3 个小球不同颜色的所有可能的取法。

任务要求：试编写出相应程序代码。

实验Ⅵ 数　　组

1. 实验目的

(1) 掌握一维数组和二维数组的定义,赋值和输入输出的方法。
(2) 掌握字符数组和字符串函数的使用。
(3) 掌握与数组有关的算法(例如排序算法、插入算法、删除算法等)。

2. 实验内容

【任务 1】　从键盘输入 10 个相异的整数,将其存入数组 a 中,再输入一个随机值 k,然后在数组中查找 k 的值,如果找到,输出相应的下标,否则输出 Not Found。

1) 任务分解

步骤 1:使用 for 循环依次从键盘输入 10 个相异的整数,并将输入数据保存在数组 a 中。代码如下:

```
for (i=0;i<10;i++)
    scanf("%d",&a[i]);
```

步骤 2:从键盘输入一个随机数 k。代码如下:

```
printf("Enter random k:");
    scanf("%d",&k);
```

步骤 3:使用 for 循环对数组循环遍历。在数组中查找 k 的值,如果找到则输出下标,否则输出 Not Found。代码如下:

```
for (i=0;i<10;i++)
{
    if (a[i]==k)
    {
        printf("Found: %d position is %d.\n",k,i);
        flag=1;
        break;
    }
}
```

2) 代码

完整代码如下:

```
#include<stdio.h>
int main()
{
    int i,flag,k;
```

```
int a[10];
printf("Enter 10 integers\n");
for (i=0;i<10;i++)
    scanf("%d",&a[i]);
printf("\n");
printf("Enter random k:");
scanf("%d",&k);
flag=0;
for (i=0;i<10;i++)
{
    if (a[i]==k)
    {
        printf("Found: %d position is %d.\n",k,i);
        flag=1;
        break;
    }
}
if (flag==0)
    printf("Not found %d.\n",k);
return 0;
}
```

3）任务扩展

有一个已排好序的数组，现输入一个数，要求按原来排序的规律将它插入数组中。

（1）任务分解。

步骤 1：定义一个排好序的一维数组 a，定义存放最大值变量 max，临时变量 temp1。

步骤 2：从键盘输入一个数 number。

步骤 3：将数组中最大的数赋给存放最大值变量 max。

步骤 4：如果 number 大于 max，则将 number 插入到数组的最后，否则将 number 与数组中的数从小到大逐一比较，将第一个大于 number 的数赋给临时变量 temp1，将 number 插入到该数所在位置。

步骤 5：将数组中大于 temp1 的数依次向后移动一个位置，将 temp1 插入。

步骤 6：将重新排序好的数组输出。

（2）任务要求：请根据上述任务分解步骤，自行编写出相应程序代码。

【任务 2】 从键盘输入 12 个整数，存入一个 3×4 的二维数组中，编程找出其中的最大值，以及最大值所在的行和列。

1）任务分解

步骤 1：声明一个二维数组 a[3][4]，并使用 for 循环语句为二维数组赋值。代码如下：

```
int a[3][4];
printf("The 3 * 4 array:\n");
for (i=0;i<3;i++)
{
    for (j=0;j<4;j++)
        scanf("%d",&a[i][j]);
```

```
        printf("\n");
    }
```

步骤 2：通过 for 循环遍历二维数组，逐行进行比较，如果比当前值大则用新值进行替换，并将相应的行号和列号赋给相应的变量，否则进行下一次比较。代码如下：

```
for (i=0;i<3;i++)
    for (j=0;j<4;j++)
        if (max<a[i][j])
        {
            max=a[i][j];
            row=i;
            column=j;
        }
```

步骤 3：输出数组中的最大值以及相对应的行号和列号。代码如下：

```
printf("max=%d,row=%d,column=%d\n",max,row,column);
```

2）代码

完整代码如下：

```
#include<stdio.h>
int main()
{
    int a[3][4];
    int max,row,column,i,j;
    printf("The 3 * 4 array:\n");
    for (i=0;i<3;i++)
    {
        for (j=0;j<4;j++)
            scanf("%d",&a[i][j]);
        printf("\n");
    }
    max=a[0][0];
    row=0;
    column=0;
    for (i=0;i<3;i++)
        for (j=0;j<4;j++)
            if (max<a[i][j])
            {
                max=a[i][j];
                row=i;
                column=j;
            }
    printf("max=%d,row=%d,column=%d\n",max,row,column);
    return 0;
}
```

3）任务扩展

求一个 3×3 矩阵对角线元素之和。

任务要求：试自行编写出相应程序代码。

【任务 3】 输入 5 个学生的高等数学、计算机和英语 3 门课程的成绩，计算每个同学的平均分。

1）任务分解

步骤 1：声明 5 行 3 列的二维数组，用于保存相应数据。代码如下：

```
int score[5][3];
for (i=0;i<5;i++)
{
    printf("please input 3 course of No %d\n",i+1);
    for (j=0;j<3;j++)
        scanf("%d",&score[i][j]);
    printf("\n");
}
```

步骤 2：用 for 语句遍历二维数组，计算每位同学 3 门课程的平均分。

（1）计算每位同学 3 门课程的总分（数组的一行代表一个同学 3 门课程的成绩）。代码如下：

```
for (i=0;i<5;i++)
{
    sum=0;
    for (j=0;j<3;j++)
        sum+=score[i][j];
}
```

（2）根据计算出每位同学成绩的总分求平均成绩。代码如下：

```
aver_stu=sum/3;
```

步骤 3：分别将每位同学的平均分输出。代码如下：

```
printf("The average score of No %d is %.1f\n",i+1,aver_stu);
```

2）代码

完整代码如下：

```
#include<stdio.h>
int main()
{
    int score[5][3];
    int i,j;
    float aver_stu,aver_course,sum;
    for (i=0;i<5;i++)
    {
        printf("please input 3 course of No %d\n",i+1);
```

```
        for (j=0;j<3;j++)
            scanf("%d",&score[i][j]);
        printf("\n");
    }
    for (i=0;i<5;i++)
    {
        sum=0;
        for (j=0;j<3;j++)
            sum+=score[i][j];
        aver_stu=sum/3;
        printf("The average score of No %d is %.1f\n",i+1,aver_stu);
    }
    return 0;
}
```

3）任务扩展

输入 5 个学生的高等数学、计算机和英语 3 门课程的成绩，计算每门课程的平均分。

（1）任务分解。

步骤 1：声明 5 行 3 列的二维数组，用于保存相应数据。

步骤 2：用 for 语句遍历二维数组，计算所有同学的每门课程的平均分。

步骤 3：分别将每门课程的平均分输出。

（2）任务要求：请自行编写出相应程序代码。

【任务 4】 从键盘输入一个字符串，再任意输入一个指定字符，删除字符串中的指定字符。

1）任务分解

步骤 1：声明字符数组，用 gets() 函数从键盘输入一个字符串。代码如下：

```
char str[30],new_str[30];
gets(str);
```

步骤 2：用 getchar() 函数从键盘任意输入一个字符。代码如下：

```
printf("Input a random character:\n");
c=getchar();
```

步骤 3：使用 for 循环对字符串循环遍历，在字符串中查找给定字符，如果找到，则将其删除。代码如下：

```
for (i=0,j=0;str[i]!='\0';i++)
{
    if (str[i]!=c)
        new_str[j++]=str[i];
}
```

步骤 4：最后输出新的字符串。

2）代码

完整代码如下：

```c
#include<stdio.h>
int main()
{
    char str[30],new_str[30];
    int i,j;
    char c;
    printf("Input a string:\n");
    gets(str);
    printf("Input a random character:\n");
    c=getchar();
    printf("Delete the input character from the string:\n");
    for (i=0,j=0;str[i]!='\0';i++)
    {
        if (str[i]!=c)
            new_str[j++]=str[i];
    }
    new_str[j]='\0';
    printf("The new string is:\n%s\n",new_str);
    return 0;
}
```

3）任务扩展

输入一个字符串，再从键盘输入任意一个字符，统计字符中包含键盘输入指定字符的个数。

（1）任务分解。

步骤1：声明字符数组，用 gets()函数从键盘输入一个字符串。

步骤2：用 getchar()函数从键盘任意输入一个字符。

步骤3：使用 for 循环对字符串循环遍历，设置判断条件：字符串的字符是否与键盘输入任意一个字符相等。

（2）任务要求：试根据上述任务分解步骤，自行编写出相应程序代码。

实验Ⅶ　函数程序设计

1. 实验目的

（1）掌握定义和调用函数的方法。

（2）掌握函数嵌套调用的方法。

（3）掌握通过"值传递"调用函数的方法。

（4）理解变量作用域和存在期的概念，掌握全局变量和局部变量，动态变量和静态变量的定义、说明和使用方法。

2. 实验内容

【任务 1】　编写一个函数 int prime(int a)，判断参数是否为素数。函数中有一个形参 a，当 a 为素数时，返回 1，反之，返回 0。

函数声明如下：

```
int prime(int a);
```

主函数如下：

```
#include<stdio.h>
int main()
{
    int a,b;
    printf("please input a number:\n");
    scanf("%d",&a);
    b=prime(a);
    if (b==1)
        printf("the number is a prime number.");
    else
        printf("the number is not a prime number.");
    return 0;
}
int prime(int a)  {  …  }
```

1）任务分解

步骤 1：已知的部分。

（1）函数声明。代码如下：

```
int prime(int a);
```

（2）主函数。代码如下：

```
#include<stdio.h>
```

```
int main()
{
    int a,b;
    printf("please input a number:\n");
    scanf("%d",&a);
    b=prime(a);
    if (b==1)
        printf("the number is a prime number.");
    else
        printf("the number is not a prime number.");
    return 0;
}
```

步骤 2：编写函数 int prime(int a)，实现素数的判断：素数是指在大于 1 的自然数中，除了 1 和此整数自身外，不能被其他自然数整除的数。

步骤 3：本任务的算法思想是，让参数除以从 2 开始直到自身的一半为止，如果出现整除，那么就说明 a 不是素数，直接返回 0，函数结束，如果整个 for 循环结束了都不出现上述情况，则说明从 2 开始直到 a 自身的一半为止都不存在 a 的约数，那么就说明 a 是素数，返回 1。代码如下：

```
int prime(int a)
{
    int i;
    for (i=2;i<=a/2;i++)
        if (a%i==0)
            return 0;
    return 1;
}
```

步骤 4：将被调用函数写在主函数后面，调用语句前面应该进行函数声明，综合各个部分代码，输出判断结果。

2) 代码

完整代码如下：

```
#include<stdio.h>
int main()
{
    int a,b;
    int prime(int a);
    printf("please input a number:\n");
    scanf("%d",&a);
    b=prime(a);
    if (b==1)
        printf("the number is a prime number.");
    else
        printf("the number is not a prime number.");
```

```
        return 0;
    }
    int prime(int a)
    {
        int i;
        for (i=2;i<a/2+1;i++)
            if (a%i==0) return 0;
        return 1;
    }
```

3）任务扩展

编写一个函数 int fun(int a)，判断一个整型数据是几位数。函数有一个形参 a，返回整型位数。

任务要求：请参照任务 1 通过函数调用编写出相应程序的完整代码。

【任务 2】　编程，输出 Fibonacci 数列 1,1,2,3,5,8,…的前 20 个数，每行输出 5 个。要求用递归函数计算斐波那契（Fibonacci）数列。

输入输出示例：

```
1   1   2   3
5   8   13  21
...
```

提示：Fibonacci 数列可以表示为 $\mathrm{fib}(1)=1,\mathrm{fib}(2)=1,\mathrm{fib}(n)=\mathrm{fib}(n-1)+\mathrm{fib}(n-2)$，其中 $n\geqslant3$。

1）任务分解

步骤 1：斐波那契数列，各项值特征：$f(n)=f(n-1)+f(n-2)$，且 $f(1)=1,f(2)=1$。递归函数代码如下：

```
long fibonacci(int n)
{
    if (n==0||n==1)
        return 1;
    else
        return fibonacci(n-1)+fibonacci(n-2);
}
```

步骤 2：在主函数中，通过循环变量 i，作为实参传递给 fibonacci（）函数。控制每行输出 5 个数据。代码如下：

```
for (i=1;i<=20;i++)
{
    printf("%-10ld",fibonacci(i));
    if (i%5==0)
        printf("\n");
}
```

步骤 3：函数 long fibonacci(int n)写在主函数前面，不用进行函数声明，综合 main（）函数和 fibonacci 函数,编写完整程序。

2) 代码

完整代码如下:

```c
#include<stdio.h>
#define COL 5              //一行输出 5 个
long fibonacci(int n)      //fibonacci 函数的递归函数
{
    if (n==0||n==1)
        return 1;          //fibonacci 函数递归的出口
    else
        return fibonacci(n-1)+fibonacci(n-2);
        //反复递归自身函数直到碰到出口处再返回就能计算出第 n 项的值
}
int main()
{
    int i,n;
    n=20;
    printf("Fibonacci 数列的前%d 项 \n", n);
    for (i=0;i<n;)            //输出 fibonacci 函数前 n 项每项的值
    {
        printf("%-10ld",fibonacci(i++));       //调用递归函数并且打印出返回值
        if (i%COL==0)
            printf("\n");                      //COL=5 表示每行输出 5 个
    }
    printf("\n");
    return 0;
}
```

3) 任务扩展

用递归实现字符串的逆序存放,例如,将字符串"－16385"转换为"－58361"。

任务要求:试自行编写程序得到与题目要求一致的结果。

【任务 3】 分别用全局变量和函数调用的方式,在自定义函数中找出 10 个学生的成绩中最高分、最低分,并求其平均分。在主函数中输出结果。

1) 任务分解

步骤 1: 10 个学生成绩输入。代码如下:

```c
{
    int i,data[10];
    for (i=0;i<10;i++)
        scanf("%d",&data[i]);
}
```

步骤 2: 将数组名作为实参传递至被调函数。

（1）调用求平均分函数 $f()$，输出 $f()$ 函数的返回值，将数组名 data 即数组首地址作为实参传递给 $f()$ 函数。代码如下：

```
printf("平均分%.2f\n", f(data));
```

（2）声明最高分变量 max 和最低分变量 min 为全局变量，并在求平均分函数 $f()$ 中比较获取并保存。代码如下：

```
for (i=1;i<10;i++)
{
    if (max<a[i])
        max=a[i];
    if (min>a[i])
        min=a[i];
}
```

（3）在求平均分函数 $f()$ 中，声明变量 sum 作为 10 个学生总分。代码如下：

```
for (i=1;i<10;i++)
{
    sum+=a[i];
}
```

（4）$f()$ 函数返回 sum/10.0，因为平均分不一定是整数。代码如下：

```
return sum/10.0;
```

步骤 3：输出统计后的结果。

2）代码

完整代码如下：

```
#include<stdio.h>
int max,min;
double f(int a[])
{
    int i,sum;
    max=a[0];
    min=a[0];
    sum=a[0];
    for (i=1;i<10;i++)
    {
        if (max<a[i])
            max=a[i];
        if (min>a[i])
            min=a[i];
        sum+=a[i];
    }
    return sum/10.0;
```

```
}
int main()
{
    int i,data[10];
    for (i=0;i<10;i++)
        scanf("%d",&data[i]);
    printf("平均分%.2f\n", f(data));
    printf("最高分%d 最低分%d\n",max,min);
    return 0;
}
```

3) 任务扩展

分别用全局变量和函数调用的方式,在自定义函数中求正方体的体积及 3 个面 x-y、x-z、y-z 的面积。在主函数中输入正方体的长宽高 l、w、h,用全局变量 s_1、s_2、s_3 表示 3 个面的面积,并在主函数输出结果。

任务要求：试自行编写出相应程序代码。

实验Ⅷ 指针的应用

1. 实验目的

(1) 通过实验进一步掌握指针的概念,学会定义和使用指针。
(2) 掌握指针和数组的关系:使用指针指向数组、通过指针引用数组元素等。
(3) 掌握指针和函数的关系:使用指针作为函数的参数。
(4) 掌握指针和字符串的关系:通过指针引用字符串中字符、使用指针指向字符串等。

2. 实验内容

【任务 1】 从键盘输入的变量 a、b 的值,分别输出 a、b 的值和其内存地址。

1) 任务分解

步骤 1:从键盘输入两个 int 型数据,将输入数据保存在变量 a、b 中。代码如下:

```
scanf("%d%d",&a,&b);
```

步骤 2:用指针变量 p 和 q 分别指向变量 a、b。代码如下:

```
p=&a;
q=&b;
```

步骤 3:比较两数大小并输出,并观察结果。代码如下:

```
printf("a=%d,b=%d\n",a,b);              /*方式1:通过变量名 a、b 访问*/
printf("&a=%d,&b=%d\n",&a,&b);
printf("*p=%d,*q=%d\n",*p,*q);          /*方式2:通过指针变量访问*/
printf("p=%d,q=%d\n",p,q);
```

2) 代码

完整代码如下:

```
#include<stdio.h>
int main()
{
    int a,b;
    int *p,*q;
    printf("please input integer a & b: ");
    scanf("%d%d",&a,&b);
    p=&a;
    q=&b;
    printf("a=%d,b=%d\n",a,b);              /*方式1:通过变量名 a、b 访问*/
    printf("&a=%d,&b=%d\n",&a,&b);
    printf("*p=%d,*q=%d\n",*p,*q);   /*方式2:通过指针变量访问*/
```

```
        printf("p=%d,q=%d\n",p,q);
        return 0;
}
```

3）任务扩展

比较键盘输入的 3 个字符的大小。

任务要求：试编写出相应程序代码。

【任务 2】　输入 10 名同学的 C 语言课程成绩，编写求总分函数与按成绩降序排列函数，同时求出该课程的平均分。

1）任务分解

步骤 1：从键盘输入 10 个 float 型数据（0～100），将数据保存在一维数组 score 中。代码如下：

```
for (i=0;i<10;i++)
{
    printf("input no.%d score: ",i+1);
    scanf("%f",&score[i]);
    while (score[i]<0||score[i]>100)
    {
        printf("error! input again: ");
        scanf("%f",&score[i]);
    }
}
```

步骤 2：将数组名与数组长度作为实参传递至被调函数。

（1）调用求总分函数 sum()，同时保存 sum() 函数的返回值，将数组名 score 即数组首地址与数组长度 10 作为实参传递给 sum() 函数。代码如下：

```
s=sum(score,10);
```

（2）调用降序排列函数 sort()，将数组名 score（即数组首地址）与数组长度 10 作为实参传递给 sort() 函数。代码如下：

```
sort(score,10);
```

步骤 3：在被调函数中使用指针指向数组并引用数组中指定下标的元素。

（1）在 sum() 函数形参部分声明指针变量 s 和整型变量 n 接收实参传递过来的数组首地址与数组长度，然后使用指针变量 s 引用数组 score 中的数据，求出 10 个成绩的总和并将和值返回。代码如下：

```
float sum(float * s,int n)
{
    float sum=0;
    for (int i=0;i<n;i++)
        sum+= * (s+i);              /*求总分,可写成 sum+=s[i]; */
    return sum;
}
```

（2）在 sort()函数形参部分声明指针变量 s 和整型变量 n 接收实参传递过来的数组首地址与数组长度，然后使用指针变量 s 引用数组 score 中的数据，使用选择排序法将数组中10 个数据按降序排列。代码如下：

```c
void sort(float * s,int n)
{    int i,j,max;
     float temp;
     for (i=0;i<n-1;i++)                    /* 选择排序法 */
     {
         max=i;
         for (j=i+1;j<n;j++)
             if ( * (s+max)< * (s+j))        /* 可写成 if (s[max]<s[j]) */
                 max=j;                      /* 记住每次比较后较大值的下标 */
         if (max!=i)
         {                                   /* 数据交换部分可写成 */
             temp= * (s+i);                  /* temp=s[i];    */
             * (s+i)= * (s+max);             /* s[i]=s[max]; */
             * (s+max)=temp;                 /* s[max]=temp; */
         }
     }
}
```

步骤 4：求平均分。代码如下：

```c
av=s/10;
```

步骤 5：输出总分、平均分和降序排列后结果。

2）代码

完整代码如下：

```c
#include<stdio.h>
float sum(float * s,int n)
{
    float sum=0;
    for (int i=0;i<n;i++)
        sum+= * (s+i);
    return sum;
}
void sort(float * s,int n)
{
    int i,j,max;
    float temp;
    for (i=0;i<n-1;i++)
    {
        max=i;
        for (j=i+1;j<n;j++)
            if ( * (s+max)< * (s+j))
```

```
                max=j;
        if (max!=i)
        {
            temp=* (s+i);
            * (s+i)=* (s+max);
            * (s+max)=temp;
        }
    }
}
int main()
{
    int i;
    float score[10],s,av;
    printf("please input 10 scores.\n");
    for (i=0;i<10;i++)
    {
        printf("input no.%d score: ",i+1);
        scanf("%f",&score[i]);
        while (score[i]<0||score[i]>100)
        {
            printf("error! input again: ");
            scanf("%f",&score[i]);
        }
    }
    s=sum(score,10);
    sort(score,10);
    av=s/10;
    printf("sum=%6.2f,average=%6.2f\n",s,av);
    printf("after sort:\n");
    for (i=0;i<10;i++)
        printf("%6.2f\n",score[i]);
    return 0;
}
```

3）任务扩展

输入任意 10 个整数到数组 num 中，编写函数实现将数组中数据逆序存放。

（1）任务分解。

步骤 1：从键盘输入 10 个 int 型数据并保存在一维数组 num 中。

步骤 2：将数组名与数组长度作为实参传递至被调函数。

步骤 3：在被调函数中使用指针指向数组并引用数组中指定下标的元素，以数组元素首尾交换的方法实现数组中数据的逆序存放，例如，将 num[0] 与 num[10−1] 互换，num[1] 与 num[10−2]……每对元素均需互换一次，需要交换的元素对数、交换次数是数组长度的一半。

步骤 4：输出逆序存放后结果。

（2）任务要求：请根据上述任务分解步骤，自行编写出相应程序代码。

【任务3】 输入一个字符串，删除其中所有空格字符。

1）任务分解

步骤1：因不规定输入字符串的长度，因此首先应定义一个有一定长度的字符数组，以保存输入的字符串。代码如下：

```
char str[100];
gets(str);
```

步骤2：将数组名作为实参传递至被调函数。代码如下：

```
del_space(str);
```

步骤3：在被调函数中使用指针指向字符数组并引用字符串中指定位置的字符。

① 指针指向字符数组。代码如下：

```
void del_space(char * s)
```

② 逐个检查字符串的每个字符。代码如下：

```
int i=0,j=0;
while ( * (s+i)!='\0')
```

③ 若当前字符不是空格字符，则字符赋值回原位置；若当前字符是空格字符，则空格字符不再赋值回原位置，而是跳过空白字符转去赋值下一个字符。代码如下：

```
if ( * (s+i)!=' ')
    * (s+j++)= * (s+i);
i++;
```

因空白字符不能再赋值回其原位置，相当于空白字符被删掉了。

④ 注意字符串最后要以'\0'结束。代码如下：

```
s[j]='\0';
```

步骤4：输出删除空格字符后的字符串。

2）代码

完整代码如下：

```
#include<stdio.h>
void del_space(char * s)
{
    int i=0,j=0;
    while ( * (s+i)!='\0')
    {
        if ( * (s+i)!=' ')
            * (s+j++)= * (s+i);
        i++;
    }
```

```
        s[j]='\0';
}
int main()
{
    char str[100];
    printf("Please enter a string:");
    gets(str);
    del_space(str);
    printf("Result: %s\n",str);
    return 0;
}
```

3）任务扩展

键盘输入一个任意字符串后，再输入一个指定字符，要求输出字符串中指定字符后剩余的字符。如输入指定字符为'a'，则输入字符串"Programming in C"后，输出"mming in C"。

（1）任务分解。

步骤 1：因不规定输入字符串的长度，因此首先应定义一个有一定长度的字符数组，以保存输入的字符串。

步骤 2：输入指定字符。

步骤 3：将字符数组与指定字符作为实参传递至被调函数。

步骤 4：在被调函数中使用指针指向字符数组并引用字符串中指定位置的字符。

① 指针指向字符数组。

② 逐个检查字符串的每个字符。

③ 检查字符串中是否存在指定字符，若存在，则从指定字符的下一个字符开始输出剩余的字符，输出结束需跳出循环控制。

（2）任务要求：根据上述任务分解步骤，自行编写出相应程序代码。

实验Ⅸ 复合数据类型

1. 实验目的

（1）掌握结构体类型变量的定义和使用。

（2）掌握结构体类型数组的概念和应用。

（3）掌握链表的概念，初步学会对链表进行操作。

2. 实验内容

【任务 1】 程序填空。下面程序首先定义了一个结构体变量（包括年、月、日），然后从键盘上输入任意的一天（包括年、月、日），最后计算该日在当年中是第几天，此时当然要考虑闰年问题。现在程序是一个不完整的程序，请你在下画线空白处将其补充完整，以便得到正确的答案，但不得增删原来的语句。

```
struct datetype {
    int year;
    int month;
    int day;
}date;
int main()
{
    int i,day_sum;
    static int day_tab[13]={0,31,28,31,30,31,30,31,31,30,31,30,31};
    printf("请输入年、月、日:\n");
    scanf("%d,%d,%d",&date.year, &date.month, &date.day);
    day_sum=0;
    for (i=1;i<date.month;i++)
        day_sum+=day_tab[i];
    ___(1)___;
    if ((date.year%4==0&&date.year%100!=0||date.year%400==0) && ___(2)___)
        day_sum+=1;
    printf("%d月%d日是%d年的第%d天\n",date.month,date.day,date.year,day_sum);
    return 0;
}
```

【任务 2】 输入 6 名学生的基本信息，每名学生的基本信息包括学号、姓名、性别、年龄、语文成绩、数学成绩、物理成绩、总分、平均分等数据项。根据各科成绩计算总分和平均分，并输出这 6 名学生的信息。

1）任务分解

步骤 1：构建学生基本信息的结构体，利用结构体类型数组元素存放 6 名学生的信息。

步骤 2：根据要求求出总分和平均分。

步骤 3：输出学生的基本信息情况。

2）代码

完整代码如下：

```c
#include<stdio.h>
#define N 6
struct student {
    char num[8];
    char name[20];
    char sex;
    int age;
    float chi_score,math_score,phy_score;
    float sum;
    float average;
};
int main()
{
    int i;
    struct student stud[N];
    /*输入 N 名学生的基本信息*/
    for (i=0;i<N;i++)
    {
        printf("\nThe student_number of number %d is:",i+1);
        gets(stud[i].num);
        printf("\nThe student_name of number %d is:",i+1);
        gets(stud[i].name);
        printf("\nThe student_sex of number %d is:",i+1);
        stud[i].sex=getchar();
        printf("\nThe student_age of number %d is:",i+1);
        scanf("%d",&stud[i].age);
        printf("\nThe Chinese_score of number %d is:",i+1);
        scanf("%f",&stud[i].chi_score);
        printf("\nThe math_score of number %d is:",i+1);
        scanf("%f",&stud[i].math_score);
        printf("\nThe physics_score of number %d is:",i+1);
        scanf("%f",&stud[i].phy_score);
    }
    /*计算学生的总分和平均分*/
    for (i=0;i<N;i++)
    {
        stud[i].sum=stud[i].chi_score+stud[i].math_score+stud[i].phy_score;
        stud[i].average=stud[i].sum/3;
    }
    /*输出学生的基本信息情况*/
```

```
printf("\nNumber  Name  Sex Age Chinese Math Physics Sum  Average");
printf("\n----------------------------------------");
for (i=0;i<N;i++)
{
    printf("\n%-8s%-20s%3c%3d",stud[i].num,
        stud[i].name,stud[i].sex,stud[i].age);
    printf("%6.2f%6.2f%6.2f",stud[i].chi_score,
        stud[i].math_score,stud[i].phy_score);
    printf("%6.2f%6.2f",stud[i].sum,stud[i].average);
}
printf("\n----------------------------------------");
return 0;
}
```

3) 任务扩展

建立一个包含若干学生数据的单向链表,并输出链表,本题给出了算法分析,自己编程实现。

(1) 分析:算法如下(用自然语言描述)。

① 定义所需的结构体类型,用 sizeof()求出该结构体类型数据所占空间长度。

② 用 malloc()函数开辟一个结点,并使 p1、p2 指向它。

③ 从键盘读入一个学生的数据给 p1 所指的结点。如果 pl—>num!=0,而且输入的是第一个结点的数据(n==1)时,则令 head=p1,使 head 指向新开辟的结点,该结点即为链表的头结点。

④ 类似地,再开辟另一个结点并使 p1 指向它,读入该结点的数据。

⑤ 如此循环,开辟若干结点并链接起来,直到 pl—>num==0 为止。

(2) 任务要求:根据上述算法分析,自行编写出相应程序代码,并上机实现。

实验 X 文件操作

1. 实验目的

（1）通过实验进一步掌握文件的基本概念，如文件的输入输出的基本概念、文件的两种组织形式、文件操作的一般步骤等。

（2）学习文件操作的基本算法，如读写等。

（3）了解如何将不同的数据（如数组数据、结构体数据）存入或读出文件的方法。

2. 实验内容

【任务 1】 有 5 名学生，每名学生有 3 门课的成绩，从键盘输入以上数据（包括学生号、姓名、3 门课成绩），计算出平均成绩，将原有的数据和计算出的平均分数存放在磁盘文件"stud"中。

1）任务分解

步骤 1：定义 struct student 结构体类型，并同时定义该类型的数组 stu[5]。代码如下：

```
struct student {
    char num[6];
    char name[8];
    int score[3];
    float avr;
} stu[5];
```

步骤 2：定义 FILE 类型的指针 fp，并循环填充 struct student 结构体数组的信息，并求出每个学生成绩平均分。代码如下：

```
for (i=0;i<5;i++)
{
    printf("\n please input No. %d score:\n",i);
    printf("stuNo:");
    scanf("%s",stu[i].num);
    printf("name:");
    scanf("%s",stu[i].name);
    sum=0;
    for (j=0;j<3;j++)
    {
        printf("score %d.",j+1);
        scanf("%d",&stu[i].score[j]);
        sum+=stu[i].score[j];
    }
    stu[i].avr=sum/3.0;
```

}

步骤 3：循环将学生信息和分数等数据写入文件中。代码如下：

```
for (i=0;i<5;i++)
    if (fwrite(&stu[i],sizeof(struct student),1,fp)!=1)
```

2）代码

完整代码如下：

```
#include<stdio.h>
struct student {
    char num[6];
    char name[8];
    int score[3];
    float avr;
} stu[5];
int main()
{
    int i,j,sum;
    FILE * fp;
    /* input */
    for (i=0;i<5;i++)
    {
        printf("\n please input No. %d score:\n",i+1);
        printf("stuNo:");
        scanf("%s",stu[i].num);
        printf("name:");
        scanf("%s",stu[i].name);
        sum=0;
        for (j=0;j<3;j++)
        {
            printf("score %d.",j+1);
            scanf("%d",&stu[i].score[j]);
            sum+=stu[i].score[j];
        }
        stu[i].avr=sum/3.0;
    }
    fp=fopen("stud","w+");
    for (i=0;i<5;i++)
        if (fwrite(&stu[i],sizeof(struct student),1,fp)!=1)
            printf("file write error\n");
    fclose(fp);
    return 0;
}
```

3）任务扩展

从键盘输入 3 个学生的数据，将它们存入文件 student.txt 中，然后再从文件中读出数据，显示在屏幕上。设学生数据包括学号、姓名、性别、年龄。

任务要求：请自行编写出相应程序代码。

【任务 2】 从键盘输入一个字符串，将小写字母全部转换成大写字母，然后输出到文件 test 中保存。输入的字符串以"!"结束。

1）任务分解

步骤 1：以可写的方式新建一个文件 test。代码如下：

```
if ((fp=fopen("test","w"))==NULL)
{
    printf("cannot open the file\n");
    exit(0);
}
```

步骤 2：从键盘输入字符，并将小写字母转换成大写字母后输入文件中。代码如下：

```
while (str[i]!='!')
{
    if (str[i]>='a'&&str[i]<='z')
        str[i]=str[i]-32;
    fputc(str[i],fp);
    i++;
}
```

步骤 3：将转换后的字符显示出来。代码如下：

```
fgets(str,strlen(str)+1,fp);
printf("%s\n",str);
```

2）代码

完整代码如下：

```
#include<stdio.h>
#include<stdlib.h>
#include<string.h>
int main()
{
    FILE * fp;
    char str[100],filename[10];
    int i=0;
    if ((fp=fopen("test","w"))==NULL)
    {
        printf("cannot open the file\n");
        exit(0);
    }
    printf("please input a string:\n");
```

```
    gets(str);
    while (str[i]!='!')
    {
        if (str[i]>='a'&&str[i]<='z')
            str[i]=str[i]-32;
        fputc(str[i],fp);
        i++;
    }
    fclose(fp);
    fp=fopen("test","r");
    fgets(str,strlen(str)+1,fp);
    printf("%s\n",str);
    fclose(fp);
    return 0;
}
```

3) 任务扩展

从键盘输入一些字符(大写字母或小写字母),将字符大写字母、小写字母各自进行排序后输入到一个文件打印出来,直到输入"#"结束。

任务要求:自己进行任务分解步骤,编写出相应程序代码。

【任务 3】 有两个文件 A 和 B,各存放一行字母,要求把这两个文件中的信息合并(按字母顺序排列),输出到一个新文件 C 中。

1) 任务分解

步骤 1:创建一个文件 A,并由键盘输入一串字符串。代码如下:

```
if ((fp=fopen("A","r"))==NULL)
{
    printf("file A cannot be opened\n");
    exit(0);
}
printf("\n A contents are :\n");
for (i=0;(ch=fgetc(fp))!=EOF;i++)
{
    c[i]=ch;
    putchar(c[i]);
}
```

步骤 2:创建一个文件 B,并由键盘输入一串字符串。代码如下:

```
if ((fp=fopen("B","r"))==NULL)
{
    printf("file B cannot be opened\n");
    exit(0);
}
printf("\n B contents are :\n");
for (i=0;(ch=fgetc(fp))!=EOF;i++)
```

```
{
    c[i]=ch;
    putchar(c[i]);
}
```

步骤 3：字符串排序。代码如下：

```
for (i=0;i<n;i++)
    for (j=i+1;j<n;j++)
        if (c[i]>c[j])
            t=c[i];c[i]=c[j];c[j]=t;
```

步骤 4：字符串写入文件。代码如下：

```
fp=fopen("C","w");
for (i=0;i<n;i++)
{
    putc(c[i],fp);
    putchar(c[i]);
}
```

2）代码

完整代码如下：

```
#include<stdio.h>
#include<stdlib.h>
int main()
{
    FILE * fp;
    int i,j,n,ni;
    char c[160],t,ch;
    if ((fp=fopen("A","r"))==NULL)
    {
        printf("file A cannot be opened\n");
        exit(0);
    }
    printf("\n A contents are :\n");
    for (i=0;(ch=fgetc(fp))!=EOF;i++)
    {
        c[i]=ch;
        putchar(c[i]);
    }
    fclose(fp);
    ni=i;
    if ((fp=fopen("B","r"))==NULL)
    {
        printf("file B cannot be opened\n");
        exit(0);
```

```
    }
    printf("\n B contents are :\n");
    for (i=0;(ch=fgetc(fp))!=EOF;i++)
    {
        c[i]=ch;
        putchar(c[i]);
    }
    fclose(fp);
    n=i;
    for (i=0;i<n;i++)
        for (j=i+1;j<n;j++)
            if (c[i]>c[j])
                t=c[i];c[i]=c[j];c[j]=t;
    printf("\n C file is:\n");
    fp=fopen("C","w");
    for (i=0;i<n;i++)
    {
        putc(c[i],fp);
        putchar(c[i]);
    }
    fclose(fp);
    return 0;
}
```

3) 任务扩展

有两个文件 A 和 B,各存放若干字符,要求把这两个文件中的信息合并并打印出每个字符以及此字符出现的个数,输出到一个新文件 C 中。

任务要求：根据上述任务分解步骤,自行编写出相应程序代码。

实验Ⅺ 位 运 算

1. 实验目的

（1）通过实验进一步掌握位运算的概念。
（2）通过实验进一步掌握位运算的方法和使用。

2. 实验内容

【任务 1】 编写一个函数，对任意一个输入的数获取它的奇数位（即从左边起第 1、3、5、…、15 位）不变偶数位取反的数并输出。

1）任务分解

步骤 1：从键盘输入一个 int 型数据，将输入数据保存在变量 a 中。代码如下：

```
scanf("%d",&a);
```

步骤 2：将此数与 0xAAAA 进行与运算。代码如下：

```
a=a&0xAAAA;
```

步骤 3：输出结果。代码如下：

```
printf("a=%d\n",a);
```

2）代码
完整代码如下：

```
#include<stdio.h>
int main()
{
    int a=0;
    printf("please input the number!\n");
    scanf("%d",&a);
    a=a&0xAAAA;
    printf("a=%d\n",a);
    return 0;
}
```

【任务 2】 将两个 16 位的二进制数拼接成一个 32 位的二进制数。要求以函数的形式编写。

1）任务分解

步骤 1：定义函数，设置函数的两个参数为 short 型的整数，函数返回 long 型。代码如下：

```
long CatenateBits16(short sHBits,short sLBits)
```

步骤 2：将第一个 16 位的值放入 32 位值的高 16 位，并清除低 16 位。代码如下：

```
long Num32Bit=0;
Num32Bit=sHBits;
Num32Bit<<=16;
Num32Bit &=0Xffff0000;
```

步骤 3：将第二个 16 位的数放入 Num32Bit 的低 16 位，并返回。代码如下：

```
Num32Bit |=(long)sLBits;
return Num32Bit;
```

2）代码

完整代码如下：

```
#include<stdio.h>
long CatenateBits16(short sHBits,short sLBits)
{
    long Num32Bit=0;
    Num32Bit=sHBits;
    Num32Bit<<=16;
    Num32Bit&=0Xffff0000;
    Num32Bit|=(long)sLBits;
    return Num32Bit;
}
int main()
{
    short sHBits,sLBits;
    scanf("%d%d",&sHBits,&sLBits);
    long result=CatenateBits16(sHBits,sLBits);
    printf("%ld\n",result);
    return 0;
}
```

3）任务扩展

将一个 32 位的二进制数按高 16 位和低 16 位拆写成两个 16 位的二进制数。

任务要求：请根据上述任务分解步骤，自行编写出相应程序代码。

【任务 3】 给出下面一串代码，请按步骤进行分析。代码如下：

```
#include<stdio.h>
int main()
{
    int a=12,b=10,c,d,e,f,g,h;
    c=a&b;
    d=a|b;
    e=a^b;
    f=a<<2;
    g=a>>2;
    h=~b;
```

```
    printf("%d\n",c);
    printf("%d\n",d);
    printf("%d\n",e);
    printf("%d\n",f);
    printf("%d\n",g);
    printf("%d\n",h);
    return;
}
```

1) 任务分解

步骤 1：可以看出，在程序的开始处定义了整型变量和常量，并且经行了一系列的位操作运算。代码如下：

```
int a=12,b=10,c,d,e,f,g,h;
c=a&b;
d=a|b;
e=a^b;
f=a<<2;
g=a>>2;
h=~b;
```

步骤 2：计算上述运算的结果。代码如下：

```
c=a&b;可知 c 应该是 8
d=a|b;可知 d 应该是 14
e=a^b;可知 e 应该是 6
f=a<<2;可知 f 应该是 48
g=a>>2;可知 g 应该是 3
h=~b;可知 h 应该是-11
```

步骤 3：显示打印的结果。代码如下：

```
8
14
6
48
3
-11
```

2) 任务扩展 1

给出以下程序段，请自行进行分析。

```
#include<stdio.h>
int main()
{
    int a=12,b=-10;
    printf("(%d)&(%d)=%d\n",a,b,a&b);
    printf("(%d)|(%d)=%d\n",a,b,a|b);
    printf("(%d)^(%d)=%d\n",a,b,a^b);
    printf("(%d<<2)=%d\n",a,a<<2);
```

```
    printf("(%d>>2)=%d\n",a,a>>2);
    printf("(%d~)=%d\n",b,~b);
    return 0;
}
```

任务要求：试根据上述任务分解步骤，自行进行代码分析。

3）任务扩展 2

任务要求：试根据上述任务分解步骤，自行编写出相应程序代码。

实验Ⅻ 编译预处理

1. 实验目的

(1) 掌握宏声明、文件包含、条件编译的使用。
(2) 掌握带参数的宏声明。

2. 实验内容

【任务1】 声明带参数的宏,求 3 个数中的最小值。

1) 任务分解

步骤 1：找 3 个数中的最小值,可以用一条嵌套的三目运算语句表示。代码如下：

```
(a<b)?((a<c)? a:c):((b<c)?b:c)
```

步骤 2：声明一个带 3 个参数的宏 MIN。代码如下：

```
#define MIN(a,b,c)   (a<b)?((a<c)? a:c):((b<c)?b:c)
```

步骤 3：从键盘输入 3 个 int 型数据,将输入数据保存在变量 x、y、z 中。
步骤 4：调用带参数的宏 MIN,求 3 个数中的最小值。

2) 代码

完整代码如下：

```
#include<stdio.h>
#define MIN(a,b,c)   (a<b)?((a<c)? a:c):((b<c)?b:c)
int main()
{
    int x,y,z,min;
    printf("请输入 3 个整数: \n");
    scanf("%d%d%d",&x,&y,&z);
    min=MIN(x,y,z);
    printf("最小的数是%d",min);
    return 0;
}
```

【任务2】 声明带参数的宏,求圆的面积和周长。

1) 任务分解

步骤 1：声明一个带 3 个参数的宏 $circle(s,l,r)$,用于通过半径(r)求圆的面积(s)和周长(l)。圆的面积计算公式为 $s=\pi r^2$,周长计算公式为 $l=2\pi r$,公式中 π 用 PI 表示。代码如下：

```
#define circle(s,l,r) s=PI * r * r;l=2 * PI * r;
```

步骤 2：输入半径 r_a。

步骤 3：通过调用带参数的宏 circle，求出圆的面积 s 和周长 l 并输出。代码如下：

```
circle(s,l,ra);
```

2) 代码

完整代码如下：

```
#include<stdio.h>
#define PI 3.14
#define circle(s,l,r) s=PI*r*r;l=2*PI*r;
int main()
{
    float s,l, ra;
    printf("请输入圆的半径值：\n");
    scanf("%f",&ra);
    circle(s,l,ra);
    printf("面积为%5.2f,周长为%5.2f",s,l);
    return 0;
}
```

【任务 3】 有下列两种选择：一是输出 1～100 的奇数和，二是输出 1～100 的偶数和。用条件编译来实现。

1) 任务分解

步骤 1：定义 FLAG 用于控制条件编译。FLAG 不为 0 时输出 1～100 的奇数和，FLAG 为 0 时输出 1～100 的偶数和。

```
#define FLAG   1
```

步骤 2：求 1～100 的偶数和，存在变量 sum1 中；1～100 的奇数和，存在变量 sum2 中。

步骤 3：若 FLAG 已经由 #define 命令所声明，输出 sum1；否则输出 sum2。

```
#if FLAG
    printf("偶数和为%d",sum1);
#else
    printf("奇数和为%d",sum2);
#endif
```

2) 代码

完整代码如下：

```
#include<stdio.h>
#define FLAG 1
int main( )
{
    int sum1=0,sum2=0,i;
    for (i=0;i<=100;i++)
        if (i%2==0)
```

```
                sum1=sum1+i;
            else
                sum2=sum2+i;
    #if FLAG
        printf("偶数和为%d",sum1);
    #else
        printf("奇数和为%d",sum2);
    #endif
    return 0;
}
```

3）任务扩展

用♯ifndef 语句实现本题。

【**任务 4**】 定义求两个自然数的最大公约数的函数，保存在 maxg.h 文件中。另外编写一个程序，调用上述函数求最小公倍数。

1）任务分解

步骤 1：在 maxg.h 文件中，定义函数 f(int a, int b)，使用辗转相除法求最大公约数。

步骤 2：在主程序中使用♯include 语句将其引入。主程序文件和文件 maxg.h 存放在相同的目录里。代码如下：

```
#include"maxg.h"
```

步骤 3：求最小公倍数。最小公倍数＝$a \times b$/最大公约数。代码如下：

2）代码

完整代码如下：

```
//maxg.h
int f(int a,int b)
{
    int temp;
    if (a>b)
    {
        temp=a;
        a=b;
        b=temp;
    }
    while (b!=0)        /*采用辗转相除法求最大公约数*/
    {
        temp=a%b;
        a=b;
        b=temp;
    }
    return a;
}
//另一个程序求最小公倍数
#include<stdio.h>
#include "maxg.h"
```

```
int main()
{
    int a,b,c;
    printf("请输入两个正整数: ");
    scanf("%d%d",&a,&b);
    c=a * b/f(a,b);
    printf("最小公倍数为%d",c);
    return 0;
}
```

任务要求：试自行编写出相应程序代码。

附　　录

附录 A 综合设计实验(课程设计)

通过 C 语言程序设计的学习后,读者应该通过运用 C 语言基本语法、基本程序结构、数组、函数、指针、文件等设计一个实际的应用项目,以达到综合运用程序设计语言的能力。有条件的应该进行 1~2 周的课程设计。本部分着眼于综合设计实验,结合中型实际应用项目实例(3 个不同类型的实例——用户登录系统、通讯录管理系统、字符串处理系统),讲解课程设计的目的与任务、程序设计方法、课程设计报告撰写,并给出一些课程设计任务供读者选做。

A.1 课程设计概述

A.1.1 课程设计目的与任务

C 语言课程设计是重要实践性环节。通过本课程设计,学生可以了解 C 语言的特点,掌握 C 语言的基本语法,结构化程序设计的思想,掌握使用 C 语言进行简单应用系统的开发,为今后从事实际工作打下基础。

课程设计的目的:

(1) 培养学生运用所学"C 语言程序设计"课程的理论知识和技能,分析解决软件开发实际问题的能力。

(2) 培养学生应用 C 语言程序设计的知识,分析、设计软件应用课题的思想和方法。

(3) 培养学生项目调研、查阅技术文献、资料、手册以及编写技术文献的能力。

(4) 培养学生理论与实际相结合能力,培养学生开发创新能力。

课程设计的基本任务:

(1) 通过开发简单的实际软件应用系统,掌握 C 语言基本语法,结构化的编程思想。

(2) 通过实际应用软件的分析、设计,掌握通过程序设计语言进行简单应用软件的开发能力。

A.1.2 课程设计基本内容与要求

1) 教学基本内容

(1) 理解 C 语言基本数据类型、运算符等基本语法。

(2) 掌握选择结构、循环结构的用法。

(3) 掌握数组、函数的灵活运用。

(4) 掌握结构体、指针、文件在解决实际问题中的应用,提高开发简单应用系统的能力。

2) 能力培养基本要求

(1) 掌握程序设计基本语法结构。

(2) 掌握结构化的编程思想。

（3）掌握使用程序设计语言进行简单应用系统开发。

（4）培养科学探索、科学创新的意识。

3）教学模式和教学方法的基本要求

教学单位应积极创造条件进行实验室开放，在教学时间、空间和内容上给学生较大的选择自由。创造条件，充分利用包括网络技术、多媒体教学软件等在内的现代教育技术丰富教学资源，拓宽教学的时间和空间。提供学生自主学习的平台和师生交流的平台，加强现代化教学信息管理，以满足学生个性化教育和全面提高学生科学实验素质的需要。

考核是课程设计教学中的重要环节，应该强化学生实验能力和实践技能的考核，鼓励建立能够反映学生科学设计能力的多样化的考核方式。

建议学生独立完成，也可分组实验，一般每组 1～3 人为宜。

A.1.3 课程设计考核

课程设计的考核方法是在课程设计过程中，检查上机操作过程和结果；课程设计结束时，要求学生写出课程设计报告，并按设计要求能够执行。要求如下。

（1）自己独立完成，最终提交课程设计报告和实验成果（有条件的可以采取项目答辩的方式）。

（2）指定时间必须在实验机房上机。

（3）最终成绩包括平时考勤成绩（20％）、检查成绩（40％）、报告成绩（40％）。

注：最终考核成绩采用一票否决制，如果 3 项中有 1 项成绩达不到 60％则视为课程设计不及格。

（4）实验设计内容可是指定的题目，也可以自选题目。

（5）课程设计必须完成任务书上的基本要求才能达到及格以上，并且也可以根据自己的能力扩展任务书以外的功能。

注：上述考核形式只供参考，在实际教学中可结合自身情况灵活考核。

A.2 程序设计方法

C 语言是结构化的程序设计语言，在用 C 语言进行程序设计中，尤其是实际应用项目中，必须采用结构化的程序设计思想。结构化的程序设计强调程序设计风格和程序结构的规范化，提倡清晰的结构。结构化程序设计的基本思想是，把一个复杂问题的求解过程分阶段进行，每个阶段处理的问题都是控制在人们容易理解和处理的范围内。

（1）自顶向下，逐步细化。当拿到一个实际应用项目后，首先需要分析该项目，一般采用的方法是"自顶向下，逐步细化"。将复杂问题进行分解，由高度抽象到逐步具体的方法，形成树状结构。在分解中，采用逐层分解的方式，先总体后局部，突出全局结构，可避免全局性的差错和失误。逐步细化的目标是，使各层次之间联系少，可靠性高，便于修改。

（2）模块化。当对复杂问题进行分解后，需要对各个模块进行设计。即将一个复杂的软件系统分成若干相对独立的模块，对各模块明确规定输入、输出和调用方式，且具体设计、编码和调试均有相当大的独立性，也就是"高内聚，低耦合"，使模块的功能相对独立，模块与模块之间的联系尽量少。这样，模块结构的可靠性高，独立性强，易于调用、维护和扩充。

（3）结构化。当各个模块设计好后，需要进行编码，C 语言是结构化的语言，在编码中必须使程序的结构清晰、规范，使其可读性好、可靠性高。

在复杂软件系统开发中，结合结构化的程序设计方法，其开发过程为需求分析、系统设计、程序设计、系统调试。

A.2.1　需求分析

简单地说，需求分析就是在程序设计之前弄清楚用户的需求，即用户需要一个什么样的软件系统，以及实现该软件系统所需的资源情况等。在该环节中，根据用户的具体要求进行以下的分析工作。

（1）用户需求分析。用户需求分析包括功能需求、性能需求、可靠性和可用性需求、将来可能提出的需求等。功能需求主要了解用户需要哪些功能模块，务必详细了解用户的功能需求，并不断与用户沟通交流并确认无误。性能需求需要由程序设计者根据用户的需求进行分析，达到什么样的要求，例如程序运行时间的限制。可靠性和可用性需求是指程序在实际运行中遇到特殊情况该怎样处理以保证用户的程序能够可靠运行。在对用户的需求进行分析时还需要考虑用户将来可能提出的需求，预留程序接口以满足将来程序的升级。总之，用户需求分析就是要务必详细具体地了解用户要解决的问题，明确为了达到用户要求和系统的需求，系统必须做什么，系统必须具体哪些功能。

（2）系统的数据要求。任何一个软件系统本质上都是信息处理系统，而信息本质上就是数据，因此，对于数据要求的分析是程序设计的重要任务。通过分析需要处理的实际问题，了解已知或需要的输入数据、输出数据，以及数据需要进行哪些处理。

（3）可行性分析。对于用户的需求需要进行全面分析，用户提出的问题是否值得去解决，在现有的技术水平或软、硬件条件下是否具有可行的解决办法。

（4）软、硬件环境分析。需要对系统的硬件环境和软件环境进行分析，确定设计软件和软件将来运行的软、硬件环境。

A.2.2　系统设计

系统设计包括总体设计和详细设计，总体设计通常用结构图描述程序的结构，包括各个模块以及模式之间的关系，图 A-1 是常见的总体设计结构图。

详细设计就是逐步细分的过程，即划分功能模块，并对每个功能模块进行功能描述，定义输入、输出、函数调用形式。在详细设计中最重要的是模块化，模块是构成程序的基本构件。将每个功能划分成各个独立的模块，如果某个功能较大也可细分成多个模块。划分模块的原则是"高内聚，低耦合"，将要实现的功能全部集中到某个模块中，并且模块与模块之间的联系尽可能少。简单地说，模块化设计就是把复杂的问题分解成许多容易解决的小问题，然后对各个小问题逐个解决。

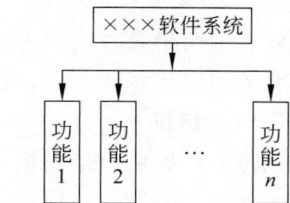

图 A-1　常见的总体设计结构图

A.2.3　程序设计

程序设计就是编码工作，需要对各个模块进行代码实现。在对每个模块编码前，必须对该模块的算法进行设计,设计中采用结构化的编码思想,先画出模块算法流程图,然后对算法的每部分采用基本程序结构(顺序结构、选择结构、循环结构)实现。在结构化的编码中,可采用分工合作的形式,先编写一个或几个模块,再组成形成一整套软件系统。需要注意的是,在模块编码中,必须严格遵守详细设计中对各个模块的定义(输入、输出、函数调用形式)。

A.2.4 系统调试

代码实现后必须进行系统调试,以确保程序能够正确运行以及尽可能多地发现问题并解决。在系统测试中需要注意选择典型测试数据,以避免测试数据选择不当造成程序计算出现偏差,并且需要对各种可能出现的意外情况进行充分测试,以避免运行错误。

上述只是针对 C 语言进行程序开发中给出的一般的程序设计方法和简单的开发步骤,对于大型软件项目远比这个复杂得多。

A.3　课程设计任务书

附录 B 给出一些参考的课程设计任务书,读者可选择性使用。

A.4　课程设计报告

1. 问题描述
详细给出问题的描述,包括功能要求、数据要求、输入输出要求、数据存储要求等。

2. 课程设计目的
结合本书 A.1 节以及问题描述中所要用到的 C 语言的理论知识进行阐述。

3. 总体设计
首先给出问题的功能说明,然后进行任务分解,画出程序功能结构图,并阐述每个模块的功能。

4. 详细设计
对每个模块进行详细设计。包括对模块功能描述,定义输入、输出、函数调用形式。并给出模块的算法步骤,算法流程图。

5. 运行结果
对各个功能模块给出输入数据及运行结果。

6. 体会
课程设计的收获,不足。

7. 附录(源代码)
源代码必须有足够的注释。
后面的实例中将按上述模板进行描述。

附录 B   课程设计任务书

B.1   职工信息管理系统

职工信息管理是所有企、事业单位中都要遇到的问题。设计一个操作简便、简单实用的职工信息管理系统对于提高企、事业单位工作效率具有重要意义。本系统实现对职工信息的录入、显示、修改、查找、增加、保存等操作。

1. 需要处理的数据

需要处理的数据如表 B-1 所示。

表 B-1   需要处理的数据

字 段 名	类型及长度	是否为空	举 例 或 说 明
ID	int(4)	不为空	职工编号,自动生成,起始 1001
Name	char(32)	不为空	姓名,如"张三"
Birth	date	不为空	出生日期(定义 Date 结构体,包含年月日)
Tel	char(32)	不为空	电话,如"18012345678",注意,此处定义为字符串,若定义为 long,则会因为数据范围问题不能存储手机号码
Address	char(80)	可为空	地址,如"人民路 20 号"
Position	char(30)	可为空	职称或职务,如"讲师"或系主任
EntryDate	date	不为空	参加工作时间(定义 Date 结构体,包含年月日)
Depart	char(80)	不为空	所在部门
EducationDegree	char(80)	不为空	学历,如"大专、本科、硕士、博士、大专以下"

2. 系统功能

① 信息录入。实现数据的录入,一次可录入 1 人或多人,录入的数据需要保存到文件中。

② 信息显示。实现数据的显示,每次显示的是当前最新的职工信息。

③ 信息修改。通过输入姓名或职工编号,查找到该职工的所有信息,然后对其进行修改,职工号、出生日期、参加工作时间不能修改。

④ 信息查询。提供至少 3 种以上查询方式(如姓名、职工号、学历)。

⑤ 信息删除。删除指定的姓名或职工号的职工信息。

⑥ 信息保存。录入、修改、删除后需要将数据保存到文件。

⑦ 可自行添加更多功能。

3. 数据结构说明

职工信息数据量不限,要求采用链表存储结构。所有数据需要保存到文件,凡是数据有改动的操作都需要保存。

B.2 飞机订票系统

飞机订票系统可以方便航空公司管理和乘客订票。本系统实现机票的预订、机票的管理。

1. 需要处理的数据

需要处理的数据如表 B-2 和表 B-3 所示。

表 B-2 航班信息表

字 段 名	类型及长度	是否为空	举 例 或 说 明
FlightID	char(20)	不为空	航班号，如"FY1001"
StartCity	char(20)	不为空	起飞地，如"北京"
ReachCity	char(20)	不为空	目的地，如"上海"
Seating	int(4)	不为空	座位数，如"70"
IsEmptySeating	int[150]	不为空	座位订出情况，一个整型数组，数组元素值为0(未订出)和1(已订出)
StartTime	char(20)	不为空	起飞时间，如"8:00"
ReachTime	char(20)	不为空	到达时间，如"12:00"

表 B-3 订票信息表

字 段 名	类型及长度	是否为空	举 例 或 说 明
OrderID	char(20)	不为空	订单号，如"Order1001"
Name	char(30)	不为空	订票人，如"张三"
IDcard	char(18)	不为空	身份证号
FlightID	char(20)	不为空	航班号，如"FY1001"
SeatNo	int(4)	不为空	座位号，所订座位号码

2. 系统功能

① 信息录入。首先需录入航班信息，每个班次一个航班号。一次可录入 1 个或多个航班信息，航班信息需保存在文件中。

② 信息显示。打印输出航班信息。

③ 查询航班信息。可按至少 3 种以上查询方式，如空座信息、起飞时间、起飞地、目的地等。

④ 订票预约。输入订票人信息，所订航班号，座位号。当订票成功后，航班信息表中座位信息要更新。

⑤ 退票。输入订票信息，对应航班信息表中的座位信息要更新。

⑥ 可自动添加更多功能。

3. 数据结构说明

航班信息和订票信息数据量不确定，采用链表存储结构，所有数据需保存到文件，凡是有数据更改需更新文件中的内容。

B.3　简易英汉词典

英汉词典作为一个常用的学习工具,是经常要使用的。该系统能完成一个简单的英汉词典的功能,如单词的查找、增词、删除、修改和排序等工作。

1. 需要处理的数据

词典的内容为,每行对应一个词条,每个词条由两个字符串组成,字符串用若干空格符分开;前一个是单词字符串(英文),后一个是释义字符串(中文),使用分号作为多个释义的分隔符(无空格)。每个释义字符串不少于 10 个、不多于 80 个字符。

2. 系统功能

① 词典录入。录入单词及翻译,每次可录入 1 条或多条。录入的数据要保存到文件。

② 查询词典。按单词查询和按释义查询。

③ 修改词条。修改指定单词的词条。

④ 删除词条。删除指定单词的词条。

⑤ 排序词条。按单词字符串进行排序。

⑥可自行添加更多功能。

3. 数据结构说明

总共单词不超过 500 条,以中学和大学单词为主。

B.4　游戏账号管理系统

现代生活中,一个人常同时玩多个游戏,设计一个简单实用的游戏账号的管理系统有利于玩家有效管理游戏账号。本系统要求实现游戏账号信息的录入、显示、删除、查询、修改、排序等操作。

1. 需要处理的数据

需要处理的数据如表 B-4 所示。

表 B-4　游戏账号信息表

字 段 名	类型及长度	是否为空	举 例 或 说 明
GameID	char(50)	不为空	游戏账号,如"G1001"
GamePW	char(50)	不为空	游戏密码,如"123456"
GameName	char(50)	不为空	游戏名称,如"Dota"
Grade	int(4)	可为空	游戏等级,如"5"
Balance	float(8)	可为空	账号余额,如"10.3"

2. 系统功能

① 录入。录入游戏账号信息,一次可录入 1 条或多条,并保存到文件中。注意,同一游戏允许多个不同账号,不同游戏允许相同账号。

② 显示。显示游戏信息。

③ 查询。可按多种方式查询,如按游戏名称、游戏等级等。

④ 修改。修改指定账号的信息。

⑤ 删除。删除指定账号。

⑥ 排序。按游戏等级,账号余额排序。

⑦ 可自行添加更多功能。

3. 数据结构说明

账号信息最多 100 条,采用结构体数组存储数据。

B.5　简易文本处理系统

简易文本处理系统实现字符串的相关操作。包括复制、插入、删除、查找、替换等功能。

1. 需要处理的数据

文本由多行字符串组成,每行一个字符串,每行字符数不超过 80。字符中内容可为任何字符,包括中文。

2. 系统功能

① 数据录入。每行字符串中可包括任何字符,包括空格、Tab 字符、中文字符等,输入回车表示该行录入结束,每行字符数不超过 80。可支持录入 1 行或多行,录入的数据需要保存到文件中。

② 数据显示。显示一行或多行字符串。

③ 子串查找。能查找任意一个子串的内容,并返回该子串所在的行数及所在位置。

④ 子串替换。找到要替换的子串,并用新的字符串替换。若找到多个子串,则提示是否替换所有的子串。

⑤ 子串插入。在字符串中指定位置插入一个子串。

⑥ 子串删除。删除指定的子串。

⑦ 可自行添加更多功能。

3. 数据结构说明

每行字符串的长度不超过 80,最大行数不超过 200 行。采用字符串数组表示。字符串需要保存到文件,如果是第一次运行需要输入数据,第二次运行可直接打开文件读入字符串。

B.6　猜数字游戏

该游戏可以由程序随机产生或由用户输入 4 个 0~9 的数字,且不重复。玩游戏者通过游戏提示输入 8 次匹配上面所输入的数字。A 表示位置正确且数字正确,B 表示数字正确而位置不正确。

1. 游戏规则举例

测试数据:

3792

第 1 次：

1234 ✓
0A2B

第 2 次：

5678 ✓
0A1B

第 3 次：

0867 ✓
0A1B

第 4 次：

9786 ✓
1A1B

第 5 次：

1794 ✓
2A0B

第 6 次：

2793 ✓
2A2B

第 7 次：

3792 ✓
4A0B
游戏成功!!!

2. 功能说明

① 使用菜单选择进行用户输入数据还是随机产生数据。

② 所有玩家需注册账号和密码。

③ 需先登录才能玩游戏。

④ 可统计玩家成绩并排序。所有玩家成绩需保存在文件中。玩家成绩计算如下：

若每位玩家共玩 m 次，游戏成功 s 次，成功次数中输入次数分别为 $s_1, s_2, \cdots, s_n$，则其成绩为 $\dfrac{s_1 + s_2 + \cdots + s_n}{8m} \times 100$。该数值越小成绩越好。

⑤ 玩家游戏结束后，需给出其成绩累计成绩，并对其进行排序。

⑥ 可自行添加更多功能。

附录 C 课程设计报告实例

C.1 用户登录系统课程设计报告

1. 问题描述

用户登录系统是大多数实际软件中常用的模块,既可以保证系统的安全性,又可以提高对用户使用的管理。根据实际软件系统的要求,用户登录功能也有较大差异。本实例要求设计一个简单的用户登录系统,只涉及登录用户的操作,不涉及后台管理。

(1) 需要处理的数据。需要处理的数据如表 C-1 所示。

表 C-1 需要处理的数据

字 段 名	类型及长度	是否为空	举 例 或 说 明
UserID	char[32]	不为空	用户名,如"Zhang"
Password	char[32]	不为空	密码,如"123456"
Age	int[4]	可为空	年龄,如 20
Gender	char[32]	可为空	性别,如"male"
Address	char[32]	可为空	地址,如"RenMin Road 18"
Tel	long int[8]	可为空	电话,如 18012345678

(2) 系统功能。

① 用户注册。用户第一次使用时进行注册,将注册信息保存到文件。注册时需要检查该用户名是否存在,若存在需重新输入用户名,直到输入的用户名不存在为止;注册密码需要输入两次同样的密码,如两次密码不同需重新输入,直到两次相同为止。密码输入时在屏幕上不能显示密码明文,只能显示星号。

② 登录。用户通过输入用户名和密码进行登录,如果用户名和密码输入正确则显示登录成功。如果用户名输入不正确则退回到主菜单;只有用户名输入正确后才能进入到密码输入,如果密码输入不正确,可以再次输入 3 次密码,如果 3 次都不正确,则退回到主菜单。

③ 修改用户信息。用户只有登录成功才能修改个人信息,个人信息只能修改年龄、性别、地址、电话。

④ 修改密码。只有用户登录成功才能修改密码,修改密码时需要连续输入两次新密码,只有两次输入相同才能修改密码成功,否则重新输入新密码,直到两次完全相同为止。

⑤ 可自行添加新功能。

(3) 数据结构说明及举例。用户数据采用带头结点的单链表处理。所有数据存储到文件中,文件名在程序中采用常量指定。系统数据结构如图 C-1 所示。

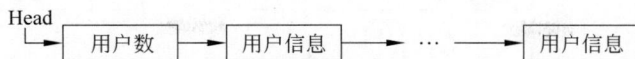

图 C-1　用户登录数据结构图

2.课程设计目的

(1)掌握 C 语言字符数组、函数、指针、单链表、文件的综合运用。

(2)领悟模块化、结构化的编程思想。

(3)培养小型实际软件应用系统的设计与编码能力。

3.总体设计

系统需要解决用户登录、用户注册、密码修改、个人信息修改功能。系统功能结构如图 C-2 所示。用户登录是指输入正确的用户名和密码即可登录。用户注册指用户第一次使用时需要输入注册信息,密码修改是指用户登录成功后可能修改自己的密码,个人信息修改功能可以修改个人的年龄、性别、地址和电话。本系统只涉及用户登录模块,不涉及后台管理,只有用户信息数据,采用带头结点的单链表表示数据,所有数据保存到文件。

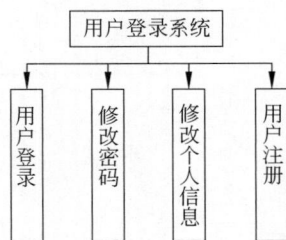

图 C-2　用户登录功能结构图

4.详细设计

根据系统功能及要求,可设计 4 个大模块:输入输出模块、文件操作模块、系统功能模块、主程序调用模块。

(1)输入输出模块。该模块包含的函数及接口如表 C-2 所示。

表 C-2　输入输出模块函数及接口

函　　数	形参及说明	返回值	函 数 功 能
Menu_Login()	无	void	打印主菜单
InputPassword()	char ＊pw(带回输入后的密码)	void	输入密码,采用星号显示
InputData()	struct Head_User ＊Head (用户信息单链表头指针)	void	输入用户注册信息,并添加到单链表表尾
OutputData()	struct Head_User ＊Head (用户信息单链表头指针)	void	输出用户信息

① Menu_Login()函数:该函数只是打印主菜单,使用打印语句即可。

② InputPassword()函数:该函数的功能是将输入的字符用"＊"显示。使用 C 语言提供的字符输入函数 getch()完成,该字符输入函数只接收输入的字符而不在屏幕上显示。如果输入的字符回车则退出输入,如果输入的字符是退格键则不打印"＊",否则使用 printf()函数打印"＊"。流程图如图 C-3 所示。

③ InputData()函数:输入用户信息实现注册功能。首先输入用户名,检测用户名是否存在,若存在,则重新输入直到输入的用户名不存在为止;若不存在,则输入两次密码。若两次密码输入不同,则重新输入直到相同为止;若两次相同,则输入其他信息,并将该用户信息

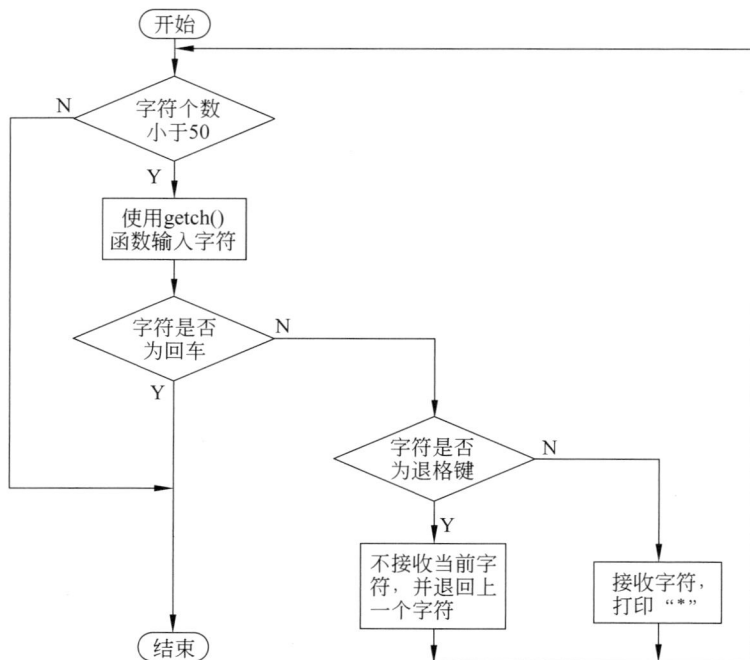

图 C-3　输入密码流程图

添加到单链表表尾。流程图如图 C-4 所示。

　　④ OutputData()函数：输出用户信息函数,该模块只是循环访问单链表,依次输出每个结点中的数据。

　　(2)文件操作模块。实现数据的保存和读取。该模块包含的函数及接口如表 C-3 所示。

表 C-3　文件操作模块函数及接口

函　　　数	形 参 及 说 明	返回值	函 数 功 能
SaveData()	struct Head_User ＊ Head（用户信息单链表头指针）	void	将单链表中的数据保存到文件中
ReadData()	struct Head_User ＊ Head（用户信息单链表头指针）	int 0：成功 —1：不成功	从文件中读取数据,每读取一条,将其添加到单链表表尾

　　① SaveData()函数：保存数据。以只写方式打开文件,循环访问单链表,将单链表中结点数据写入文件。流程图如图 C-5 所示。

　　② ReadData()函数：读取数据。首先检查文件是否存在（使用_access()函数）,若不存在,则退出函数。以只读方式打开文件,开辟新结点,从文件中读取数据。每执行一个读取操作判断是否读到文件尾,若没有,则将读到的数据添加到单链表表尾；若到文件尾,则退出。流程图如图 C-6 所示。

　　(3)系统功能模块。实现系统的主要功能。该模块包含的函数及接口如表 C-4 所示。

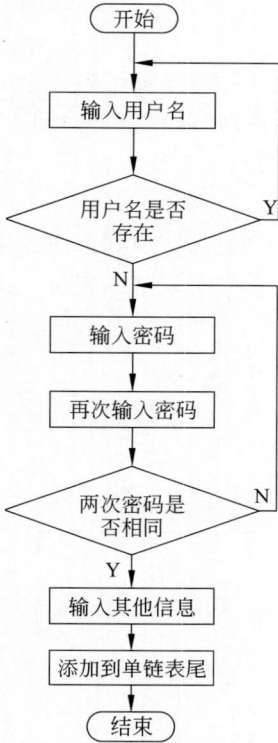

图 C-4 输入数据（用户注册）
流程图

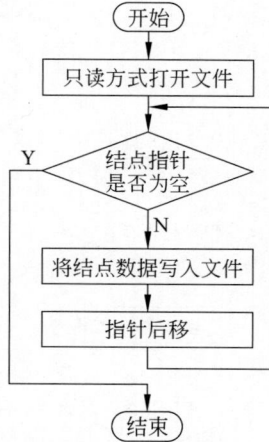

图 C-5 保存数据流程图

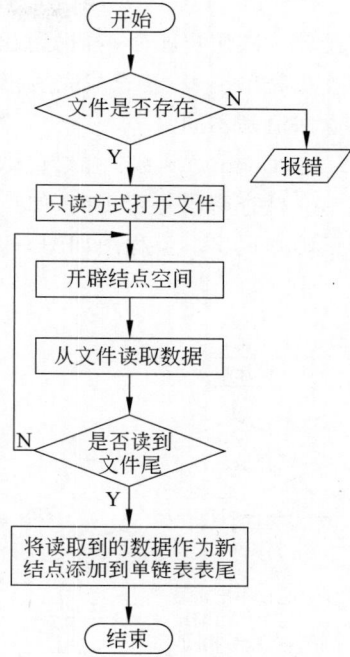

图 C-6 读取数据流程图

表 C-4 系统功能模块函数及接口

函 数	形参及说明	返回值	函 数 功 能
UserID_IsExist( )	struct Head_User * Head （用户信息单链表头指针） char * UserID（用户账号）	int 0：不存在 1：存在	判断用户账号是否在单链表中
Find_UserID( )	struct Head_User * Head （用户信息单链表头指针） char * UserID（用户账号）	struct User * 找到：返回该用户结点指针 没找到：NULL	在单链表中查找用户，若找到，则返回该用户结点指针；若没找到，则返回 NULL
Login( )	struct Head_User * Head （用户信息单链表头指针） char * Login_UserID（登录账号）	int 1：成功 0：失败	用户登录，输入账号密码登录
RegisterUser( )	struct Head_User * Head （用户信息单链表头指针）	void	实现用户注册，将注册信息保存到文件
Modify_UserInformation( )	struct Head_User * Head （用户信息单链表头指针）	void	修改用户信息，只能修改性别，年龄，地址，电话
Setting_Password( )	struct Head_User * Head （用户信息单链表头指针）	void	设置密码，只有登录成功后才能设置密码

① UserID_IsExist()函数：判断用户是否存在函数。用户账号在单链表中是否存在，若存在，则返回 1；若不存在，则返回 0。流程图如图 C-7 所示。

② Find_UserID()函数：查找用户账号函数。对单链表进行循环访问，每访问一个结点比较一次用户账号，若找到退出函数，则返回该结点指针；若不存在，则继续循环访问，直到查找完单链表，若查找完后仍没找到，则返回为 NULL。其流程图与 4-7 基本相同，只是在返回值是不同。

③ Login()函数：登录函数。首先输入账号，如果账号存在则输入密码，否则退回到主菜单。检查密码是否正确，如正确则登录成功，否则重新输入密码；如果输入密码超过 3 次不正确则退出。流程图如图 C-8 所示。

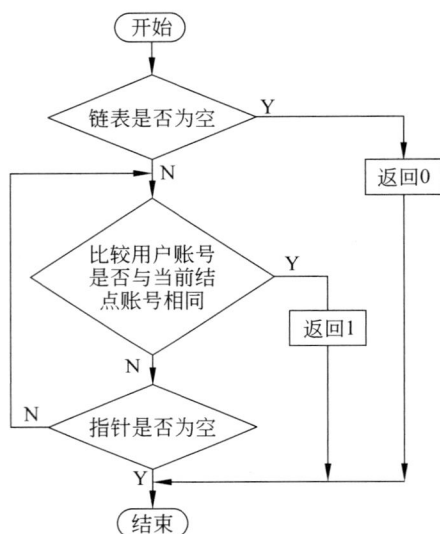

图 C-7　判断账号是否存在流程图　　　　　　图 C-8　用户登录流程图

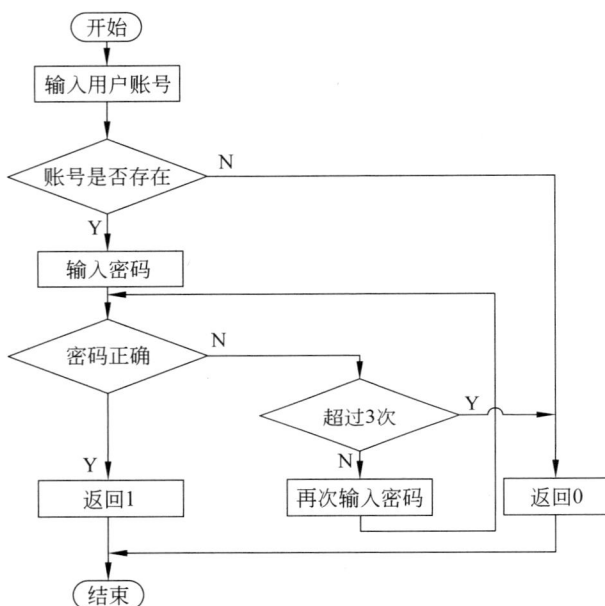

④ RegisterUser()函数：用户注册函数。直接调用前面的输入数据函数 InputData()和保存数据函数 SaveData()即可。

⑤ Modify_UserInformation()函数：修改用户信息函数。首先登录（调用 Login()函数），若登录不成功则退出。找到用户结点，修改性别，年龄，地址，电话信息，然后保存数据（调用 SaveData()函数）。流程图如图 C-9 所示。

⑥ Setting_Password()函数：设置（修改）用户密码函数。首先登录（调用 Login()函数），若登录不成功则退出。找到用户结点，连续输入两次密码，若两次密码不相同，则重新输入直到相同为止。更新结点密码，保存数据（调用 SaveData()函数）。流程图如图 C-10所示。

（4）主程序调用模块。采用选择菜单结构实现。首先从文件中读取用户信息，然后输入选择功能（0～4），其中 1 为登录，2 为注册，3 为修改信息，4 为设置密码。流程图如图 C-11所示。

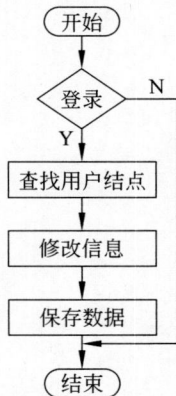

图 C-9　修改用户信息流程图　　　图 C-10　修改密码流程图　　　图 C-11　主程序调用流程图

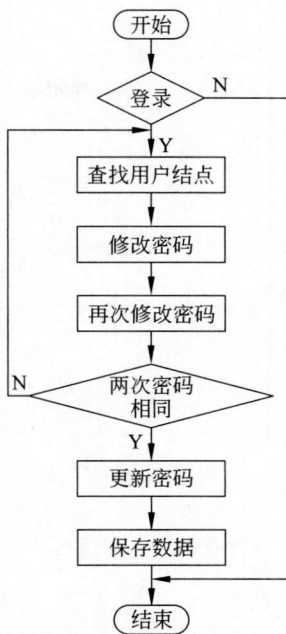

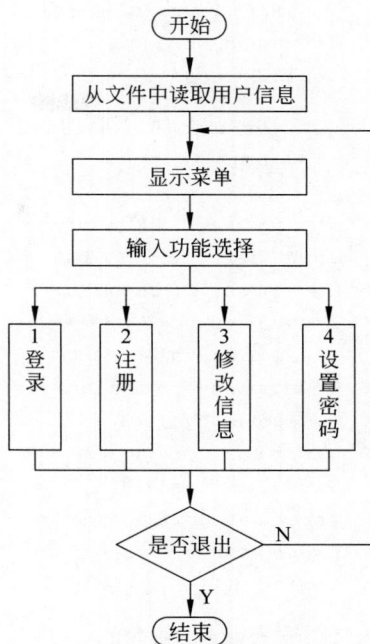

5. 运行结果

（1）登录。登录可能出现 4 种情况：1 次登录成功；多次输入密码成功；3 次密码输入不成功；输入账号不存在。其运行结果如下。

① 1 次登录成功。

运行结果：

```
/***************User Login System***************/
                1 Login
                2 Register
                3 Setting Password
                4 Modify Information
                0 exit
/**********************************************/
Input select(0-4): 1↙
Input UserID: james↙
Input password: *****↙
Login Successful!
```

② 多次输入密码成功。

运行结果：

```
··············主菜单略··················
Input select(0-4): 1↙
Input UserID: jiang↙
Input password: *******↙
```

Password invalid!

Input password again: ***↙

Login Successful!

③ 3 次密码输入不成功。

运行结果：

·············主菜单略·················

Input select(0-4): **1**↙

Input UserID: **cheng**↙

Input password: *******↙

Password invalid!

Input password again: *******↙

Password invalid!

Input password again: ******↙

Password invalid!

Input password again: *******↙

Input password more than 3, exit to menu!

Login Fail!

④ 输入账号不存在。

运行结果：

·············主菜单略·················

Input select(0-4): **1**↙

Input UserID: **skjvd**↙

UserID: skjvd is not existed!

Exit to Menu for Login or Register!

Login Fail!

（2）注册。

运行结果：（限于篇幅，此处只给出正确注册的结果）

·············主菜单略·················

Input select(0-4): **2**↙

Input UserID: **Sun**↙

Input password: ******↙

Input password again: ******↙

Input Age: **34**↙

Input Gender: **female**↙

Input Address: **人民路 15 号**↙

Input Telephone: **8653421**↙

（3）设置密码。

运行结果：（限于篇幅，此处只给出正确注册的结果）

·············主菜单略·················

Input select(0-4): **3**↙

Input UserID: **jiang**↙

Input password: ***↙

```
Input new password: *****↙
Input new password again: *****↙
```

（4）修改信息。

运行结果：（限于篇幅，此处只给出正确注册的结果）

```
……………主菜单略………………
Input select(0-4): 4↙
Input UserID: jam↙
Input password: ***↙
Please modify your information.
Input age: 30↙
Input Gender: male↙
Input Address: 中山路10号↙
Input Telephone: 81234567↙
```

6. 体会

课程设计的收获、不足。（略）

7. 附录（源代源）

本实例包含5个文件，Login.h用于定义数据结构和声明外部函数；InputOutput.c用于定义输入输出模块的函数；FileIO.c用于定义文件操作模块的函数；Function.c用于定义功能函数；main.c用于定义主调函数。各文件源代码如下：

```c
/**********************************************************************/
/* Login.h     用户登录接口模块                                      */
/**********************************************************************/
#include<stdio.h>
#include<stdlib.h>
#include<string.h>
#include<conio.h>
#include<io.h>
struct User {                    /* 用户结点 */
    char UserID[32];             /* 用户名 */
    char Password[32];           /* 密码 */
    int Age;                     /* 年龄 */
    char Gender[32];             /* 性别 */
    char Address[32];            /* 地址 */
    long Tel;                    /* 电话 */
    struct User * next;
};
struct Head_User {               /* 头结点 */
    int n;                       /* 结点个数 */
    struct User * next;
};
extern void Menu_Login();
extern void InputData(struct Head_User * Head);
extern int UserID_IsExist(struct Head_User * Head,char * UserID);
```

```
extern void InputPassword(char * pw);
extern void InputData(struct Head_User * Head);
extern void OutputData(struct Head_User * Head);
extern void SaveData(struct Head_User * Head);
extern int ReadData(struct Head_User * Head);
extern int Login(struct Head_User * Head,char * Login_UserID);
extern void RegisterUser(struct Head_User * Head);
extern void Modify_UserInformation(struct Head_User * Head);
extern void Setting_Password(struct Head_User * Head);
/****************************************************************/
/* InputOutput.c      输入输出模块                               */
/****************************************************************/
#include "Login.h"
/****************************************************************/
/* Menu_Login: 登录菜单                                          */
/****************************************************************/
void Menu_Login()
{
    printf("/************** User Login System ****************************/\n");
    printf("                   1 Login\n");
    printf("                   2 Register\n");
    printf("                   3 Setting Password\n");
    printf("                   4 Modify Information\n");
    printf("                   0 exit\n");
    printf("/************************************************* */\n");
}
/****************************************************************/
/* InputPassword: 输入密码,密码字符小于 50,采用星号显示            */
/* pw: 返回输入的密码                                            */
/****************************************************************/
void InputPassword(char * pw)
{
    char p[50];          /* 密码最多 50 个字符 */
    int i=0;
    while (i<50 ){
        /* 接收字符但不回显 */
        p[i]=getch();
        /* 遇到回车键则退出输入 */
        if (p[i]=='\r')
            break;
        /* 遇到退格键则不接收字符,且光标退回一位 */
        if (p[i]=='\b')
        {
            i=i-1;
            printf("\b \b");
        }
        /* 接收字符并在屏幕输入星号 */
        else
```

```
        {
            i=i+1;printf(" * ");
        };
    }
    printf("\n");
    p[i]='\0';
    strcpy(pw,p);
}
/****************************************************************************/
/* InputData: 输入用户信息,并添加到链表尾(实际为注册用户)                    */
/* Head: 链表头                                                              */
/****************************************************************************/
void InputData(struct Head_User * Head)
{
    struct User * tmp, * tmp1;
    int IsExist;
    char pw[32];
    tmp=Head->next;
    if (tmp!=NULL)
        while(tmp->next!=NULL)
        tmp=tmp->next;                                          /* 将 tmp 移到链表尾 */
    tmp1=(struct User * ) malloc(sizeof(struct User));
    tmp1->next=NULL;
    tmp1->Age=0;
    strcpy(tmp1->Password,"NULL");
    strcpy(tmp1->Gender,"NULL");
    strcpy(tmp1->Address,"NULL");
    tmp1->Tel=0L;
    do {        /* 输入用户 ID,若已存在,则重新输入,直到输入正确为止 */
        printf("Input UserID: ");
        scanf("%s",tmp1->UserID);
        IsExist=UserID_IsExist(Head,tmp1->UserID);
        if(IsExist) printf("%s is existed!\n",tmp1->UserID);
    } while(IsExist);
    do {        /* 输入密码,如果两次输入的密码不同,则重新输入,直到相同为止 */
        printf("Input password: ");
        InputPassword(tmp1->Password);
        printf("Input password again: ");
        InputPassword(pw);
        if (strcmp(tmp1->Password,pw))printf("the two input password is different!\n");
    } while (strcmp(tmp1->Password,pw));
    printf("Input Age: ");
    scanf("%d",&tmp1->Age);
    printf("Input Gender: ");
    scanf("%s",tmp1->Gender);
    printf("Input Address: ");
    scanf("%s",tmp1->Address);
    printf("Input Telephone: ");
```

```
        scanf("%ld",&tmp1->Tel);
        if (tmp==NULL)      /* 第一个结点 */
        {
            tmp=tmp1;
            Head->next=tmp;
        }
        else                /* 非第一个结点 */
            tmp->next=tmp1;
}
/***********************************************************************/
/* OutputData: 输出用户信息                                             */
/* Head: 链表头                                                        */
/***********************************************************************/
void OutputData(struct Head_User * Head)
{
    struct User * tmp;
    tmp=Head->next;
    if (tmp==NULL)
    {
        printf("User information is empty!\n");
        return;
    }
    printf("UserID Password Age Gender Address Tel\n");
    printf("-------------------------------------------\n");
    while (tmp)
    {
        printf("%s %s %d %s %s %ld\n",tmp->UserID,tmp->Password,tmp->Age,
            tmp->Gender,tmp->Address,tmp->Tel);
        tmp=tmp->next;
    }
}
/***********************************************************************/
/* FileIO.c    文件操作模块                                            */
/***********************************************************************/
#include "Login.h"
const char FileName[32]="UserInfomation.txt";
/***********************************************************************/
/* SaveData: 保存数据                                                  */
/* Head: 链表头指针                                                    */
/***********************************************************************/
void SaveData(struct Head_User * Head)
{
    FILE * fp;
    struct User * tmp;
    tmp=Head->next;
    fp=fopen(FileName,"wt");
    if (tmp==NULL)
    {
```

```
        fclose(fp);
        return;
    }
    while (tmp!=NULL)
    {
        fprintf(fp,"%s %s %d %s %s %ld\n",tmp->UserID,tmp->Password,tmp->Age,
            tmp->Gender,tmp->Address,tmp->Tel);
        tmp=tmp->next;
    }
    fclose(fp);
}
/************************************************************************/
/* ReadData: 读取数据                                                    */
/* Head: 链表头指针                                                      */
/* 返回值: 如果读取不成功返回-1,读取成功返回 0                             */
/************************************************************************/
int ReadData(struct Head_User * Head)
{
    FILE * fp;
    struct User * tmp, * tmp1;
    int err;
    if ( ( _access(FileName, 0 ))==-1 )
        return-1;                                   /* 数据文件不存在 */
    fp=fopen(FileName,"rt");
    do {
        tmp=(struct User * )malloc(sizeof(struct User));
        tmp->next=NULL;
        err=fscanf(fp,"%s %s %d %s %s %ld\n",tmp->UserID,tmp->Password,
            &tmp->Age,tmp->Gender,tmp->Address,&tmp->Tel);
        if (err!=EOF)
        {
            if (Head->n==0)                         /* 第一个结点时 */
            {
                tmp1=tmp;
                Head->next=tmp1;
            }
            else
            {
                tmp1->next=tmp;
                tmp1=tmp;
            }
            Head->n++;
        }
        else break;
    } while (1);
    fclose(fp);
    if (Head->n==0)
        return-1;
```

```
        else return 0;
    }
/***************************************************************/
/* Function.c      主要功能模块                                 */
/***************************************************************/
#include "Login.h"
/***************************************************************/
/* UserID_IsExist: 判断用户 ID 是否已存在                        */
/* 返回值: 0: 不存在, 1: 存在 */
/* Head: 头指针                                                 */
/* UserID: 用户 ID                                              */
/***************************************************************/
int UserID_IsExist(struct Head_User * Head,char * UserID)
{
    struct User * tmp;
    tmp=Head->next;
    if (tmp==NULL)
        return 0;                          /* 空链表,用户 ID 不存在 */
    while (tmp!=NULL)
    {
        if (strcmp(tmp->UserID,UserID)==0)
            return 1;
        tmp=tmp->next;
    }
    return 0;
}
/***************************************************************/
/* Find_UserID: 查找用户 ID                                     */
/* 返回值: 若找到返回该用户结点指针,否则返回 NULL                 */
/* Head: 头指针                                                 */
/* UserID: 用户 ID                                              */
/***************************************************************/
struct User * Find_UserID(struct Head_User * Head,char * UserID) {
    struct User * tmp;
    tmp=Head->next;
    if (tmp==NULL)
        return NULL;                       /* 空链表,用户 ID 不存在 */
    while (tmp!=NULL)
    {
        if (strcmp(tmp->UserID,UserID)==0)
            return tmp;                                    /* 找到 */
        tmp=tmp->next;
    }
    return NULL;                                         /* 没找到 */
}
/***************************************************************/
/* Login: 登录函数                                              */
/* 返回值: 登录成功返回 1,否则返回 0                              */
```

```
/* Head: 头指针                                                          */
/* Login_User: 登录用户指针,返回该用户结点指针                              */
/**********************************************************************/
int Login(struct Head_User * Head,char * Login_UserID)
{
    struct User  * tmp;
    char UserID[32],Password[32];
    int Flag,x;
    tmp=Head->next;
     /*输入用户 ID,如不存在,直接退回到主菜单*/
    {
        printf("Input UserID: ");
        scanf("%s",UserID);
        tmp=Find_UserID(Head,UserID);      /*查找用户 ID*/
        if (tmp==NULL) /*用户 ID 不存在*/
        {
            printf("UserID: %s is not existed!\n",UserID);
            printf("Exit to Menu for Login or Register!\n");
            return 0;
        }
    }
    /*输入密码,如输入不正确则重新输入,如超过 3 次不正确则回到主菜单*/
    {
        printf("Input password: ");
        InputPassword(Password);
        Flag=strcmp(tmp->Password,Password);
        x=0;
        if (Flag!=0)     /*输入的密码不正确*/
        {
            while (x<3)
            {
                printf("Password invalid!\n");
                printf("Input password again: ");
                InputPassword(Password);
                x++;
                if (strcmp(tmp->Password,Password)==0)
                    break;                      /*密码正确,退出循环*/
            }
            if (x==3)                            /*超过 3 次,退回到主菜单*/
            {
                printf("Input password more than 3,exit to menu!\n");
                return 0;
            }
        }
    }
    strcpy(Login_UserID , tmp->UserID);
    return 1;
}
```

```
/*******************************************************************/
/* Register: 注册                                                   */
/* Head: 头指针                                                     */
/*******************************************************************/
void RegisterUser(struct Head_User * Head)
{
    InputData(Head);
    SaveData(Head);
}
/*******************************************************************/
/* Modify_UserInformation: 修改用户信息                              */
/* Head: 头指针                                                     */
/*******************************************************************/
void Modify_UserInformation(struct Head_User * Head)
{
    struct User * tmp;
    char Login_UserID[32];
    tmp=Head->next;
    /* 首先要登录,只有登录成功才能修改 */
    if (Login(Head,Login_UserID)==0)        /* 登录不成功 */
    {
        printf("Modify User Information Fail\n");
        return;
    }
    /* 登录成功后,修改用户信息 */
    {
        while (tmp)                           /* 找到链表中的用户结点指针 */
        {
            if (strcmp(tmp->UserID,Login_UserID)==0)
                break;
            else
                tmp=tmp->next;
        }
        /* 修改链表中的用户信息,只能修改性别,年龄,地址,电话 */
        printf("Please modify your information.\n");
        printf("Input age: ");
        scanf("%d",&tmp->Age);
        printf("Input Gender: ");
        scanf("%s",tmp->Gender);
        printf("Input Address: ");
        scanf("%s",tmp->Address);
        printf("Input Telephone: ");
        scanf("%ld",&tmp->Tel);
        SaveData(Head);                  /* 保存数据 */
    }
}
/*******************************************************************/
/* Setting_Password: 设置密码                                       */
```

```
/* Head: 链表头指针                                                      */
/********************************************************************/
void Setting_Password(struct Head_User * Head)
{
    struct User  * tmp;
    char Login_UserID[32];
    char pw1[32],pw2[32];
    tmp=Head->next;
    /* 首先要登录,只有登录成功才能修改密码 */
    if (Login(Head,Login_UserID)==0)      /* 登录不成功 */
    {
        printf("Setting Password User Information Fail\n");
        return;
    }
    while (tmp)                           /* 找到链表中的用户结点指针 */
    {
        if (strcmp(tmp->UserID,Login_UserID)==0)
            break;
        else
            tmp=tmp->next;
    }
    /* 设置密码,连续输入两次密码,直到两次相同为止 */
    {
        do {
            printf("Input new password: ");
            InputPassword(pw1);
            printf("Input new password again: ");
            InputPassword(pw2);
        } while (strcmp(pw1,pw2)!=0);
        strcpy(tmp->Password,pw1);        /* 更新链表中用户的密码 */
    }
    SaveData(Head);
}
/********************************************************************/
/* main.c 主调函数                                                      */
/********************************************************************/
#include "Login.h"
int main()
{
    struct Head_User * Head;
    char Login_UserID[32];
    int select;
    Head=(struct Head_User * )malloc(sizeof(struct Head_User));
    Head->n=0;
    Head->next=NULL;
    ReadData(Head);
    do {
        Menu_Login();
```

```
        printf("Input select(0-4): ");
        scanf("%d",&select);
        switch(select)
        {
            case 1:
                if (Login(Head,Login_UserID)==1)
                    printf("Login Successful!\n");
                else
                    printf("Login Fail!\n");
                break;
            case 2:
                RegisterUser(Head);
                break;
            case 3:
                Setting_Password(Head);
                break;
            case 4:
                Modify_UserInformation(Head);
                break;
        }
    } while (select!=0);
    return 0;
}
```

C.2　通讯录管理系统课程设计报告

1. 问题描述

通讯录在日常生活工作中非常重要。一个操作简便、简单实用的通讯录管理系统会为人们的生活和工作带来便利。本系统实现对通讯录信息进行录入、显示、修改、删除、查找、保存等操作的管理。

（1）需要处理的数据。需要处理的数据如表 C-5 所示。

表 C-5　需要处理的数据

字 段 名	类型及长度	是否为空	举 例 或 说 明
ID	int(4)	不为空	自动生成,起始 1001
Name	char(32)	不为空	姓名,如"张三"
Tel	long(8)	不为空	电话,如"18012345678"
Address	char(80)	可为空	地址,如"人民路 20 号"

（2）系统功能。

① 信息录入。实现数据的录入,录入的数据需要保存到文件。

② 信息显示。实现数据的显示,每次显示的是当前最新的通讯录信息。

③ 信息修改。通过输入姓名,查找到该姓名的通讯录信息,然后对其进行修改。

④ 信息查询。分别以编号、姓名、电话进行查询。

⑤ 信息删除。通过删除通讯录中某人的信息。

⑥ 信息保存。录入、修改、删除后需要将数据保存到文件。

⑦ 可自行添加更多功能。

（3）数据结构说明。通讯录信息最多 500 条。可采用链表和结构体数组进行处理。所有数据需要保存到文件中。

2. 课程设计目的

（1）掌握 C 语言数组（或链表）、函数、文件等综合运用；

（2）掌握信息管理系统的设计与编码，掌握基本的数据录入、显示、增加、删除、修改、查询等基本功能的实现；

（3）领悟模块化设计、结构化编码的思想。

3. 总体设计

通讯录管理系统需要实现数据录入、显示、删除、查询、修改等功能。数据录入可动态录入通讯信息，每次可录入一条或多条；数据显示从文件中读取数据，并按格式显示在屏幕上；数据删除为删除指定姓名的通讯录信息；数据修改为修改指定姓名的通讯录信息；数据查询可按编号、姓名、电话方式查询，如果找到则显示该条信息。所有数据按结构体数组方式处理，并保存到文件中。系统功能结构如图 C-12 所示。

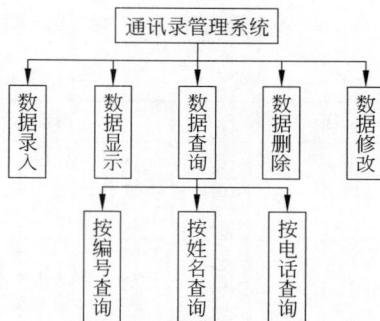

4. 详细设计

根据系统功能及要求，可设计 4 个模块：输入输出模块、文件操作模块、系统功能模块、主程序调用模块。

（1）输入输出模块。该模块包含的函数及接口如表 C-6 所示。

图 C-12　通讯录管理系统功能结构图

表 C-6　输入输出模块函数及接口

函　　　数	形参及说明	返　回　值	函 数 功 能
Menu()	无	void	显示主菜单
Query_SubMenu()	无	void	显示查询子菜单
InputFormation()	struct AddressBook AB[ ]（通讯录信息数组）int n（通讯录信息数）	int（当前数组中信息数）	输入通讯录信息，一次可以输入一条或多条
OutputInformation()	struct AddressBook AB[ ]（通讯录信息数组）int n（通讯录信息数）	void	显示输出

① Menu()函数：该函数实现主菜单的打印，只需要用 printf()函数调用即可。

② Query_SubMenu()函数：该函数实现查询子菜单的打印，只需要 printf()函数调用即可。

③ InputFormation()函数：输入通讯录信息数据，对数据编号进行自动加 1，初始值为 1001。每输入一条信息后进行询问是否继续输入，若不继续，则返回信息数并退出。流程图如图 C-13 所示。

④ OutputInformation()函数：将数组中的数据循环输出。流程图如图 C-14 所示。

图 C-13 的流程图：

开始 → 输入通讯录信息 → 数据编号自动加1 → 继续输入? (Y 返回输入通讯录信息 / N) → 返回信息数 → 结束

图 C-14 的流程图：

开始 → i=0 → i<n? (N 结束 / Y) → 显示通讯录信息 → i++ → (返回 i<n?)

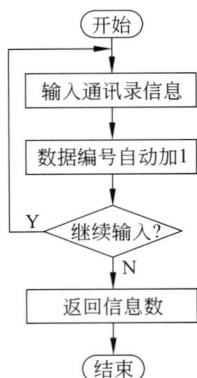

图 C-13　输入数据流程图　　**图 C-14　显示输出数据流程图**

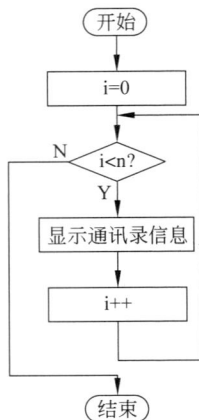

（2）文件操作模块。该模块包含的函数及接口如表 C-7 所示。

表 C-7　文件操作模块函数及接口

函　　数	形参及说明	返　回　值	函 数 功 能
WriteInformation()	struct AddressBook AB［］（通讯录信息数组）int n（通讯录信息数）	void	将数据写入文件
ReadInformation()	struct AddressBook AB［］（通讯录信息数组）	int（返回读取的数据条数，若文件不存在，返回－1）	从文件中读取数据

① WriteInformation()函数：将数据写入文件函数。以只写方式打开文件,采用循环依次将数据中的数据写入文件中。流程图如图 C-15 所示。

② ReadInformation()函数：从文件读入数据函数。首先判断文件是否存在,若不存在,则返回－1并退出。以只读方式打开文件,循环读取数据,每读一次判断是否读到文件尾,若到文件尾,则返回信息数并退出。流程图如图 C-16 所示。

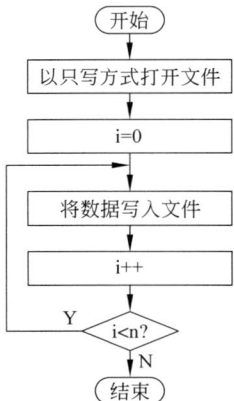

图 C-15 的流程图：

开始 → 以只写方式打开文件 → i=0 → 将数据写入文件 → i++ → i<n? (Y 返回将数据写入文件 / N) → 结束

图 C-16 的流程图：

开始 → 文件存在? (N 返回－1 / Y) → 以只读方式打开文件 → 读取数据 → 读到文件尾? (N 返回读取数据 / Y) → 返回信息数 → 结束

图 C-15　数据写入文件流程图　　**图 C-16　从文件读入数据流程图**

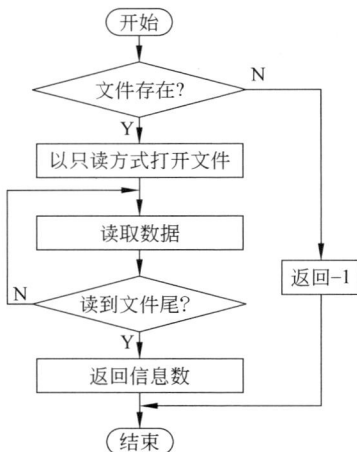

（3）系统功能模块。该模块包含的函数及接口如表 C-8 所示。

表 C-8　系统功能模块函数及接口

函　　数	形参及说明	返　回　值	函　数　功　能
QueryByID()	struct AddressBook AB[]（通讯录信息数组） int n（通讯录信息数）	void	按数据 ID 号进行查询
QueryByName()	struct AddressBook AB[]（通讯录信息数组） int n（通讯录信息数）	void	按姓名进行查询
QueryByTel()	struct AddressBook AB[]（通讯录信息数组） int n（通讯录信息数）	void	按电话进行查询
QueryName()	struct AddressBook AB[]（通讯录信息数组） int n（通讯录信息数） char ＊Name（待查询的姓名）	int 若找到返回该姓名在数组中的下标；若没找到返回－1	查找指定姓名的位置,按姓名查询并返回其在数组中的下标
Query()	struct AddressBook AB[]（通讯录信息数组） int n（通讯录信息数）	void	通过选择菜单按不同方式进行查询
Modify()	struct AddressBook AB[]（通讯录信息数组） int n（通讯录信息数）	void	修改指定姓名的通讯录信息
Delete()	struct AddressBook AB[]（通讯录信息数组） int n（通讯录信息数）	void	删除指定姓名的通讯录信息

　　① QueryByID()函数：按数据 ID 方式查询数据。输入 ID,与数组中每个信息中的 ID 进行比较,若相同,则输出该条通讯录信息并退出；如果数组访问完也没有找到,则退出。流程图如图 C-17 所示。

　　② QueryByName()函数：按姓名方式查询。与 QueryByID()函数类似,只是输入和比较的对象是姓名。

　　③ QueryByTel()函数：按电话方式查询。与 QueryByID()函数类似,只是输入和比较的对象是电话。

　　④ QueryName()函数：查找指定姓名的位置,若找到则返回该姓名的通讯录信息在数组中的下标,若没找到,则返回－1。对数组进行循环,将输入的姓名与数组中某条信息的姓名进行对比,若相同,则返回数组下标并退出；若数组全部访问完也没找到,则返回－1。流程图如图 C-18 所示。

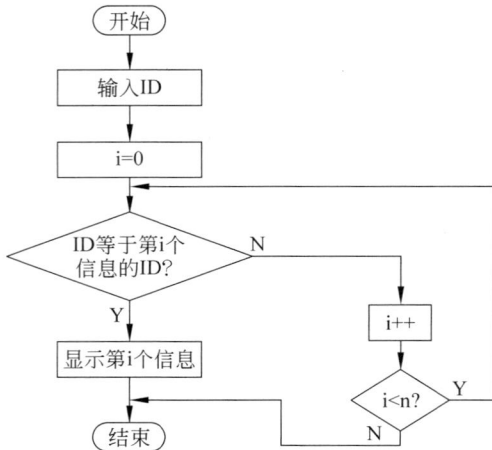

图 C-17 按 ID 方式查询流程图

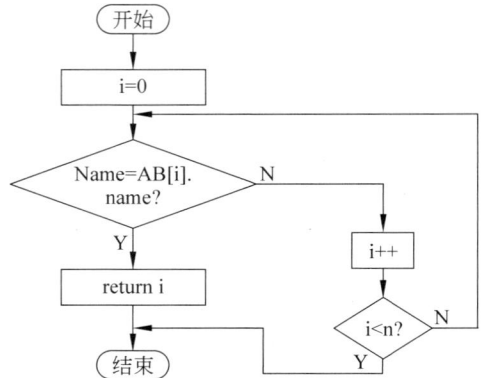

图 C-18 查找指定姓名的位置流程图

⑤ Query()函数：查询子模块主调函数。采用选择菜单，按不同方式进行查询。流程图如图 C-19 所示。

⑥ Modify()函数：修改指定姓名的通讯录信息。输入姓名，查找在数组中的位置（使用 QueryName()函数），若位置为－1，则直接退出。修改通讯录信息，保存数据（使用 WriteInformation()函数）。流程图如图 C-20 所示。

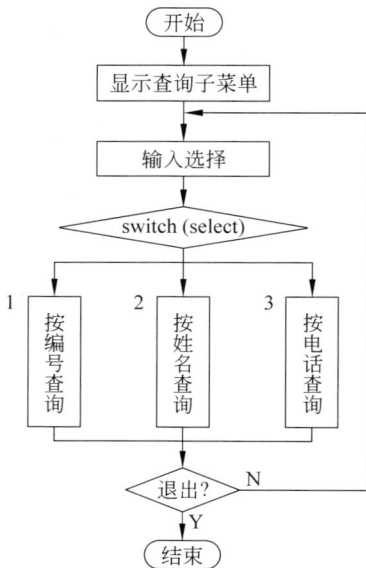

图 C-19 查询子功能流程图

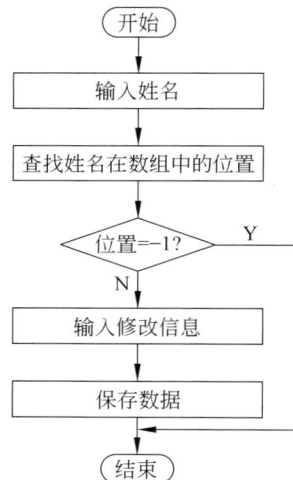

图 C-20 修改信息流程图

⑦ Delete()函数：输入姓名，查找姓名在数组中的位置 index（使用 QueryName()函数），若位置为－1 则退出。在数组中将 index 之后的数据前移一个位置，最后使数组中元素个数减 1（$n = n-1$），保存数据（使用 WriteInformation()函数）退出。流程图如图 C-21 所示。

（4）主程序调用模块。采用选择菜单结构实现。输入选择功能(0~5)，其中 1 为输入数据，2 为打印数据，3 为修改数据，4 为查询数据，5 为删除数据。流程图如图 C-22 所示。

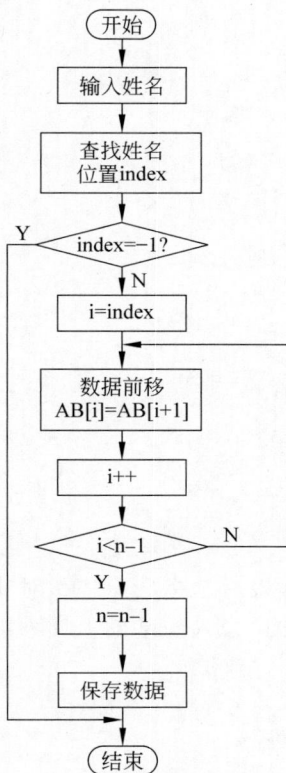

图 C-21　删除信息流程图

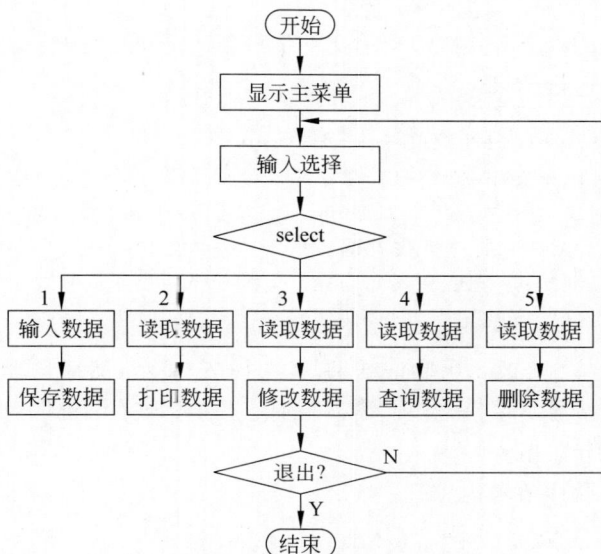

图 C-22　主程序调用流程图

5. 运行结果

（1）录入。每次录入一条信息后，提示是否继续录入，每次录入的信息会追加保存到文件末尾。

运行结果：

```
/*************** AddressBook Management System ***************************/
                1 Input Information
                2 Browse Information
                3 Modify Information
                4 Query Information
                5 Delete Information
                0 exit
/*********************************************************************/
Input select(0-5): 1↙
Input Address Book Information…
Input Name: 张三↙
Input Telephone: 87564321↙
Input Address: 中山路 12 号↙
```

```
Continue?(Y or N)Y↙
Input Name: 李四↙
Input Telephone: 67854321↙
Input Address: 人民路 100 号↙
Continue?(Y or N)Y↙
Input Name: 王五↙
Input Telephone: 43215678↙
Input Address: 建设大道 1 号↙
Continue?(Y or N)N↙
```

（2）显示。打印当前文件中最新的通讯录信息。

运行结果：

```
…………………主菜单略………………
Input select(0-5): 2↙
ID      Name    Telephone       Address
1001    张三    87564321        中山路 12 号
1002    李四    67854321        人民路 100 号
1003    王五    43215678        建设大道 1 号
```

（3）修改。为验证结果，先选择（2）显示，然后选择（3）修改，最后选择（2）显示，对比前后两次显示结果，发现"李四"的信息被修改了。说明，此处已在（1）录入的基础上又添加了一部分数据。

运行结果：

```
…………………主菜单略………………
Input select(0-5): 2↙
ID      Name    Telephone       Address
1001    张三    87564321        中山路 12 号
1002    李四    67854321        人民路 100 号
1003    王五    43215678        建设大道 1 号
1004    小明    56784321        广西路 2 号
1005    小飞    67458932        南昌路 20 号
1006    张三丰  34218796        北京路 8 号
…………………主菜单略………………
Input select(0-5): 3↙
Input Name to Modify: 李四↙
Modify Address Book Information for Name 李四…
Input Name: 李四哥↙
Input Telephone: 12345678↙
Input Address: 学府大街 34 号↙
…………………主菜单略………………
Input select(0-5): 2↙
ID      Name    Telephone       Address
1001    张三    87564321        中山路 12 号
1002    李四哥  12345678        学府大街 34 号
```

1003	王五	43215678	建设大道 1 号
1004	小明	56784321	广西路 2 号
1005	小飞	67458932	南昌路 20 号
1006	张三丰	34218796	北京路 8 号

(4) 查询。按 3 种不同方式(编号、姓名、电话)分别查询。

① 按编号查询。

运行结果:

```
···········主菜单略·············
Input select(0-5): 4↙
/********** Query Module ******************/
          1 Query by ID
          2 Query by Name
          3 Query by Telephone
          0 exit
/*******************************************/
Input select(0-3): 1↙
Input ID to Query: 1003↙
ID      Name    Telephone       Address
1003    王五    43215678        建设大道 1 号
```

② 按姓名查询。

运行结果:

```
···········主菜单略·············
Input select(0-5): 4↙
/********** Query Module ******************/
          1 Query by ID
          2 Query by Name
          3 Query by Telephone
          0 exit
/*******************************************/
Input select(0-3): 2↙
Input Name to Query: 小飞↙
ID      Name    Telephone       Address
1005    小飞    67458932        南昌路 20 号
```

③ 按电话查询。

运行结果:

```
···········主菜单略·············
Input select(0-5): 4↙
/********** Query Module ******************/
          1 Query by ID
          2 Query by Name
          3 Query by Telephone
```

```
              0 exit
/*******************************************/
Input select(0-3): 3↙
Input Telephone to Query: 56784321↙
ID        Name     Telephone       Address
1004      小明      56784321        广西路 2 号
```

（5）删除。为验证结果，先选择（2）显示，然后选择（5）删除，最后选择（2）显示，对比前后两次显示结果，发现"小飞"的信息被修改了。

运行结果：

```
·············主菜单略··············
Input select(0-5): 2↙
ID        Name     Telephone         Address
1001      张三      87564321          中山路 12 号
1002      李四哥    12345678          学府大街 34 号
1003      王五      43215678          建设大道 1 号
1004      小明      56784321          广西路 2 号
1005      小飞      67458932          南昌路 20 号
1006      张三丰    34218796          北京路 8 号
·············主菜单略··············
Input select(0-5): 5↙
Input Name to Delete: 小飞↙
·············主菜单略··············
Input select(0-5): 2↙
ID        Name     Telephone         Address
1001      张三      87564321          中山路 12 号
1002      李四哥    12345678          学府大街 34 号
1003      王五      43215678          建设大道 1 号
1004      小明      56784321          广西路 2 号
1006      张三丰    34218796          北京路 8 号
```

6. 体会

课程设计的收获，不足。（略）

7. 附录（源代码）

本实例包含 5 个文件，AddressBook.h 用于定义数据结构和函数声明，AddressBook_InputOutput.c 用于定义输入输出函数，AddressBook_FileIO.c 用于定义文件操作函数，AddressBook_Function.c 用于定义各个功能函数，AddressBook_main.c 为主调函数 main（）的定义。各文件源代码如下：

```
/******************************************************************/
/* AddressBook.h   数据定义和函数声明模块                          */
/******************************************************************/
#include<stdio.h>
#include<string.h>
#include<io.h>
```

```c
#define MaxRecode 500                /* 最大允许记录数 */
struct AddressBook {
    int ID;                          /* 编号,自动生成 */
    char Name[32];                   /* 姓名 */
    long Tel;                        /* 电话 */
    char Address[80];                /* 地址 */
};
extern void Menu();
extern int InputFormation(struct AddressBook AB[],int n);
extern void OutputInformation(struct AddressBook AB[],int n);
extern void WriteInformation(struct AddressBook AB[],int n);
extern int ReadInformation(struct AddressBook AB[]);
extern void QueryByID(struct AddressBook AB[],int n);
extern void QueryByName(struct AddressBook AB[],int n);
extern void QueryByTel(struct AddressBook AB[],int n);
extern void Query_SubMenu();
extern void Query(struct AddressBook AB[],int n);
extern void Modify(struct AddressBook AB[],int n);
extern void Delete(struct AddressBook AB[],int n);
/*******************************************************************/
/* AddressBook_InputOutput.c 输入输出模块                          */
/*******************************************************************/
#include "AddressBook.h"
const int InitialID=1000;    /* 数据编号 ID 初始值 */
/*******************************************************************/
/* Menu: 显示菜单函数                                              */
/*******************************************************************/
void Menu()
{
    printf("/************ AddressBook Management System ************/\n");
    printf("              1 Input Information\n");
    printf("              2 Browse Information\n");
    printf("              3 Modify Information\n");
    printf("              4 Query Information\n");
    printf("              5 Delete Information\n");
    printf("              0 exit\n");
    printf("/***********************************************************/\n");
}
/*******************************************************************/
/* Query_SubMenu: 显示查询子菜单                                   */
/*******************************************************************/
void Query_SubMenu()
{
    printf("/********* Query Module ***************/\n");
    printf("          1 Query by ID\n");
```

```c
        printf("               2 Query by Name\n");
        printf("               3 Query by Telephone\n");
        printf("               0 exit\n");
        printf("/*******************************************/\n");
}
/***************************************************************************/
/* InputFormation: 输入通讯录信息                                          */
/* 返回值: 当前数组中信息数                                                 */
/* n: 原数组中的信息数                                                      */
/* AB: 信息数组                                                            */
/***************************************************************************/
int InputFormation(struct AddressBook AB[],int n)
{
    int i=0;
    char Y_N;
    i=n;
    printf("Input Address Book Information…\n");
    do {
        if (i==0)
            AB[i].ID=InitialID+1;
        else
            AB[i].ID=AB[i-1].ID+1;
        printf("Input Name: ");
        scanf("%s",AB[i].Name);
        printf("Input Telephone: ");
        scanf("%ld",&AB[i].Tel);
        printf("Input Address: ");
        scanf("%s",AB[i].Address);
        printf("Continue?(Y or N)");
        Loop: scanf("%c",&Y_N);
        if (Y_N=='Y' || Y_N=='y')
        {
            i++;
            continue;
        }
        else if (Y_N=='N' || Y_N=='n')
            break;
        else
            goto Loop;
    } while (1);
    return i+1;
}
/***************************************************************************/
/* OutputInformation: 输出数据                                             */
/* AB: 信息数组                                                            */
/* n: 信息数                                                               */
```

```
/***************************************************************************/
void OutputInformation(struct AddressBook AB[],int n)
{
    int i;
    if (n==0)
    {
        printf("Didn't Found Information!\n");
        return;
    }
    printf("ID  Name  Telephone    Address\n");
    for (i=0;i<n;i++)
        printf("%d %s %ld %s\n",AB[i].ID,AB[i].Name,AB[i].Tel,AB[i].Address);
}
/***************************************************************************/
/* AddressBook_FileIO.c 文件操作模块                                       */
/***************************************************************************/
#include "AddressBook.h"
const char FileName[32]="AddressBook.txt";
/***************************************************************************/
/* WriteInformation: 写数据函数                                            */
/* AB: 信息数组                                                            */
/* n: 信息数                                                               */
/***************************************************************************/
void WriteInformation(struct AddressBook AB[],int n)
{
    FILE * fp;
    int i;
    fp=fopen(FileName,"wt");
    for (i=0;i<n;i++)
        fprintf(fp,"%d %s %s %ld\n",AB[i].ID,AB[i].Name,AB[i].Address,AB[i].Tel);
    fclose(fp);
}
/***************************************************************************/
/* ReadInformation: 读取数据函数                                           */
/* 返回值: 返回读取的数据条数,若文件不存在返回-1                            */
/* AB: 信息数组                                                            */
/***************************************************************************/
int ReadInformation(struct AddressBook AB[])
{
    int i=0;
    FILE * fp;
    int err;
    if ( (_access(FileName, 0 ))==-1)      /* 数据文件不存在 */
    {
        printf("Didn't Found Data!Please select 1 to Input Information!\n");
```

```
            return-1;
        }
        fp=fopen(FileName,"rt");
        if (fp==NULL)
        {
            printf("open %s error!\n",FileName);
            return 0;
        }
        do {
            err=fscanf(fp,"%d %s %s %ld\n",&AB[i].ID,AB[i].Name,AB[i].Address,&AB[i].Tel);
            i++;
        } while (err!=EOF);                        /*一直读取到文件尾*/
        --i;
        fclose(fp);
        return i;
    }
    /****************************************************************/
    /* AddressBook_Function.c 功能函数模块                         */
    /****************************************************************/
    #include "AddressBook.h"
    /****************************************************************/
    /* QueryByID: 按编号查询                                       */
    /* n: 原数组中的信息数                                         */
    /* AB: 信息数组                                                */
    /****************************************************************/
    void QueryByID(struct AddressBook AB[],int n)
    {
        int i;
        int ID;
        printf("Input ID to Query: ");
        scanf("%d",&ID);
        for (i=0;i<n;i++)
        {
            if (ID==AB[i].ID)
            {
                printf("ID  Name  Telephone    Address\n");
                printf("%d %s %ld %s\n",AB[i].ID,AB[i].Name,AB[i].Tel,AB[i].Address);
                return;
            }
        }
        printf("ID %d didn't found!\n",ID);
    }
    /****************************************************************/
    /* QueryByName: 按姓名查询                                     */
    /* n: 原数组中的信息数                                         */
```

```
/* AB: 信息数组                                                        */
/************************************************************************/
void QueryByName(struct AddressBook AB[],int n)
{
    int i;
    char Name[32];
    printf("Input Name to Query: ");
    scanf("%s",Name);
    for (i=0;i<n;i++)
    {
        if (strcmp(Name,AB[i].Name)==0)
        {
            printf("ID  Name  Telephone    Address\n");
            printf("%d %s %ld %s\n",AB[i].ID,AB[i].Name,AB[i].Tel,AB[i].Address);
            return;
        }
    }
    printf("Name %s didn't found!\n",Name);
}
/************************************************************************/
/* QueryByTel: 按电话查询                                               */
/* n: 原数组中的信息数                                                  */
/* AB: 信息数组                                                        */
/************************************************************************/
void QueryByTel(struct AddressBook AB[],int n)
{
    int i;
    long Tel;
    printf("Input Telephone to Query: ");
    scanf("%ld",&Tel);
    for (i=0;i<n;i++)
    {
        if (Tel==AB[i].Tel)
        {
            printf("ID  Name  Telephone    Address\n");
            printf("%d %s %ld %s\n",AB[i].ID,AB[i].Name,AB[i].Tel,AB[i].Address);
            return;
        }
    }
    printf("Telephone %ld didn't found!\n",Tel);
}
/************************************************************************/
/* Query: 查询函数                                                     */
/* n: 原数组中的信息数                                                  */
/* AB: 信息数组                                                        */
```

```
/******************************************************************/
void Query(struct AddressBook AB[],int n)
{
    int select;
    do {
        Query_SubMenu();
        printf("Input select(0-3): ");
        scanf("%d",&select);
        switch(select)
        {
            case 1:
                QueryByID(AB,n);
                break;
            case 2:
                QueryByName(AB,n);
                break;
            case 3:
                QueryByTel(AB,n);
                break;
        }
    } while (select!=0);
}
/******************************************************************/
/* QueryName: 查找指定姓名的位置                                    */
/* 返回值: 若找到,返回该姓名在数组中的下标,若没找到,返回-1           */
/* n: 原数组中的信息数                                              */
/* AB: 信息数组                                                    */
/******************************************************************/
int QueryName(struct AddressBook AB[],char * Name,int n)
{
    int i;
    for (i=0;i<n;i++)
    {
        if (strcmp(Name,AB[i].Name)==0)      /* 找到 */
            return i;
    }
    return-1;                                 /* 没找到 */
}
/******************************************************************/
/* Modify: 修改函数                                                */
/* n: 原数组中的信息数                                              */
/* AB: 信息数组                                                    */
/******************************************************************/
```

```c
void Modify(struct AddressBook AB[],int n)
{
    int index;
    char Name[32];
    printf("Input Name to Modify: ");
    scanf("%s",Name);
    index=QueryName(AB,Name,n);                          /*查找*/
    if (index==-1)
    {
        printf("Name %s didn't found to modify!\n",Name);
        return;
    }
        /*输入修改信息*/
    printf("Modify Address Book Information for Name %s…\n",Name);
    printf("Input Name: ");
    scanf("%s",AB[index].Name);
    printf("Input Telephone: ");
    scanf("%ld",&AB[index].Tel);
    printf("Input Address: ");
    scanf("%s",AB[index].Address);
    WriteInformation(AB,n);                /*保存数据*/
}
/******************************************************************/
/* Delete: 删除函数                                             */
/* n: 原数组中的信息数                                          */
/* AB: 信息数组                                                 */
/******************************************************************/
void Delete(struct AddressBook AB[],int n)
{
    int index,i;
    char Name[32];
    printf("Input Name to Delete: ");
    scanf("%s",Name);
    index=QueryName(AB,Name,n);           /*查找*/
    if (index==-1)
    {
        printf("Name %s didn't found to delete!\n",Name);
        return;
    }
    for (i=index;i<n-1;i++)
        AB[i]=AB[i+1];
    n--;
    WriteInformation(AB,n);                 /*保存数据*/
}
/******************************************************************/
/* AddressBook_main.c 主调模块                                  */
/******************************************************************/
```

```
#include "AddressBook.h"
int main()
{
    struct AddressBook AB[MaxRecode];
    int n=0;
    int select;
    do {
        Menu();
        printf("Input select(0-5): ");
        scanf("%d",&select);
        switch (select)
        {
            case 1:
                n=InputFormation(AB,n);
                WriteInformation(AB,n);
                break;
            case 2:
                n=ReadInformation(AB);
                OutputInformation(AB,n);
                break;
            case 3:
                n=ReadInformation(AB);
                Modify(AB,n);
                break;
            case 4:
                n=ReadInformation(AB);
                Query(AB,n);
                break;
            case 5:
                n=ReadInformation(AB);
                Delete(AB,n);
                break;
        }
    } while (select!=0);
    return 0;
}
```

C.3　字符串处理系统课程设计报告

1. 问题描述

字符串处理是很多实际应用软件系统常用的功能。其中包括各类字符的统计(数字字符、大小写字符、特殊字符),字符数组的操作(复制、比较、连接、求字符串长度,取子字符串),数据读取与保存等。

(1) 需要处理的数据。输入字符串(使用 scanf( )函数,中间不能用空格、回车、Tab键),字符串保存到数组中,数组大小不超过 80 个字符。

（2）系统功能。

① 字符统计。

- 统计字符串中的数字字符，并将连续的数字字符（中间不能有小数点，即只考虑整数）转换为整数数字，并对其进行排序（升序）。
- 统计大写字母、小写字母、数字字符、特殊字符个数并打印。

② 字符数组运算。在不使用系统提供的字符串函数情况下，实现字符串的复制、比较、连接、求字符串长度，取子字符串（给定开始位置，子字符串个数）。

③ 数据读取和保存。

- 将输入的字符串保存到文件，并从文件中读取。
- 将统计到的各类字符分别保存在不同的文件中，并实现读取。

④ 要求采用分级选择菜单实现。

⑤ 可自行添加更多功能。

2. 课程设计目的

（1）掌握字符串的基本运算。

（2）掌握字符数组的使用。

（3）领悟模块化设计、结构化编码的思想。

3. 总体设计

字符串处理系统包括对各类字符的统计，字符数组运算，数据读取与保存功能。字符统计中包含统计数字字符、大小写字符、特殊字符的个数、数字字符转换成整数、对整数排序等；字符数组运算包含字符串的复制、比较、连接、求字符串长度、取子字符串等；数据的读取与保存包含对字符串和整数数组的读取与保存。系统功能结构图如图 C-23 所示。

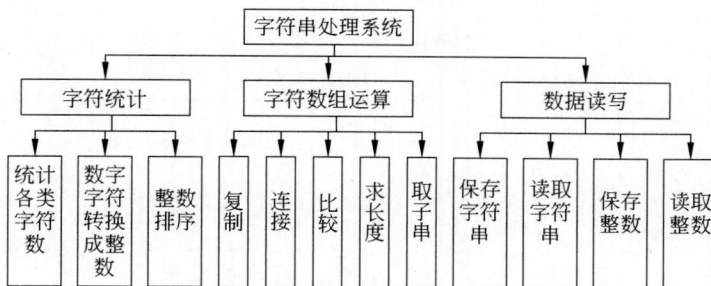

图 C-23　字符串处理系统功能结构图

4. 详细设计

根据系统功能及要求，可设计 5 个模块：输入输出模块、文件操作模块、字符统计模块、字符数组运算模块、主程序调用模块。

（1）输入输出模块。该模块包含的函数及接口如表 C-9 所示。

表 C-9　输入输出模块函数及接口

函　　　数	形参及说明	返　回　值	函　数　功　能
Main_Menu()	无	void	打印主菜单
Statistic_SubMenu()	无	void	打印统计子菜单

函　　数	形参及说明	返　回　值	函　数　功　能
StringOperate_SubMenu()	无	void	打印字符数组运算子菜单
FileReadAndWrite_SubMenu()	无	void	打印文件读写子菜单
InputString()	char * str	char *（输入的字符串的首地址）	输入字符串

① Main_Menu()函数：显示主菜单。直接使用 printf()函数输入要打印的内容。

② Statistic_SubMenu()函数：打印统计子菜单。直接使用 printf()函数输入要显示的内容。

③ StringOperate_SubMenu()函数：打印字符数组运算子菜单。直接使用 printf()函数输入要打印的内容。

④ FileReadAndWrite_SubMenu()函数：打印文件读写子菜单。直接使用 printf()函数输入要打印的内容。

⑤ InputString()函数：输入字符串。使用 scanf()函数输入字符串，在输入字符串后进行确认判断，如果确认按"Y"，否则继续输入。流程图如图 C-24 所示。

（2）文件操作模块。该模块包含的函数及接口如表 C-10 所示。

表 C-10　文件操作模块函数及接口

函　　数	形参及说明	返　回　值	函　数　功　能
WriteStringToFile()	char * str(字符串)	void	将字符串写入文件
WriteIntToFile()	int a[](整数数组) int n(整数个数)	void	将整数写入文件
ReadStringFromFile()	char * str(字符串)	int −1：文件不存在 0：读失败 1：读成功	从文件中读入字符串
ReadIntFromFile()	int a[](整数数组)	int（读到的整数个数，若文件不存在返回−1）	从文件读入整数

① WriteStringToFile()函数：将字符串写入文件。打开文件，写数据，关闭文件。

② WriteIntToFile()函数：将整数写入到文件。打开文件，循环写入数据，关闭文件。流程图如图 C-25 所示。

③ ReadStringFromFile()函数：从文件读取字符串。以只读方式打开文件，若文件不存在返回−1。读字符串，若读取失败返回 0，读取成功返回 1。流程图如图 C-26 所示。

④ ReadIntFromFile()函数：从文件读取整数。以只读方式打开文件，若文件不存在返回−1。循环读取整数，若读到文件尾则退出循环。返回整数个数。流程图如图 C-27 所示。

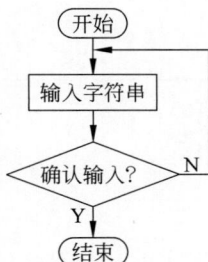

图 C-24　输入字符串流程图　　　图 C-25　写整数到文件流程图

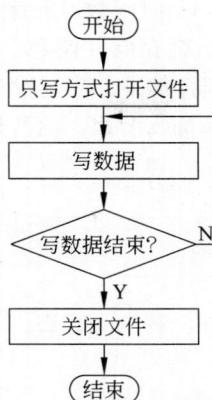

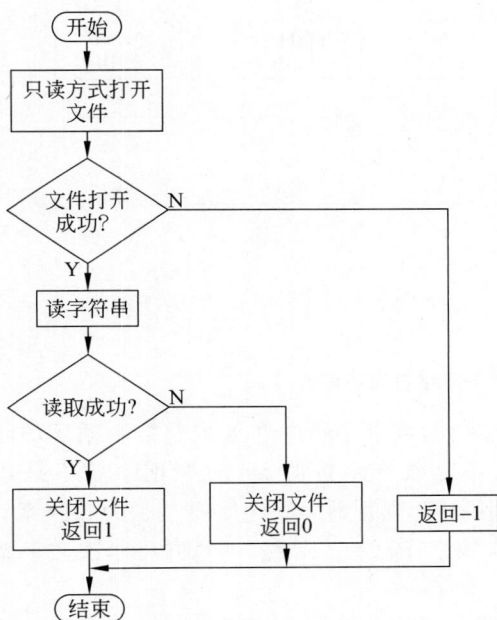

图 C-26　从文件读字符串流程图　　　图 C-27　从文件读取整数流程图

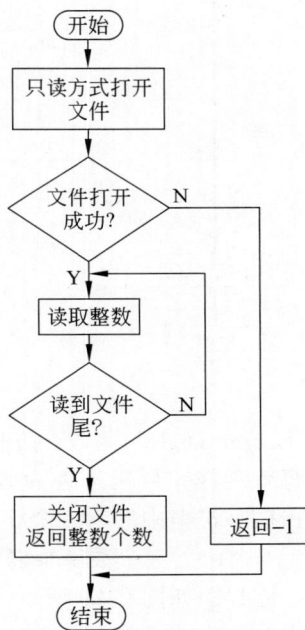

（3）字符统计模块。该模块包含的函数及接口如表 C-11 所示。

表 C-11　字符统计模块函数及接口

函　　　数	形参及说明	返回值	函　数　功　能
StatisticCharacter()	char * str(字符串)	void	统计字符串中的各类字符及个数
ExtractDigit()	char * str(字符串) int a[](整数数组)	int 整数个数	抽取字符串的数字
Int_Sort()	int a[](整数数组) int n(整数个数)	void	冒泡法排序，对整数按升序排列

① StatisticCharacter()函数：统计字符串的各类字符及个数。循环访问字符串中的每个字符,若为数字字符,则存储并使数字字符个数加 1;若为大写字母,则存储并使字母个数加 1;若为小写字母,则存储并使字母个数加 1;若均不是,则存储为特殊字符并使特殊字符个数加 1。打印各类字符及个数。流程图如图 C-28 所示。

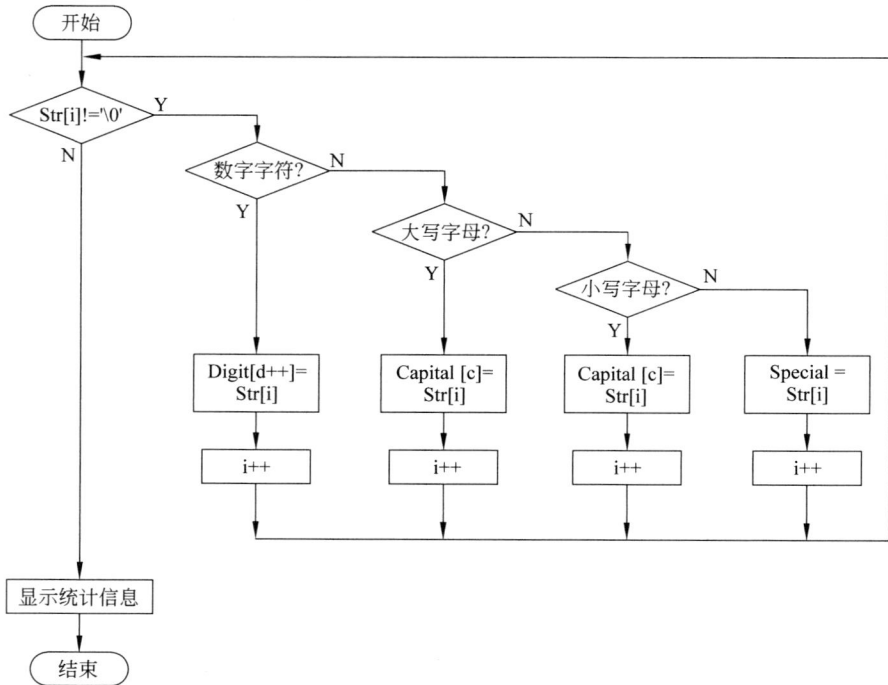

图 C-28　统计各类字符流程图

② ExtractDigit()函数：抽取字符串中连续的数字字符并转换成整数。循环访问字符串中的每个字符。判断是否为数字字符,若不是数字字符使 f＝0(当前字符不是数字字符),并扫描字符串中的下一个字符;若是数字字符,则判断上一个字符是否为数字字符(f＝1),若 f＝1 则使上一个数字乘以 10 再加本次数字,若 f＝0 则置 f＝1,并将本次数字添加到数组中。流程图如图 C-29 所示。

③ Int_Sort()函数：冒泡排序。对整数进行冒泡法排序,在要排序的一组数中,对当前还未排好序的范围内的全部数,自上而下对相邻的两个数依次进行比较和调整,让较大的数"往下沉",较小的数"往上冒",即每当两相邻的数比较后发现它们的排序与排序要求相反时,就将它们互换。流程图如图 C-30 所示。

（4）字符数组运算模块。该模块包含的函数及接口如表 C-12 所示。

表 C-12　字符数组运算模块函数及接口

函　　数	形参及说明	返　回　值	函 数 功 能
StringLength()	char ＊ str(字符串)	int(字符串长度)	求字符串长度
StringCopy()	char ＊ destination（目的字符串） char ＊ str（源字符串）	char ＊（复制后的字符串首地址）	字符串复制

函　　数	形参及说明	返　回　值	函　数　功　能
StringConcat()	char * destination（目的字符串） char * str（源字符串）	char *（复制后的字符串首地址）	字符串联接（合并）
StringCompare()	char * destination（比较字符串） char * str（源字符串）	int（若相同返回 0,若不同返回不同位置对应字符的 ASCII 值之差）	字符串比较
Find_Substing()	char * str（主字符串） char * subString（子串） int pos（主串起始位置） int n（子串长度）	int 0:失败 1:成功	求子串

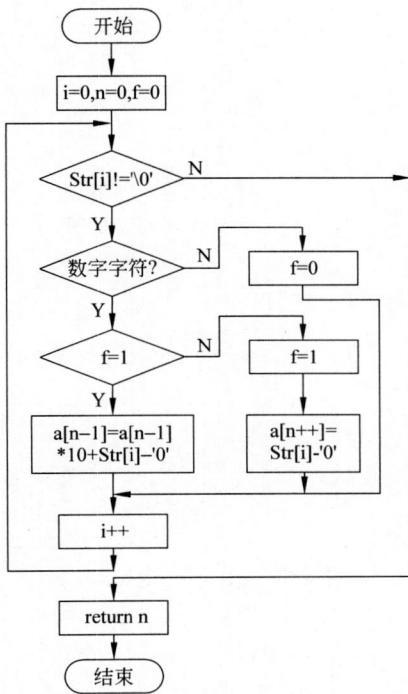

图 C-29　抽取字符串中的数字流程图

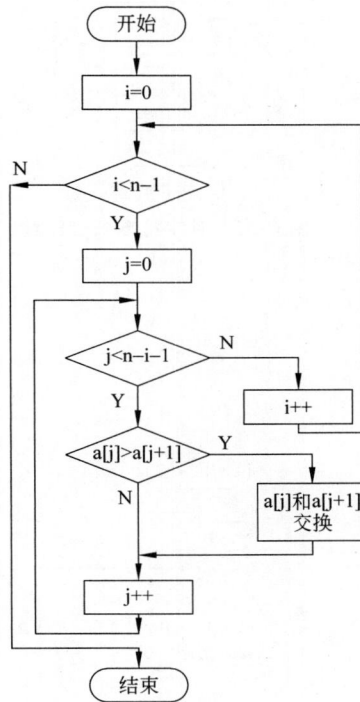

图 C-30　冒泡排序流程图

① StringLength()函数:求字符串长度。循环访问字符串,当前字符不为'\0'时,长度增 1。流程图如图 C-31 所示。

② StringCopy()函数:字符串复制函数。将源字符串中字符逐个复制到目的字符串数组中,在目的字符串最后位置添加'\0'。流程图如图 C-32 所示。

③ StringCompare()函数:字符串比较。将两个字符串对应字符进行比较,若两字符相同,继续后移比较,若不同,则返回该两字符的 ASCII 码之差。流程图如图 C-33 所示。

④ StringConcat()函数:字符串连接(合并)函数。将下标移动到目的字符串串尾。将源字符串中字符逐个复制到目的字符串串尾,最后在目的字符串最后位置加'\0'。流程图如图 C-34 所示。

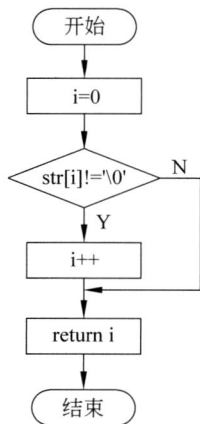

图 C-31　求字符串长度流程图

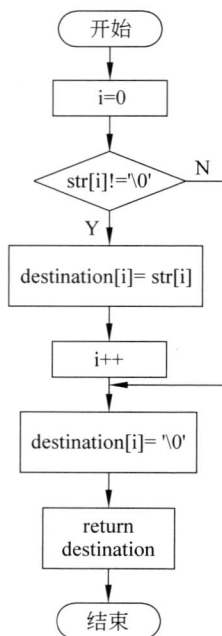

图 C-32　字符串复制流程图

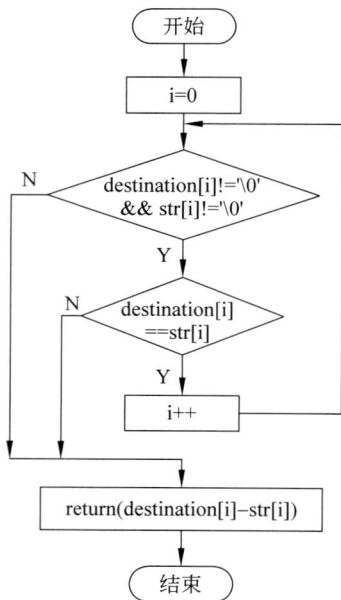

图 C-33　字符串比较流程图

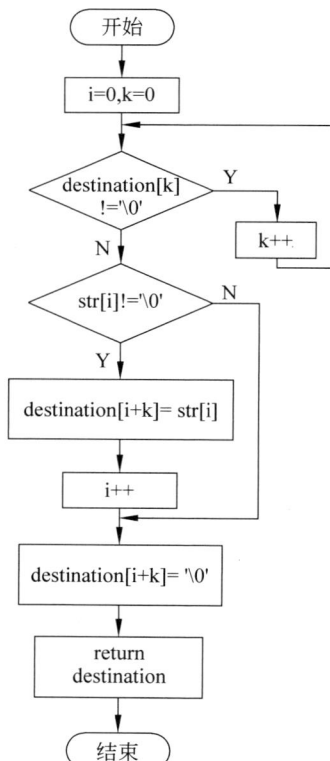

图 C-34　字符串连接流程图

⑤ Find_Substring()函数：求子串。取子串中从 pos 开始的 n 个字符。若求取成功返回 1，否则返回 0。流程图如图 C-35 所示。

（5）主程序调用模块。主程序调用模块采用选择菜单结构实现，分为 3 个主功能：统计字符、字符数组运算、文件读写。在每个主功能下又分多个子功能，采用二级菜单方式。统计字符分为字符个数、抽取数字、整数排序。字符数组运算分为字符串复制、连接、比较、求长度、求子串。文件读写分为字符串的存储和读取、整数的存储和读取。流程图如图 C-36 所示。

5. 运行结果

程序运算前需先输入字符串，然后选择各个功能对字符串进行操作。输入字符串的运算结果：

```
Welcome to String Process System!
Input String(cannot contain space,tab):
AVD23>/.dfj89d0-=j10sdOI98.,-djf?>HDFOWE101
Ensure?(press y to ensure)y↙
```

后续所有功能运算都对上述输入的字符串"AVD23 >/. dfj89d0 - = j10sdOI98.，- djf? > HDFOWE101"进行操作。

（1）统计字符。

① 字符个数。

运行结果：

```
/************ String Process System ********************/
               1 Statistic Character
               2 String Operate
               3 Read & Write Data
               0 exit
/*******************************************************/
Input select(0-4):1↙
|----Statistic SubModule------------------|
     1 Statistic the various character
     2 Convert digit character to integer
     3 Sort integer by ascending order
     0 exit
|-----------------------------------------|
Input select(0-3):1↙
Original String:
AVD23>/.dfj89d0-=j10sdOI98.,-djf?>HDFOWE101
```

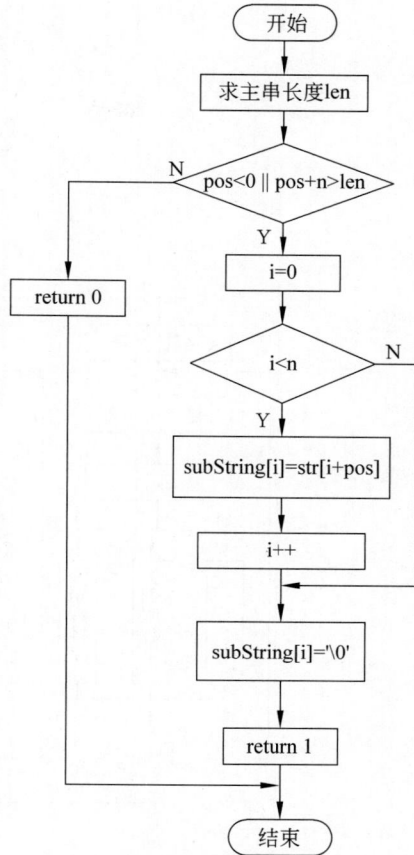

图 C-35　求子串流程图

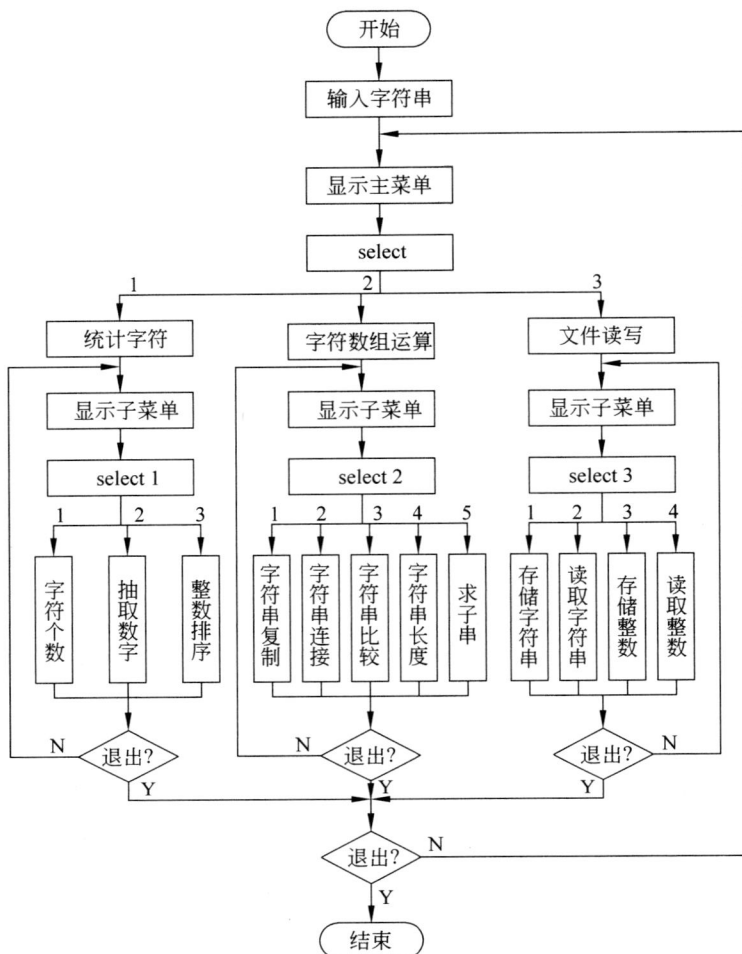

图 C-36 主调程序流程图

The length of string: 43

Digit number: 12

Capital number: 11

Lowercase number: 10

Special character number: 10

Digit: 238901098101

Capital: AVDOIHDFOWE

Lowercase: dfjdjsddjf

Special character: >/.-=.,-?>

② 抽取数字。

运行结果：

|----Statistic SubModule ------------------|

　　　1 Statistic the various character

　　　2 Convert digit character to integer

```
    3 Sort integer by ascending order
    0 exit
|------------------------------------|
Input select(0-3): 2↙
23 89 0 10 98 101
```

③ 整数排序。
运行结果：

```
|----Statistic SubModule -----------------|
    1 Statistic the various character
    2 Convert digit character to integer
    3 Sort integer by ascending order
    0 exit
|------------------------------------|
Input select(0-3): 3↙
23 89 0 10 98 101
0 10 23 89 98 101
```

（2）字符数组运算。
① 字符串复制。
运算结果：

```
|-----String Operate SubModule ------------|
    1 String copy
    2 String concat
    3 String compare
    4 String length
    5 Find substring
    0 exit
|------------------------------------|
Input select(0-5): 1↙
Original String:
AVD23>/.dfj89d0-=j10sdOI98.,-djf?>HDFOWE101
Copy String:
AVD23>/.dfj89d0-=j10sdOI98.,-djf?>HDFOWE101
```

② 字符串连接。
运算结果：

```
|-----String Operate SubModule ------------|
    1 String copy
    2 String concat
    3 String compare
    4 String length
    5 Find substring
    0 exit
```

```
|------------------------------------|
Input select(0-5): 2↙
Input String to concat:
abcdef123456↙
Original String:
AVD23>/.dfj89d0-=j10sdOI98.,-djf?>HDFOWE101
Concat String:
abcdef123456AVD23>/.dfj89d0-=j10sdOI98.,-djf?>HDFOWE101
```

③ 字符串比较。

运算结果：

```
|-----String Operate SubModule------------|
        1 String copy
        2 String concat
        3 String compare
        4 String length
        5 Find substring
        0 exit
|------------------------------------|
Input select(0-5): 3↙
Original String:
AVD23>/.dfj89d0-=j10sdOI98.,-djf?>HDFOWE101
Input String to compare:
AVD23abc↙
original is letter!
```

④ 字符串长度。

运算结果：

```
|-----String Operate SubModule------------|
        1 String copy
        2 String concat
        3 String compare
        4 String length
        5 Find substring
        0 exit
|------------------------------------|
Input select(0-5): 4↙
String:
AVD23>/.dfj89d0-=j10sdOI98.,-djf?>HDFOWE101
the length is: 43
```

⑤ 求子串。

运算结果：

```
|-----String Operate SubModule------------|
```

```
            1 String copy
            2 String concat
            3 String compare
            4 String length
            5 Find substring
            0 exit
|-------------------------------------|
Input select(0-5): 5↙
Original String:
AVD23>/.dfj89d0-=j10sdOI98.,-djf?>HDFOWE1]1
Input position: 2↙
Input the length of substring: 10↙
D23>/.dfj8
```

（3）文件读写。

① 存储字符串。

运算结果：

```
|-----File Read & Write SubModule ---------|
        1 Write String to file
        2 Read String from file
        3 Write Integer to file
        4 Read Integer from file
        0 exit
|-------------------------------------|
Input select(0-4): 1↙
write string success.
```

数据保存在 string.txt 文件中。其文件内的结
果如图 C-37 所示。

② 读取字符串。

运算结果：

图 C-37　字符串存储结果

```
|-----File Read & Write SubModule ---------|
        1 Write String to file
        2 Read String from file
        3 Write Integer to file
        4 Read Integer from file
        0 exit
|-------------------------------------|
Input select(0-4): 2↙
AVD23>/.dfj89d0-=j10sdOI98.,-djf?>HDFOWE101
```

③ 存储整数。

运算结果：

```
|-----File Read & Write SubModule ---------|
```

```
        1 Write String to file
        2 Read String from file
        3 Write Integer to file
        4 Read Integer from file
        0 exit
|-------------------------------------|
Input select(0-4): 3↙
write integer success.
```

数据保存在 Digit.txt 文件中。其文件内的结果如
图 C-38 所示。

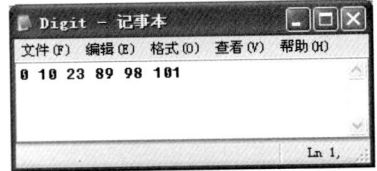

④ 读取整数。

运算结果：

图 C-38　整数存储结果

```
|-----File Read & Write SubModule ---------|
        1 Write String to file
        2 Read String from file
        3 Write Integer to file
        4 Read Integer from file
        0 exit
|-------------------------------------|
Input select(0-4): 4↙
0 10 23 89 98 101
```

6. 体会

课程设计的收获与不足。（略）

7. 附录（源代码）

本实例包含 6 个文件，MyString.h 用于定义数据和函数声明，StringInputOutput.c 用
于定义输入输出函数，StringStatistic.c 用于定义字符统计函数，StringOperate.c 用于定义
字符数组运算函数，StringFileIO.c 用于定义文件操作函数，StringMain.c 用于定义主调函
数。各文件源代码如下：

```
/****************************************************************/
/* MyString.h 数据定义与函数声明模块                            */
/****************************************************************/
#include<stdio.h>
#define Max 80
extern void Main_Menu();
extern void Statistic_SubMenu();
extern void StringOperate_SubMenu();
extern void FileReadAndWrite_SubMenu();
extern char * InputString(char * str);
extern int StringLength(char * str);
extern char * StringCopy(char * destination ,char * str);
extern char * StringConcat(char * destination, char * str);
extern int StringCompare(char * destination, char * str);
```

```c
extern int Find_Substing(char * str,char * subString,int pos,int n);
extern void StatisticCharacter(char * str);
extern int ExtractDigit(char * str,int a[]);
extern void Int_Sort(int a[],int n);
extern void WriteStringToFile(char * str);
extern void WriteIntToFile(int a[],int n);
extern int ReadStringFromFile(char * str);
extern int ReadIntFromFile(int a[]);
/******************************************************************/
/* StringInputOutput.c 输入输出模块                               */
/******************************************************************/
#include "MyString.h"
/******************************************************************/
/* Main_Menu: 主菜单                                              */
/******************************************************************/
void Main_Menu()
{
    printf("/*********** String Process System *******************/\n");
    printf("           1 Statistic Character\n");
    printf("           2 String Operate\n");
    printf("           3 Read & Write Data\n");
    printf("           0 exit\n");
    printf("/****************************************************/\n");
}
/******************************************************************/
/* Statistic_SubMenu: 统计子菜单                                  */
/******************************************************************/
void Statistic_SubMenu()
{
    printf("|----Statistic SubModule----------------|\n");
    printf("     1 Statistic the various character\n");
    printf("     2 Convert digit character to integer\n");
    printf("     3 Sort integer by ascending order\n");
    printf("     0 exit\n");
    printf("|--------------------------------------|\n");
}
/******************************************************************/
/* StringOperate_SubMenu: 字符数组运算子菜单                       */
/******************************************************************/
void StringOperate_SubMenu()
{
    printf("|-----String Operate SubModule-----------|\n");
    printf("        1 String copy\n");
    printf("        2 String concat\n");
    printf("        3 String compare\n");
```

```c
    printf("        4 String length\n");
    printf("        5 Find substring\n");
    printf("        0 exit\n");
    printf("|-------------------------------------|\n");
}
/****************************************************************/
/* FileReadAndWrite_SubMenu: 文件读写子菜单                      */
/****************************************************************/
void FileReadAndWrite_SubMenu()
{
    printf("|-----File Read & Write SubModule---------|\n");
    printf("        1 Write String to file\n");
    printf("        2 Read String from file\n");
    printf("        3 Write Integer to file\n");
    printf("        4 Read Integer from file\n");
    printf("        0 exit\n");
    printf("|-------------------------------------|\n");
}
/****************************************************************/
/* InputString: 输入字符串函数                                   */
/* 返回值: 返回输入的字符串                                       */
/* str: 字符串指针                                               */
/****************************************************************/
char * InputString(char * str)
{
    char Y_N;
    printf("Input String(cannot contain space,tab): \n");
    do {
        scanf("%s",str);
        printf("Ensure?(press y to ensure)");
        getchar();
        scanf("%c",&Y_N);
    } while (Y_N !='y');
    return str;
}
/****************************************************************/
/* File.c 文件操作模块                                           */
/****************************************************************/
#include"MyString.h"
/****************************************************************/
/* WriteStringToFile: 将字符串写入文件函数                        */
/* str: 字符串      StrFile.txt: 存储字符串文件                   */
/****************************************************************/
void WriteStringToFile(char * str)
{
```

```c
    FILE * fp;
    fp=fopen("StrFile.txt","wt");
    fprintf(fp,"%s",str);
    fclose(fp);
    printf("write string success\n");
}
/***************************************************************/
/* WriteIntToFile: 将整数写入文件函数                          */
/* Integer.txt: 存储整数文本文件      a[]: 要写入文本的数据    */
/***************************************************************/
void WriteIntToFile(int a[],int n)
{
    FILE * fp;
    fp=fopen("Integer.txt","wt");
    int i;
    for (i=0;i<n;i++)
        fprintf(fp,"%d\n",a[i]);
    fclose(fp);
    printf("write integer success\n");
}
/***************************************************************/
/* ReadStringFromFile: 从文本文件读取字符串数据               */
/* str: 字符串                                                 */
/***************************************************************/
int ReadStringFromFile(char * str)
{
    FILE * fp;
    if ((fp=fopen("StrFile.txt","rt"))==NULL)
        return-1;
    fscanf(fp,"%s",str);
    fclose(fp);
    return 1;
}
/***************************************************************/
/* ReadIntFromFile: 从文本文件中读取数据                      */
/* a 数组: 保存读取数据      返回值: 文本文件中的数据个数      */
/***************************************************************/
int ReadIntFromFile(int a[])
{
    FILE * fp;
    char ch[100];
    int n=0,i=0;
    if ((fp=fopen("Integer.txt","rt"))==NULL)
        return-1;
    if (fscanf(fp,"%d",&n)==EOF)
```

```
        return 0;
    while (fscanf(fp,"%d",&n)!=EOF)
        a[i++]=n;
    fclose(fp);
    return i;
}
/*******************************************************************/
/* StringStatistic.c 字符统计模块                                  */
/*******************************************************************/
#include "MyString.h"
/*******************************************************************/
/* StatisticCharacter: 统计各种字符函数                            */
/* str: 字符串                                                     */
/*******************************************************************/
void StatisticCharacter(char * str)
{
    int Digit_n=0,Capital_n=0, Lowercase_n=0,Special_n=0;
    char Digit[80],Capital[80],Lowercase[80],Special[80];
    int i=0;
    while (str[i]!='\0')
    {
        if (str[i]>='0' && str[i]<='9')
        {
            Digit[Digit_n]=str[i];
            Digit_n++;
            i++;
        }
        else if (str[i]>='A' && str[i]<='Z')
        {
            Capital[Capital_n]=str[i];
            Capital_n++;
            i++;
        }
        else if (str[i]>='a' && str[i]<='z')
        {
            Lowercase[Lowercase_n]=str[i];
            Lowercase_n++;
            i++;
        }
        else
        {
            Special[Special_n]=str[i];
            Special_n++;
            i++;
        }
    }
```

```
        }
        Digit[Digit_n]='\0';
        Capital[Capital_n]='\0';
        Lowercase[Lowercase_n]='\0';
        Special[Special_n]='\0';
        printf("Original String: \n");
        puts(str);
        printf("The length of string: %d\n",i);
        printf("Digit number: %d\n",Digit_n);
        printf("Capital number: %d\n",Capital_n);
        printf("Lowercase number: %d\n",Lowercase_n);
        printf("Special character number: %d\n",Special_n);
        printf("Digit: ");
        puts(Digit);
        printf("Capital: ");
        puts(Capital);
        printf("Lowercase: ");
        puts(Lowercase);
        printf("Special character: ");
        puts(Special);
}
/************************************************************************/
/* ExtractDigit: 抽取字符串的数字
                将字符串中的连续数字作为一个整数,依次存入数组 a 中并输出    */
/* 返回值: 整数个数                                                     */
/* a:              整数数组                                            */
/************************************************************************/
int ExtractDigit(char * str,int a[])
{
    int i=0;
    int integer_n=0;      /* 数字个数 */
    int f=0;              /* 前一个字符是否为数字,0 是,1 否 */
    while (str[i]!='\0')
    {
        if (str[i]>='0' && str[i]<='9')
        {
            if (f)         /* 前一个是数字字符 */
                a[integer_n-1]=a[integer_n-1]*10+str[i]-'0';
            else           /* 前一个不是数字字符 */
            {
                f=1;
                a[integer_n++]=str[i]-'0';
            }
        }
        else f=0;
```

```
            i++;
        }
    return integer_n;
}
/*************************************************************/
/* Int_Sort: 冒泡法排序                                      */
/* a: 排序数组                                               */
/* n: 数据个数                                               */
/*************************************************************/
void Int_Sort(int a[],int n)
{
    int i,j,t;
    for (i=0;i<n-1;i++)              /* 冒泡法排序 */
        for (j=0;j<n-i-1;j++)
        {
            if (a[j]>a[j+1])
            {
                t=a[j];
                a[j]=a[j+1];
                a[j+1]=t;
            }
        }
}
/*************************************************************/
/* StringOperate.c 字符数组运算模块                          */
/*************************************************************/
#include "MyString.h"
/*************************************************************/
/* StringLength: 求字符串长度函数                            */
/* 返回值: 返回字符串长度                                    */
/* str: 字符串指针,待求的字符串                              */
/*************************************************************/
int StringLength(char * str)
{
    int i=0;
    while (str[i]!='\0')
        i++;
    return i;
}
/*************************************************************/
/* StringCopy: 字符串复制函数                                */
/* 返回值: 返回复制后的字符串首地址                          */
/* str: 待复制的字符串                                       */
/* destination: 目标字符串                                   */
/*************************************************************/
```

```
char * StringCopy(char * destination ,char * str)
{
    int i=0;
    while (str[i]!='\0')
    {
        destination[i]=str[i];
        i++;
    }
    destination[i]='\0';
    return destination;
}
/***************************************************************/
/* StringConcat: 字符串连接(合并)函数                          */
/* 返回值: 返回连接后的字符串首地址                            */
/* str: 待连接的字符串                                         */
/* destination: 目标字符串                                     */
/***************************************************************/
char * StringConcat(char * destination, char * str)
{
    int i=0,k=0;
    while (destination[k]!='\0')
        k++;        /* 移到字符串末尾 */
    while (str[i]!='\0')
    {
        destination[i+k]=str[i];
        i++;
    }
    destination[i+k]='\0';
    return destination;
}
/***************************************************************/
/* StringCompare: 字符串比较函数                               */
/* 返回值: 返回两个字符串的大小                                */
/* str: 待比较字符串                                           */
/* destination: 待比较的字符串                                 */
/***************************************************************/
int StringCompare(char * destination, char * str)
{
    int i=0;
    while (destination[i]!='\0' && str[i] !='\0')
    {
        if (destination[i]==str[i])
            i++;
        else
            break;
```

```c
    }
    return (destination[i]-str[i]);
}
/*******************************************************************/
/* Find_Substing: 求子串函数                                        */
/* 返回值: 0失败,1成功                                              */
/* str: 主串                                                       */
/* subString: 子串                                                 */
/* pos: 主串中起始位置                                             */
/* n: 子串长度                                                     */
/*******************************************************************/
int Find_Substring(char * str,char * subString,int pos,int n)
{
    int i;
    int StrLength;
    StrLength=StringLength(str);
    if (pos<0 || pos+n>StrLength)
        return 0;
                        /* 开始位置pos小于0或pos+n超过字符串长度,则不能求子串 */
    for (i=0;i<n;i++)
        subString[i]=str[i+pos];
    subString[i]='\0';
    return 1;
}
/*******************************************************************/
/* StringMain.c 主调函数                                           */
/*******************************************************************/
#include "MyString.h"
#include<string.h>
int main()
{
    int select,select1,select2,select3,i;
    int StrLen;
    char Str[80];                               /* 输入字符串 */
    char Destination[160];                      /* 合并和复制字符串 */
    int compare;                                /* 比较大小 */
    char subString[80];                         /* 子串 */
    int pos;                                    /* 主串的位置 */
    int sub_n;                                  /* 子串的长度 */
    int IsSuccess;
    int a[50];                                  /* 整数数组 */
    int Int_n=0;                                /* 整数个数 */
    char strFile[80];                           /* 从文件中读出的字符串 */
    int aFile[50];                              /* 从文件中读出的整数 */
    int nFile;                                  /* 从文件中读出的整数个数 */
```

```c
printf("Welcome to String Process System!\n");
InputString(Str);
do {
    Main_Menu();
    printf("Input select(0-4): ");
    scanf("%d",&select);
    switch(select)
    {
        case 1:                                        /* 统计字符 */
            do
            {
                Statistic_SubMenu();
                printf("Input select(0-3): ");
                scanf("%d",&select1);
                switch(select1)
                {
                    case 1:                            /* 统计各种字符 */
                        StatisticCharacter(Str);
                        break;
                    case 2:                            /* 转换数字字符到整数 */
                        Int_n=ExtractDigit(Str,a);
                        for (i=0;i<Int_n;i++)
                            printf("%d ",a[i]);
                        printf("\n");
                        break;
                    case 3:                            /* 整数排序 */
                        for (i=0;i<Int_n;i++)
                            printf("%d ",a[i]);
                        printf("\n");
                        if (Int_n==0)
                            printf("Didn't found integer!\n");
                        else
                        {
                            Int_Sort(a,Int_n);
                            for (i=0;i<Int_n;i++)
                                printf("%d ",a[i]);
                            printf("\n");
                        }
                        break;
                }
            } while (select1!=0);
            break;
        case 2:                                        /* 字符数组运算 */
            do
            {
                StringOperate_SubMenu();
                printf("Input select(0-5): ");
```

```
scanf("%d",&select2);
switch(select2)
{
    case 1:                             /* 字符串复制 */
        StringCopy(Destination,Str);
        printf("Original String: \n");
        puts(Str);
        printf("Copy String: \n");
        puts(Destination);
        break;
    case 2:                             /* 字符串合并 */
        printf("Input String to concat: \n");
        scanf("%s",Destination);
        StringConcat(Destination,Str);
        printf("Original String: \n");
        puts(Str);
        printf("Concat String: \n");
        puts(Destination);
        break;
    case 3:                             /* 字符串比较 */
        printf("Original String: \n");
        puts(Str);
        printf("Input String to compare: \n");
        scanf("%s",Destination);
        compare=StringCompare(Destination,Str);
        if (compare==0)
            printf("two string is same!\n");
        if (compare<0)
            printf("original is greater!\n");
        if (compare>0)
            printf("original is letter!\n");
        break;
    case 4:                             /* 字符串长度 */
        StrLen=StringLength(Str);
        printf("String: \n%s\n",Str);
        printf("the length is: %d\n",StrLen);
        break;
    case 5:                             /* 求子串 */
        printf("Original String: \n");
        puts(Str);
        printf("Input position: ");
        scanf("%d",&pos);
        printf("Input the length of substring: ");
        scanf("%d",&sub_n);
        IsSuccess=Find_Substring(Str,subString,pos,sub_n);
        if (IsSuccess==0)
            printf("Find substring fail!\n");
```

```
                    if (IsSuccess==1)
                        puts(subString);
                    break;
                }
            } while (select2!=0);
            break;
        case 3:                                  /*文件读写*/
            do {
                FileReadAndWrite_SubMenu();
                printf("Input select(0-4): ");
                scanf("%d",&select3);
                switch(select3)
                {
                    case 1:                      /*字符串写入文件*/
                        WriteStringToFile(Str);
                        break;
                    case 2:                      /*从文件读取字符串*/
                        IsSuccess=ReadStringFromFile(strFile);
                        if (IsSuccess==1)
                            puts(strFile);
                        break;
                    case 3:                      /*将整数写入文件*/
                        if (Int_n==0)
                            printf("Didn't found integer!\n");
                        else
                            WriteIntToFile(a,Int_n);
                        break;
                    case 4:                      /*从文件读取数据*/
                        nFile=ReadIntFromFile(aFile);
                        if (nFile==0)
                            printf("Didn't Found Data!\n");
                        else
                        {
                            for (i=0;i<nFile;i++)
                                printf("%d ",aFile[i]);
                            printf("\n");
                        }
                        break;
                }
            } while (select3!=0);
            break;
        }
    } while (select!=0);
    return 0;
}
```

图 书 资 源 支 持

感谢您一直以来对清华版图书的支持和爱护。为了配合本书的使用,本书提供配套的资源,有需求的读者请扫描下方的"书圈"微信公众号二维码,在图书专区下载,也可以拨打电话或发送电子邮件咨询。

如果您在使用本书的过程中遇到了什么问题,或者有相关图书出版计划,也请您发邮件告诉我们,以便我们更好地为您服务。

我们的联系方式:

清华大学出版社计算机与信息分社网站:https://www.shuimushuhui.com/

地　　址:北京市海淀区双清路学研大厦 A 座 714

邮　　编:100084

电　　话:010-83470236　010-83470237

客服邮箱:2301891038@qq.com

QQ:2301891038(请写明您的单位和姓名)

资源下载:关注公众号"书圈"下载配套资源。

资源下载、样书申请

图书案例

书 圈

清华计算机学堂

观看课程直播